物理入門コース［新装版］ | 電磁気学 I

物理入門コース［新装版］
An Introductory Course of Physics

ELECTRO-MAGNETICS I

電磁気学 I

電場と磁場

長岡洋介 著
岩波書店

物理入門コースについて

理工系の学生諸君にとって物理学は欠くことのできない基礎科目の１つである．諸君が理学系あるいは工学系のどんな専門へ将来進むにしても，その基礎は必ず物理学と深くかかわりあっているからである．専門の学習が忙しくなってからこのことに気づき，改めて物理学を自習しようと思っても，満足のゆく理解はなかなかえられないものである．やはり大学１～２年のうちに物理学の基本をしっかり身につけておく必要がある．

その場合，第一に大切なのは，諸君の積極的な学習意欲である．しかしまた，物理学の基本とは何であるか，それをどんな方法で習得すればよいかを諸君に教えてくれる良いガイドが必要なことも明らかである．この「物理入門コース」は，まさにそのようなガイドの役を果すべく企画・編集されたものであって，在来のテキストとはそうとう異なる編集方針がとられている．

物理学に関する重要な学科目のなかで，力学と電磁気学はすべての土台になるものであるため，多くの大学で早い時期に履修されている．しかし，たとえば流体力学は選択的に学ばれることが多いであろうし，学生諸君が自主的に学ぶのもよいと思われる．また，量子力学や相対性理論も大学２年程度の学力で読むことができるしっかりした参考書が望まれている．

編者はこのような観点から物理学の基本的な科目をえらんで，「物理入門コース」を編纂した．このコースは『力学』,『解析力学』,『電磁気学 I, II』,『量子力学 I, II』,『熱・統計力学』,『弾性体と流体』,『相対性理論』および『物理のための数学』の 8 科目全 10 巻で構成されている．このすべてが大学の 1, 2 年の教科目に入っているわけではないが，各科目はそれぞれ独立に勉強でき，大学 1 年あるいは 2 年程度の学力で読めるようにかかれている．

物理学のテキストには多数の公式や事実がならんでいることが多く，学生諸君は期末試験の直前にそれを丸暗記しようとするのが普通ではないだろうか．しかし，これでは物理学の基本を身につけるどころか，むしろ物理嫌いになるのが当然というべきである．このシリーズの読者にとっていちばん大切なことは，公式や事実の暗記ではなくて，ものごとの本筋をとらえる能力の習得であると私たちは考えているのである．

物理学は，ものごとのもとには少数の基本的な事実があり，それらが従う少数の基本的な法則があるにちがいないと考えて，これを求めてきた．こうして明らかにされた基本的な事実や法則は，ぜひとも諸君に理解してもらう必要がある．このような基礎的な理解のうえに立って，ものごとの本筋を諸君みずからの努力でたぐってゆくのが「物理的に考える」という言葉の意味である．

物理学にかぎらず科学のどの分野も，ものごとの本筋を求めているにはちがいないけれども，物理学は比較的に早くから発展し，基礎的な部分が煮つめられてきたので，1 つのモデル・ケースと見なすことができる．したがって,「物理的に考える」能力を習得することは，将来物理学を専攻しようとする諸君にとってばかりでなく，他の分野へ進む諸君にとっても大きなプラスになるわけである．

物理学の基礎的な概念には，時間，空間，力，圧力，熱，温度，光などのように，日常生活で何気なく使っているものが少なくない．日常わかったつもりで使っているこれらの概念にも，物理学は改めてややこしい定義をあたえ基本的な法則との関係をつける．このわずらわしさが，学生諸君を物理嫌いにするもう 1 つの原因であろう．しかし，基本的な事実と法則にもとづいてものごとの本筋をとらえようとするなら，たとえ日常的・感覚的にはわかりきったことであっても，いちいちその実験的根拠を明らかにし，基本法則との関係を問い直すことが必要である．まして私たちの日常体験を超えた世界——たとえば原子内部——を扱う場合には，常識や直観と一見矛盾するような新しい概念さえ必要になる．物理学は実験と観測によって私たちの経験的世界をたえず拡大してゆくから，これにあわせてむしろ常識や直観の方を改変することが必要なのである．

このように，ものごとを「物理的に考える」ことは，けっして安易な作業ではないが，しかし，正しい方法をもってすれば習得が可能なのである．本コースの執筆者の先生方には，とり上げる素材をできるだけしぼり，とり上げた内容はできるだけ入りやすく，わかりやすく叙述するようにお願いした．読者諸君は著者と一緒になってものごとの本筋を追っていただきたい．そのことを通じておのずから「物理的に考える」能力を習得できるはずである．各巻は比較的に小冊子であるが，他の本を参照することなく読めるように書かれていて，

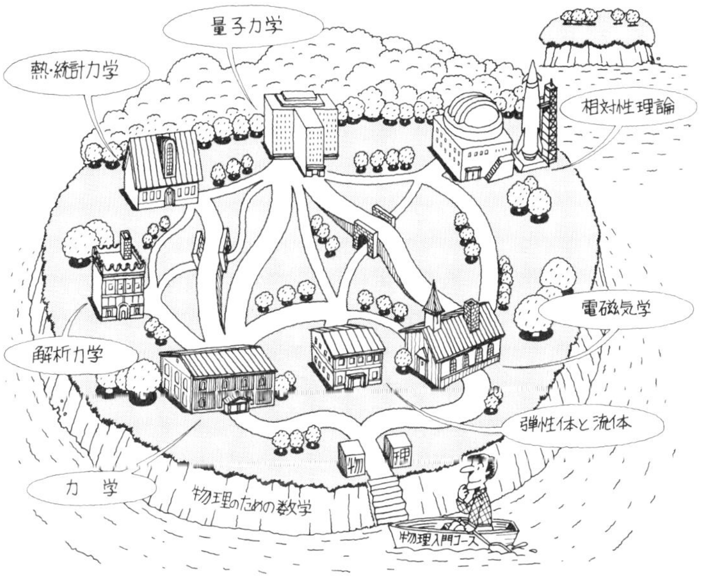

決して単なる物理学のダイジェストではない．ぜひ熟読してほしい．

すでに述べたように，各科目は一応独立に読めるように配慮してあるから，必要に応じてどれから読んでもよい．しかし，一応の道しるべとして，相互関係をイラストの形で示しておく．

絵の手前から奥へ進む太い道は，一応オーソドックスとおもわれる進路を示している．細い道は関連する巻として併読するとよいことを意味する．たとえば，『弾性体と流体』は弾性体力学と流体力学を現代風にまとめた巻であるが，『電磁気学』における場の概念と関連があり，場の古典論として『相対性理論』と対比してみるとよいし，同じ巻の波動を論じた部分は『量子力学』の理解にも役立つ．また，どの巻も数学にふりまわされて物理を見失うことがないように配慮しているが，『物理のための数学』の併読は極めて有益である．

この「物理入門コース」をまとめるにあたって，編者は全巻の原稿を読み，執筆者に種々注文をつけて再三改稿をお願いしたこともある．また，執筆者相互の意見，岩波書店編集部から絶えず示された見解も活用させていただいた．今後は読者諸君の意見もききながらなおいっそう改良を加えていきたい．

1982年8月

編者　戸田盛和
　　　中嶋貞雄

「物理入門コース／演習」シリーズについて

このコースをさらによく理解していただくために，姉妹篇として「演習」シリーズを編集した．

1. 例解　力学演習
2. 例解　電磁気学演習
3. 例解　量子力学演習
4. 例解　熱・統計力学演習
5. 例解　物理数学演習

各巻ともこのコースの内容に沿って書かれており，わかりやすく，使いやすい演習書である．この演習シリーズによって，豊かな実力をつけられることを期待する．（1991年3月）

はじめに

この『物理入門コース』第3巻と第4巻で学ぶ電磁気学は，力学と並んで物理学の基礎をなす重要な分野のひとつである．電磁気学では，その名の示すように，電気と磁気の現象を対象とする．電磁気の現象といえば，森羅万象の中のひとつの特殊な現象に過ぎないと見えるかも知れないが，じつは決してそうではない．それは，ある意味では自然現象の基本ともいうべき現象なのであるが，そのことはこの2巻を通じて，さらにこのコース全体を通じてだんだんに明らかにされるだろう．

電磁気学は，初めて学ぶものにとって，とりつきやすいものではないと思う．力学の場合であれば，私たちはたとえば物体を押して動かすという，きわめて単純な力学現象に日常出会っている．私たちには，力とか物体の運動というものが，力学を学ぶ以前から経験的にある程度わかっている．力学を学びながら，そこで扱う現象を実感できるのである．力学的な機械なら少々複雑なものでも，たとえ力学法則を知らなくても，見ればその機構はだいたい理解できるものだ．たとえば，昔風のゼンマイ式の振り子時計であれば，振り子が揺れてゼンマイがほどけ，歯車により運動が針に伝わる仕掛けは，それほど不思議ではない．

電磁気学では，この本の副題にも示したように，電磁場を対象にする．電磁場は電荷や電流のはたらきによって空間に生じるある種の変化であり，それは物体の運動と違って，目には見えない．たしかに，私たちの日常にも電磁気の現象は起こっており，身のまわりには電気を利用した器具があふれている．しかし，摩擦電気の放電でビリッとくるあのいやな経験をいくら重ねても，そこから電磁場の存在を実感することはできないだろう．電気器具にしても，電磁気の法則を知らないものにとっては，単純な電気洗濯機の場合でさえ，スイッチを入れると回転が始まるというだけで，その間は全くのブラック・ボックスである．まして，デジタル時計は中をのぞいても，それがなぜ時刻を示すのか理解できない．

要するに，電磁気学を学ぼうとする私たちには，電磁気についての日常経験，電磁場に対する実感というものが皆無に等しいのである．力学の場合のように，あらかじめもっている経験に助けられながら学ぶことができない点に，電磁気学の難しさがあるのだと思う．

では，どうしたら電磁気学が‘わかる’ようになるだろうか．じつのところ，私にも名案があるわけではない．「物理入門コースについて」で編者が述べているように，学習を重ねることによって経験を補い，あるいは経験を広げていく以外に方法はないだろう．いろいろな場合について電磁場を求めながら，電磁場の法則が導かれていく過程を丹念にたどることだ．この本もそのことを目的とし，そのように書かれている．

ただ，つぎのことはいえると思う．私自身が初めて電磁気学を学んだときに感じた一種のとまどいは，電磁場のような目に見えない，実感できないものをなぜわざわざ導入しなければならないか，ということであった．読者も，たとえば高校の物理で電場や磁場のことを学ばれたと思うが，そのときに同じような疑問をもたれたのではなかろうか．じつは，それがたしかに必要なことで，電磁場もひとつの物理的実在なのだということを実感するには，簡単な静電場や静磁場について学ぶだけでは足りないのである．時間的に変動する電磁場を取り扱ってみて，初めて電磁場の実在性が理解できてくるものなのだ．つまり，多少腑におちないところがあっても，最後までひと通り学び通してほしい．そして，学びおえたところで，もう一度考え直してほしいのである．それが電磁気学を学ぶ上での大事な心がまえではないかと思う.

この『電磁気学』はIとIIの2冊に分かれている. Iでは, 時間的に変動しない静的な電場と磁場を取り扱う. IIでは, 時間的に変動する電磁場の問題と, 物質中の電磁場の問題とを取り上げる. 2冊を合わせて電磁気学になるのであるから, 上で述べたような意味でも, 一体のものとして通読してほしい.

この入門コースの方針に沿って, この本でも電磁気学の基本をできるだけ平易に叙述するように努めた. 数学的なことも, 高校の数学の範囲を超える場合には, ていねいに説明を加えるようにした. 高校程度の物理と数学の基礎知識があれば, 他書を参考にすることなく読み通せるようにしたつもりである.

本書の執筆に当って, このコースの編者である戸田盛和, 中嶋貞雄の両氏に多くの点でご教示いただいた. 心からお礼申し上げたい. 岩波書店編集部, とくに片山宏海氏には種々貴重なご意見をいただき, また出版にいたるまでの間ひとかたならずお世話になった. 深くお礼申し上げる.

1982年8月

長 岡 洋 介

目次

物理入門コースについて

はじめに

1　電荷にはたらく力 1

1-1　電荷を担うもの 2

1-2　クーロンの法則 6

1-3　電荷の単位 9

1-4　ベクトル 12

1-5　スカラー積とベクトル積 16

1-6　遠隔作用と近接作用 22

2　静電場の性質 25

2-1　電場 26

2-2　いろいろな静電場 31

2-3　電気力線 36

2-4　ガウスの法則 38

2-5　ガウスの法則の応用 43

2-6　保存力の条件 47

2-7 静電ポテンシャル・・・・・・・・・・・・・・・ 52
2-8 静電エネルギー・・・・・・・・・・・・・・・ 60
2-9 電気双極子・・・・・・・・・・・・・・・・・ 65
2-10 静電場と流れの場 ・・・・・・・・・・・・・ 68

3 静電場の微分法則 ・・・・・・・・・・・・・ 73
3-1 積分形から微分形へ・・・・・・・・・・・・・ 74
3-2 微分形のガウスの法則・・・・・・・・・・・・ 75
3-3 微分形の渦なしの法則・・・・・・・・・・・・ 83
3-4 ポアソンの方程式・・・・・・・・・・・・・・ 90
3-5 ポアソンの方程式の解・・・・・・・・・・・・ 94

4 導体と静電場・・・・・・・・・・・・・・・・101
4-1 導体と絶縁体・・・・・・・・・・・・・・・・102
4-2 導体のまわりの静電場・・・・・・・・・・・・103
4-3 境界値問題・・・・・・・・・・・・・・・・・106
4-4 導体のまわりの静電場の例・・・・・・・・・・110
4-5 電気容量・・・・・・・・・・・・・・・・・・113
4-6 コンデンサー・・・・・・・・・・・・・・・・118
4-7 静電場のエネルギー・・・・・・・・・・・・・120

5 定常電流の性質・・・・・・・・・・・・・・・125
5-1 電流・・・・・・・・・・・・・・・・・・・・126
5-2 定常電流と電荷の保存・・・・・・・・・・・・128
5-3 オームの法則・・・・・・・・・・・・・・・・131
5-4 導体中の電流の分布・・・・・・・・・・・・・134
5-5 電気伝導のミクロな機構・・・・・・・・・・・137

6 電流と静磁場・・・・・・・・・・・・・・・・143
6-1 磁石と静磁場・・・・・・・・・・・・・・・・144
6-2 磁場中の電流にはたらく力・・・・・・・・・・145

6-3　運動する荷電粒子にはたらく力・・・・・・・150
6-4　電流のつくる磁場・・・・・・・・・・・・・153
6-5　磁場と磁束密度・・・・・・・・・・・・・・159
6-6　電磁気の単位・・・・・・・・・・・・・・・160
6-7　磁気双極子・・・・・・・・・・・・・・・・162
6-8　アンペールの法則・・・・・・・・・・・・・167
6-9　アンペールの法則の応用・・・・・・・・・・175
6-10　ベクトル・ポテンシャル・・・・・・・・・・178

問題略解・・・・・・・・・・・・・・・・・・・189
索引・・・・・・・・・・・・・・・・・・・・・211

コーヒー・ブレイク

クォーク　5
場　28
空中電気　127
金属電子論　139
加速器　152
地球の磁場　155
ファラデー　*219*
磁気単極はあるか　*257*
空洞放射とフォトン　*270*
原子と光　*276*
超伝導　*301*
磁性と量子論　*306*

(イタリック体の数字は『電磁気学II』のページを示す)

電磁気学II 目次

7 電磁誘導の法則

8 マクスウェルの方程式と電磁波

9 物質中の電場と磁場

10 変動する電磁場と物質

さらに勉強するために

問題略解

索引

1

電荷にはたらく力

正負の電荷を担うものは，陽子や電子などの素粒子である．素粒子の数は変わることがあるが，電荷の総和はいつも一定に保たれる．電荷の間にはたらく力は，距離の2乗に反比例する点で，万有引力に似ている．しかし，電荷の場合には，同符号の電荷の間には斥力，異符号の電荷の間には引力がはたらき，その強さは万有引力に比べてはるかに強い．

1-1　電荷を担うもの

いま私たちの周囲では，じつに多種多様な形で電気が利用されている．家の中を見ただけでも，照明器具，トースター，洗濯機，テレビなどのいわゆる家庭電化製品から，腕時計，電卓，電子オルガンなどにいたるまで，数えきれないほどである．そのテレビには衛星中継によって外国のできごとが映し出され，外に出ると電車や工場の機械は電気で動き，銀行預金はコンピューターで支払われる．利用の仕方も，単純な熱源，光源，動力源としての利用から，電磁波による通信，あるいはエレクトロニクスの高度な利用とさまざまである．今日の私たちの生活は，もはや電気をぬきにしては考えることができない．

しかし，電気がこのように広く利用されるようになったのは，そう古いことではない．ほんの40年ほど前，私がまだ子どものころ私の家で使っていた電気製品は，白熱電灯とラジオだけであった．人間が電気を利用し始めたのはほぼ1880年以降のことだから，その歴史はまだ1世紀を経たばかりなのである．

このように広汎な電気の利用が可能になるためには，まず電気現象に関する自然法則が明らかになる必要があった．私たちは力学の法則を知らなくても，経験によって道具や簡単な器械を作ったり使ったりできるが，電気の場合はそうはいかない．長い研究の歴史のあと，電気，磁気の従う基礎方程式がマクスウェル(J. C. Maxwell)によって明らかにされたのは，1864年のことである．その後わずか100年余の間に，これだけ広汎に利用されるようになったことは，驚異というほかはない．

人間がはじめて電気現象に注目したのはギリシアの時代であったといわれる．コハクを毛皮などで擦ると，物を引きつける不思議な働きをもつようになることに気付いたのである．英語の electricity という語は，コハクを意味するギリシア語 ἤλεκτρον を語源にしている．この摩擦電気の現象には，私たちも日常よく出会うし，またしばしば悩まされもしている．

電気現象について系統的な研究が始まるのは，16世紀以後のことである．摩擦によって生じる電気には2種類あって，同種の電気は反発し，異種の電気は引き合うことが明らかになった．異種の電気が触れ合うと中和して消えてしまうことから，2種類の電気は電気を担う流体の過剰な状態，不足な状態と考えられ，それは**正の電気**，**負の電気**と呼ばれるようになった．物体に生じる電気の実体は，それが物体に担われているという意味で，**電荷**(electric charge)と呼ばれる．

今日私たちは，電荷を担うものが**電子**(electron)や**陽子**(proton)というミクロな粒子であることを知っている．物質はすべて多数の原子で構成されており，原子は正の電荷をもつ原子核の周囲に負の電荷をもつ電子が結合した構造をしている．原子核は電荷をもたない**中性子**(neutron)と正の電荷をもつ陽子とからなる．電子，陽子，中性子などは物質を構成する基本粒子であり，**素粒子**(elementary particle)と呼ばれる．この電子と陽子とが電気を担う粒子なのである．

電子と陽子のもつ電荷は，符号が逆で大きさは全く等しい．正負の電荷は強く引き合うから，原子はふつう原子核内の陽子と同数の電子を周囲に結合させている．正負の電荷は中心に正，周囲に負と分布しているが，全体としてはちょうど打ち消しあい，原子は電気的に中性の状態にある．その電子がなにかの理由で不足すると原子は正のイオンになり，余分になると負のイオンになる．マクロな物質もこれと同じことで，ふつうは正負の電荷が同量あって中性であるが，2つの物質，たとえばコハクと毛皮を擦り合わせたときに，電子が一方の物質から他方の物質に移ると，電子を失った物質は正に，余分に得た物質は負に帯電することになる．電気を担う流体とは，実体はこの電子である．

このように，電荷の量は電子や陽子のそれが最小の単位であり，その大きさを**電気素量**(elementary electric charge)という．マクロな物質が摩擦によって帯電するときも，電気分解で陽極・陰極間を電気が移動するときも，その電荷は電気素量の整数倍でなければならない．しかし，電気素量 e は1-3節で述べるクーロン(C)の単位で

$$e = 1.602\times10^{-19}\,\mathrm{C} \tag{1.1}$$

であり，マクロに見れば非常に小さい．したがって，これからこの本で取り扱うマクロな電気現象では，電荷は連続的な量と見なして構わない．

ここで，電気についてひとつの重要な性質に触れておきたい．それは，電荷が保存されること，すなわち正負の電荷の総和はいかなる場合も不変に保たれることである．高エネルギーの現象では，素粒子の数は一定に保たれない．たとえば，ある種の放射性元素の原子核では，β崩壊といって中性子が陽子に変わる現象が起こる．しかし，このときには同時に電子が1個放出される．結局，中性子が1個減って陽子と電子が1個ずつ増えるが，電荷はプラス・マイナス・ゼロで変化しないのである．ふつうの化学変化では不変と見られる質量が，原子核や素粒子が関与する高エネルギーの変化では保存されないことはよく知られている．しかし，電荷に関してはそれが保存されない変化は見つかっていない．このような意味で，電荷は素粒子のもつ最も基本的な性質のひとつなのである．

今日では，ミクロな粒子の振舞いは量子力学によって明らかにされている．電子は電気の力によって原子核に引きつけられ，また電子どうし反発し合いながら，量子力学の法則に従って運動する．そして，このようなミクロな粒子の振舞いが，金属は電気を通すがガラスは通さない，ガラスは透明だが金属は不透明であるといった，いろいろな物質の性質を決めている．それだけでなく，はるかに複雑な生命現象も，ミクロに見れば電子の動きが基本となっている．ギリシアの時代，擦ったコハクが物を引きつける現象はひとつの特殊な現象と見られていた．だがじつは，電気現象は自然の中でもっとも基本的な現象というべきものだったのである．

あとでわかるように，電気現象は磁気の現象と密接に結びついている．そこで，私たちは両者を合わせて**電磁気**(electromagnetism)と呼び，それを取り扱う物理学をこの本の表題にあるように**電磁気学**と呼ぶ．これからこの本で学ぼうとしている電磁気学は，最初に触れたような電気の応用の面からだけでなく，

クォーク

物質のミクロな構造が明らかになり始めた1930年代，物質を構成する基本となる素粒子は，陽子，中性子，電子などほんの数種類にすぎないと考えられていた．それが第2次世界大戦後，実験手段の進歩に伴って新しい素粒子の発見があいつぎ，現在では100種類を超える素粒子の存在が知られている．そして，これら多種の素粒子の性質を統一的に理解するために，素粒子のうちの陽子や中性子などはより基本的な粒子が結合したものだとする考えが生まれてきた．この基本粒子がクォークである．

クォークも何種類かあるが，それらクォークのもつ電荷は電気素量eの整数倍ではなく，$\pm\frac{2}{3}e$，$\pm\frac{1}{3}e$という半端なものである．しかし，それが結合して素粒子になるときには，たとえば陽子の場合には電荷$\frac{2}{3}e$のクォークが2個，電荷$-\frac{1}{3}e$のクォークが1個というように，電荷の和がちょうどeになるような集まり方をする．陽子が3個のクォークの結合したものであるなら，陽子を強い力でたたけば，壊れてクォークがとび出してくるだろう．そう考えて実験がなされたが，陽子をいくらたたいてもクォークは出てこない．現在では，クォークどうしは絶対にたち切ることのできない特別な力で結ばれていて，クォークが単独で素粒子の外に出てくることはないと考えられている．そうだとすれば，クォークの電荷は半端でも，実際上はeが電荷の最小単位であることに変わりはない．

しかし，宇宙の生まれた初期，素粒子ができる時期に結合しそこねたクォークが，いまでもどこかに残っているかも知れない．クォーク探しはいまもなされているが，クォークが見つかったという信頼できる報告はまだない．

広く自然現象，物質構造を支配する基本法則という点からも重要であることを忘れてはならない．

1-2　クーロンの法則

電気現象の研究は長い間定性的なものに止まっていたが，クーロン(C. A. Coulomb)の実験(1785年)によって新しい時代を迎えることになった．クーロンは図1-1のように2つの小さな球に電荷を与え，その間にはたらく力が小球間の距離と電荷の大きさによってどう変わるかを測定したのである．

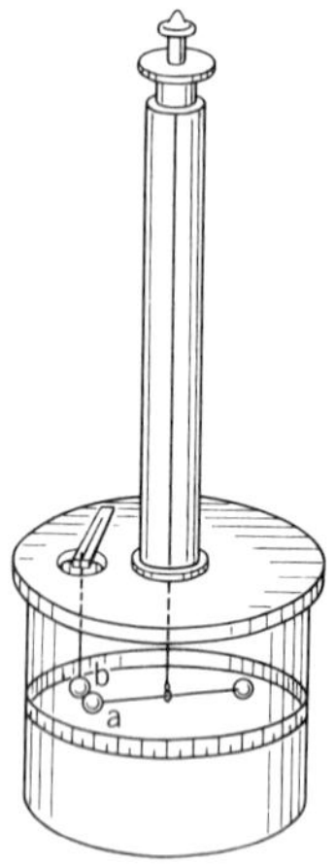

図1-1　クーロンの実験．
ガラス容器のなかに電荷を与えたコルクの小球bをつり下げ，別に細い金属線で水平につり下げた棒の一端に取りつけた小球aと接触させる．aにも電荷がうつると，2個の小球は反発して離れる．力は金属線のねじれで測定する．

クーロンが実験に用いた小球は，小さいとはいえ有限の大きさをもっている．しかし，小球が小球間の距離よりもずっと小さいときには，大きさを無視して点状の電荷，**点電荷**(point charge)と見なしてもそう悪くない．クーロンは実験によって，つぎのことを見出した．

> 静止した2つの点電荷の間にはたらく力は，両者を結ぶ直線の方向を向き，その大きさはおのおのの電荷の量の積に比例し，電荷間の距離の2乗に反比例する．

これを**クーロンの法則**(Coulomb's law)という．式に表わすと，2つの電荷をq_1, q_2，距離をR_{12}とすれば，両者の間にはたらく力F_{12}は比例係数を$k(>0)$として

$$\boxed{F_{12} = k\frac{q_1 q_2}{{R_{12}}^2}} \tag{1.2}$$

となる．力の向きは図1-2のようになる．もちろん，ここでも作用・反作用の法則が成り立ち，q_1がq_2に及ぼす力と，q_2がq_1に及ぼす力とは大きさが等しく，向きが逆である．同種の電荷の間には斥力，異種の電荷の間には引力がはたらくから，q_1, q_2を正電荷のときは正，負電荷のときは負の値で表わすことにすれば，F_{12}は正のとき斥力，負のとき引力を表わす．

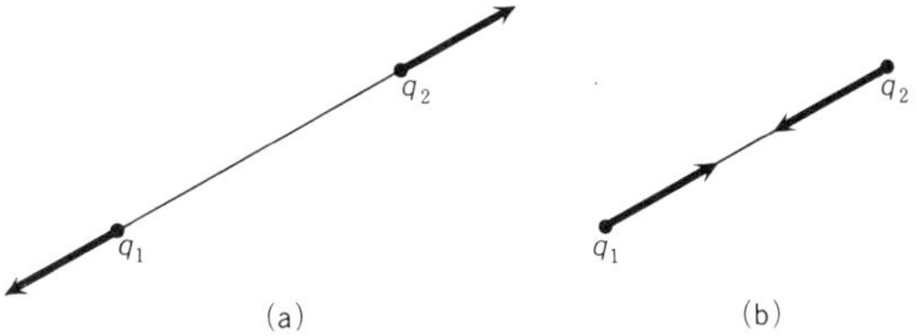

図1-2　電荷の間にはたらく力．
(a) 2つの電荷が同符号のとき($q_1q_2>0$)．
(b) 2つの電荷が異符号のとき($q_1q_2<0$)．

電荷q_1にはたらく力が，電荷q_2に比例することは何を意味するだろうか．いまq_2を取り除いて同じ位置に別の電荷q_3を置いたとしよう．このとき，q_1にはたらく力は

$$F_{13} = k\frac{q_1 q_3}{{R_{12}}^2}$$

になる．つぎに，2つの電荷q_2, q_3を同じ位置に同時に置いたとすれば，これは大きさq_2+q_3の電荷を置いたことになるので，q_1にはたらく力は

$$F = k\frac{q_1(q_2+q_3)}{{R_{12}}^2} = F_{12}+F_{13} \tag{1.3}$$

である．この式は，2つの電荷を置いたときに受ける力が，それを別々に置いたときに受ける力の和になることを示す．

このような単純な関係が成り立つのは，決して自明なことではない．一般には，2つの原因があるとき，その結果が，1つ1つの原因が孤立してあるときに期待される結果を単純に足し合わせたものになるとは限らない．ふつうは原因が重なるとその相乗効果があるもので，たとえば2人で仕事をすれば1人でする仕事の2倍以上のことができる場合がある．電荷の間にはたらく力について(1.3)式のように単純な関係が成り立つのは，実験によって確かめられたことなのである．

この関係は，2つの電荷 q_2, q_3 を離して置いた場合にも成り立つ．ただし，今度は q_2 による力と q_3 による力とでは向きが違っているので，q_1 にはたらく力は(1.3)式のような単純な和にはならず，図1-3のように2つの力の合成をしなければならない．

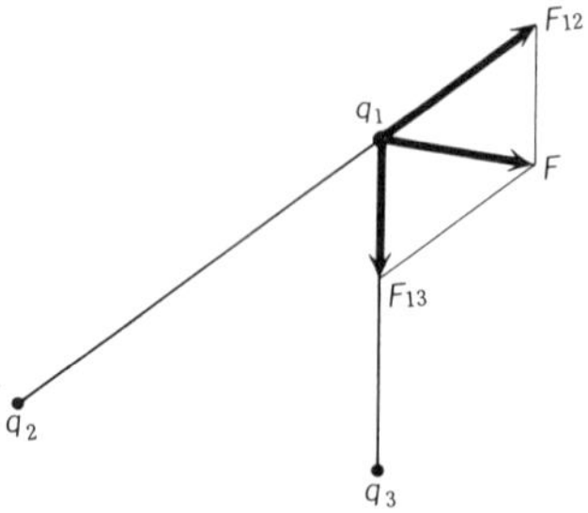

図1-3 クーロン力の重ね合わせの原理.
2つの電荷 q_2, q_3 があるとき q_1 にはたらく力 F は，q_2, q_3 が個々にあるときはたらく力 F_{12}, F_{13} の和になる.

クーロンの力のこのような性質を**重ね合わせの原理**(principle of superposition)という．重ね合わせの原理は，電磁気学全体を通していろいろな場面で成り立ち，重要な役割を果すことになる．

クーロンの法則(1.2)は，実験的に決められた経験則である．したがって，分母の指数2もそれがほんとうに2であるのかどうか，実験の精度が問題になるだろう．クーロン自身の実験は誤差が10%ほどもあって，あまり精度のよいものではなかった．しかし，現在では指数の2からのずれは，あったとしても 2×10^{-9} 以下であることが確かめられている．正確に2だと信じてまず問題はない．またこの法則が，どんなに短い距離，どんなに長い距離でも成り立つものかどうかも自明ではない．しかし，現在のところ，短い距離でも長い距離でも，クーロンの法則が成り立たないことを示す実験事実はない．

電荷の間にはたらく力が電荷間の距離の2乗に反比例するという性質は，クーロンの実験より前にプリーストリー(J. Priestley)とキャベンディシュ(H. Cavendish)により，間接的な方法で知られていた．そのことについては，2-5節で触れることにしたい．

1-3 電荷の単位

力学に現われる物理量の単位は，長さ，質量，時間の単位をもとにして組み立てることができる．ふつう使われる単位は，長さにメートル(m)，質量にキログラム(kg)，時間に秒(s)を用いるもので，これを**MKS単位系**と呼ぶ．たとえば力の単位は

$$1\,\mathrm{kg\cdot m\cdot s^{-2}} = 1\,\mathrm{N} \quad (\text{Newton, ニュートン})$$

である．

電荷は力学的な量と異なる物理量だから，それを測るには新しい単位を導入しなければならない．単位の決め方は勝手だが，クーロンの法則(1.2)を電磁気学の基本法則と考えるなら，この関係がなるべく簡単になるように決める方法もある．それには(1.2)式の比例係数kが1になるように電荷の単位を決めればよい．しかし(1.2)式は電荷が静止している特別な場合に成り立つ関係に過ぎない．あとで見るように，電磁気学の基本法則はもっと違った形に書かれることになる．したがって，この本ではそのような単位の決め方は採用しない．

現在もっとも広く使われている電荷の単位は**クーロン**(C)である．基本単位としては，電荷そのものより測定の容易な電流が選ばれ，**アンペア**(A)がその単位として採用されている．電荷の単位は，1Aの電流が1秒間に運ぶ電荷の量として定義される．単位の関係は

$$\boxed{1\,\mathrm{C} = 1\,\mathrm{A\cdot s}} \tag{1.4}$$

となる．MKS単位系に電流の単位Aを加えたものを**MKSA単位系**といい，

この本ではそれを用いる.

これで, 力, 長さ, 電荷の単位が決まったので, (1.2)式の比例係数 k の大きさも決まることになる. あとで導かれる基礎方程式の形を簡単にするには, 比例係数を

$$k = \frac{1}{4\pi\varepsilon_0}$$

と置く方がよい. 実験によって決められた ε_0 の大きさは

$$\boxed{\varepsilon_0 = 8.854\times10^{-12}\,\mathrm{C^2\cdot N^{-1}\cdot m^{-2}}} \tag{1.5}$$

である. この定数 ε_0 を**真空の誘電率**(permittivity of vacuum)という. ここでわざわざ 4π という係数を引き出しておいたわけは, こうすればあとに出てくる式で 4π が打ち消されて, 式が簡単になるからである. 無理数 4π が式から消えるので, 誘電率をこのように定義する単位系を, **MKSA 有理単位系**という.

ε_0 の大きさは実験により決めると述べたが, クーロンの法則に基づいて電荷の間にはたらく力を測定して決めたわけではない. 8章でわかるように, ε_0 は真空中の光の速さに関係しており, その値は光速の測定から決められている.

このように, MKSA 単位系では真空の誘電率は非常に小さな値になる. したがって, 1 m を隔てて置かれた 1 C の電荷の間にはたらく力は約 10^{10} N にも達する. 逆にいうとこれは, 1 C という電荷の単位が静電気の現象を取り扱うときの単位としては大き過ぎることを意味している. 落雷のとき放電する電荷の量は, せいぜい数クーロンの程度に過ぎない.

例題 1 質量 1 g の 2 個の小球に同量の電荷を与え, 1 cm 隔てて置いたところ, 小球間にはたらくクーロンの力が小球に作用する地球の重力と同じ大きさになった. 小球に与えた電荷の大きさを求めよ.

[解] 重力の加速度は $g=9.8\,\mathrm{m\cdot s^{-2}}$ であるから質量 $m=1\,\mathrm{g}=0.001\,\mathrm{kg}$ の物体にはたらく地球の重力は

$$\begin{aligned} F = mg &= 0.001\times9.8 \\ &= 9.8\times10^{-3}\,\mathrm{N} \end{aligned}$$

である．クーロンの法則

$$F = \frac{q^2}{4\pi\varepsilon_0 R^2}$$

で，$R=1\,\mathrm{cm}=0.01\,\mathrm{m}$ と置いて

$$\begin{aligned} q &= [F\times 4\pi\varepsilon_0 R^2]^{1/2} \\ &= [9.8\times10^{-3}\times4\times3.14\times8.9\times10^{-12}\times(0.01)^2]^{1/2} \\ &= 1.0\times10^{-8}\,\mathrm{C} \end{aligned}$$

を得る．▌

上で得た電荷は，(1.1)式により，電子の数にすれば

$$1.0\times10^{-8}\div(1.6\times10^{-19})\cong 6\times10^{10}\text{ 個}$$

に相当している．1 g の物体に含まれる電子の数は，おおよそ 10^{23} 個の程度だから，この物体に生じた電子数の過不足は，割合いにして 10^{-12} の程度に過ぎない．正負の電荷は強い力で引き合っているから，物質中では原子核の正の電荷と電子の負の電荷とは，ほとんど完全に打ち消しあっている．私たちが摩擦電気として見ているものは，電子数のほんのわずかな過不足なのである．

クーロンの力と同じように，距離の2乗に反比例する力として重力(万有引力)がある．両者の違いとしては，第1にクーロン力の場合電荷には正負があり，力は電荷の符号によって引力にも斥力にもなるのに対し，重力の場合は質量がいつも正で力はいつも引力であることがあげられよう．第2は，重力がクーロン力に比べて非常に弱い力だということである．たとえば，上の例題1で小球間に 9.8×10^{-3} N の力が万有引力としてはたらくには，小球の質量はなんと 120 kg もなければならない．

問　題

1. 水素原子は陽子のまわりを電子が回転するという，太陽系に似た構造をしている．陽子と電子の間にはたらく力として，クーロン力と万有引力の大きさを比較せよ．陽子と電子の質量はそれぞれ $M=1.7\times10^{-27}$ kg，$m=9.1\times10^{-31}$ kg，万有引力の定数は $G=6.7\times10^{-11}\,\mathrm{N\cdot m^2\cdot kg^{-2}}$ である．

2. 質量 m の2個の小球にそれぞれ長さ l の糸をつけて同一点からつり下げた．小球

に同量の電荷を与えたところ，図のように糸が角度 θ ひらいてつり合った．小球に与えられた電荷の大きさを求めよ．

問題 2

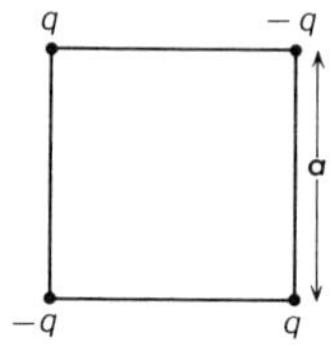

問題 3

3. 図のように，1 辺 a の正方形の頂点に $\pm q$ の 4 個の点電荷がおかれている．1 個の電荷に他の 3 個の電荷からはたらく力を，図 1-3 にならって図の上に表わし，その合力を求めよ．

1-4　ベクトル

私たちはこれから電荷にはたらく力の性質について学ぼうとしているが，その力は大きさと向きをもつ量である．力を図で示すには，図 1-2 のように矢印を用い，矢印の長さで力の大きさを，矢印の向きで力の向きを表わせばよい．このような量を一般に**ベクトル**(vector)と呼ぶ．力のほか，物体の速度や加速度，運動量などもベクトルである．これに対し，電荷，質量，エネルギーなどのように大きさだけをもつ量を**スカラー**(scalar)という．

ベクトルは，図 1-4 のように座標軸を選び，x, y, z 3 方向の成分によって，(A_x, A_y, A_z) のように表わすこともできる．しかし，このような表わし方は煩雑でもあるし，また同じベクトルが座標軸の選び方によって別に表わされるという欠点もある．そこで，ベクトルを表わす記号として $\boldsymbol{A}$ のように太文字を用い，このひとつの文字がベクトルの大きさと向きとを同時に示すものと約束する．太文字を見たら，矢印を思い浮かべればよい．

ベクトルの大きさ(長さ)をベクトルの絶対値といい，$|\boldsymbol{A}|$ あるいは単に細文字 A で表わす．成分との関係は，図 1-4 からピタゴラスの定理によって

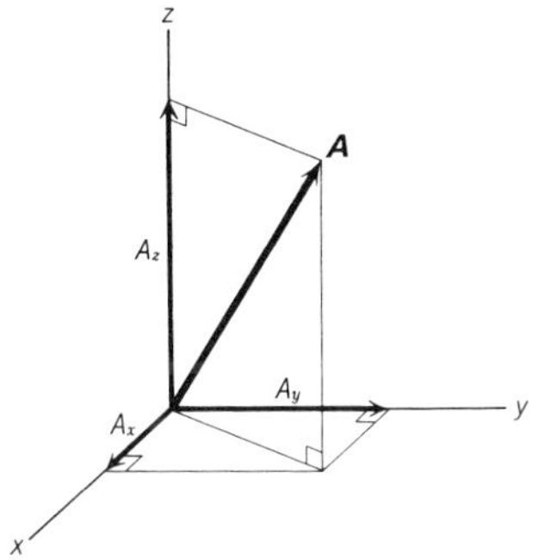

図 1-4　ベクトルとその成分.

$$|\boldsymbol{A}| = (A_x{}^2+A_y{}^2+A_z{}^2)^{1/2} \tag{1.6}$$

である．ベクトルの成分は座標軸の選び方によって異なるが，大きさは変わらない．

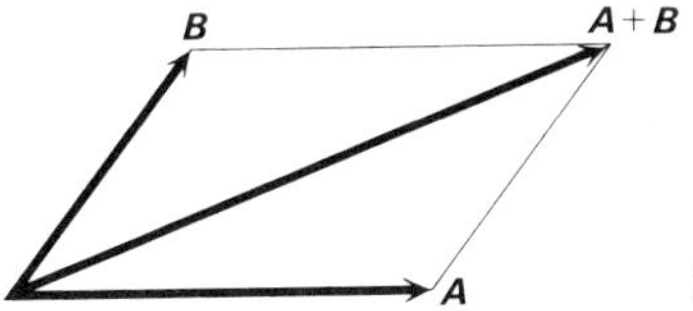

図 1-5　ベクトルの和.

ベクトルの和は，力の合成と同じである．ベクトル $\boldsymbol{A}$ と $\boldsymbol{B}$ の和は，図 1-5 のように $\boldsymbol{A}, \boldsymbol{B}$ を 2 辺にした平行 4 辺形の対角線になる．成分で表わすと，

$$\boldsymbol{A} = (A_x, A_y, A_z), \qquad \boldsymbol{B} = (B_x, B_y, B_z)$$

のとき

$$\boldsymbol{A}+\boldsymbol{B} = (A_x+B_x, A_y+B_y, A_z+B_z) \tag{1.7}$$

である．たとえば図 1-3 の場合，電荷 q_2 から q_1 にはたらく力を $\boldsymbol{F}_{12}$，q_3 から q_1 にはたらく力を $\boldsymbol{F}_{13}$ のようにベクトル記号で表わせば，電荷 q_1 にはたらく力の総和 $\boldsymbol{F}$ は，式では

$$\boldsymbol{F} = \boldsymbol{F}_{12}+\boldsymbol{F}_{13} \tag{1.8}$$

と表わされる．逆にこのような和の式を見たら，図 1-3 のような平行 4 辺形を思い浮かべればよいのである．

ベクトルにスカラー a を掛けることは，ベクトルの向きを変えずに，その大きさだけを a 倍することを意味する．成分で表わせば，

$$aA = (aA_x, aA_y, aA_z) \tag{1.9}$$

である．とくに -1 を掛けることは，ベクトルの大きさを変えずに向きを逆転させることである．たとえば，電荷の間にはたらくクーロン力についての作用・反作用の法則をベクトル記号で表わすと，q_2 から q_1 にはたらく力を $\boldsymbol{F}_{12}$，q_1 から q_2 にはたらく力を $\boldsymbol{F}_{21}$ として

$$\boldsymbol{F}_{12} = -\boldsymbol{F}_{21} \tag{1.10}$$

となる．

空間の点の位置は，座標軸を選びその点の座標 (x, y, z) を用いて表わすことができる．この場合も，いちいち座標を書かずに，原点からその点に引いたベクトル $\boldsymbol{r}$ を用いることもできる．$\boldsymbol{r}$ をその点の**位置ベクトル**という．点 P_1 の座標を (x_1, y_1, z_1)，位置ベクトルを $\boldsymbol{r}_1$，点 P_2 の座標を (x_2, y_2, z_2)，位置ベクトルを $\boldsymbol{r}_2$ とすると，

$$\boldsymbol{R}_{12} = \boldsymbol{r}_1 - \boldsymbol{r}_2 \tag{1.11}$$

は，図1-6のように P_2 から P_1 に引いたベクトルを表わす．その絶対値は2点間の距離を表わし，座標との関係は

$$\begin{aligned} R_{12} &\equiv |\boldsymbol{r}_1 - \boldsymbol{r}_2| \\ &= [(x_1-x_2)^2+(y_1-y_2)^2+(z_1-z_2)^2]^{1/2} \end{aligned} \tag{1.12}$$

である．

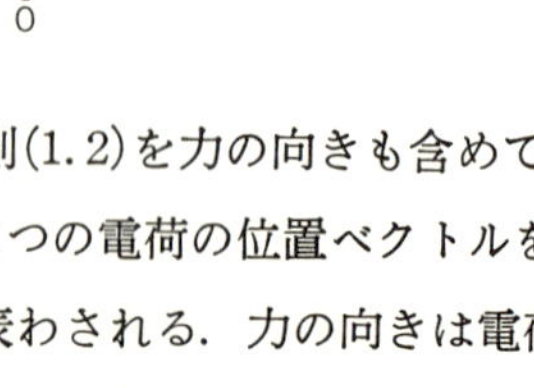

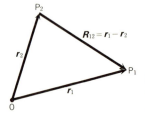

図1-6 2点 P_1, P_2 の位置ベクトルと，2点を結ぶベクトル．

さて，クーロンの法則(1.2)を力の向きも含めてベクトルで表わしてみよう．まず電荷間の距離は，2つの電荷の位置ベクトルを $\boldsymbol{r}_1$, $\boldsymbol{r}_2$ とすれば，それを使って(1.12)式のように表わされる．力の向きは電荷を結ぶ直線の向きだから，(1.2)式にその方向を向いた**単位ベクトル**(unit vector, 長さ1のベクトル)を掛

ければ，力のベクトルの表式が得られる．(1.11)式の $\boldsymbol{R}_{12}$ がその2点を結ぶベクトルなので，長さを1にするように $\boldsymbol{R}_{12}$ をその長さ R_{12} で割れば，求める単位ベクトルが得られる．すなわち，電荷 q_2 から q_1 に向かう単位ベクトルを $\boldsymbol{n}_{12}$ とすれば，

$$\boldsymbol{n}_{12} = \frac{\boldsymbol{R}_{12}}{R_{12}} \tag{1.13}$$

である．結局，2つの点電荷 q_1, q_2 がそれぞれ $\boldsymbol{r}_1, \boldsymbol{r}_2$ にあるとき，q_2 から q_1 にはたらく力 $\boldsymbol{F}_{12}$ は

$$\boxed{\boldsymbol{F}_{12} = \frac{q_1 q_2}{4\pi\varepsilon_0} \cdot \frac{\boldsymbol{r}_1 - \boldsymbol{r}_2}{|\boldsymbol{r}_1 - \boldsymbol{r}_2|^3}} \tag{1.14}$$

と表わされることになる．

電荷が3個あるときの重ね合わせの原理，図1-3もしくは(1.8)式は，電荷が4個以上ある一般の場合にも成り立つ．電荷が $n+1$ 個ある場合，点電荷 $q, q_1, q_2, \cdots, q_n$ の位置ベクトルをそれぞれ $\boldsymbol{r}_0, \boldsymbol{r}_1, \boldsymbol{r}_2, \cdots, \boldsymbol{r}_n$ とすれば，電荷 q にはたらく力は，各電荷からはたらく力の和として

$$\boxed{\begin{aligned} \boldsymbol{F} &= \sum_{i=1}^{n} \boldsymbol{F}_{0i} \\ &= \frac{1}{4\pi\varepsilon_0} \sum_{i=1}^{n} \frac{q q_i (\boldsymbol{r}_0 - \boldsymbol{r}_i)}{|\boldsymbol{r}_0 - \boldsymbol{r}_i|^3} \end{aligned}} \tag{1.15}$$

と表わされる．

問　題

1. 1辺 a の立方体の各頂点に点電荷 q がおかれている．各点電荷にはたらく力のベクトルを成分に分けて求めよ．

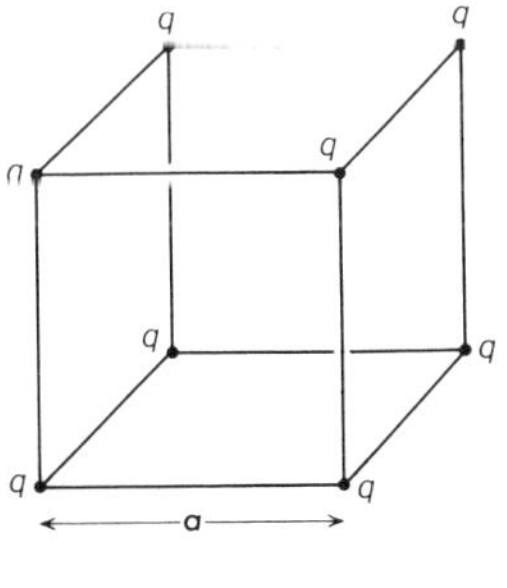

問題1

1-5　スカラー積とベクトル積

ベクトルの和とはなにかがわかったので，つぎに後のための準備としてベクトルの積を定義しよう．そのために，まずひとつの例を考える．力学で学んだように，力を作用させながら物体を動かすと，力は物体に仕事をする．図1-7のように一定の力を加えながら直線上を動かすとき，力の大きさを F，物体の動いた距離を s，力の向きと変位の向きとのなす角を θ とすれば，なした仕事の大きさ W は

$$W = Fs\cos\theta \tag{1.16}$$

となる．力も物体の変位も，方向をもつ量すなわちベクトルである．(1.16)式の右辺は，力のベクトル $\boldsymbol{F}$ と変位のベクトル $\boldsymbol{s}$ のある種の積と見ることができる．そこでこれを

$$\boldsymbol{F}\cdot\boldsymbol{s} = Fs\cos\theta \tag{1.17}$$

と表わすことにする．積がスカラーになるので，これをベクトル $\boldsymbol{F}$ と $\boldsymbol{s}$ の**スカラー積**(scalar product)または**内積**という．スカラー積の表式を使うと，仕事 W は

$$W = \boldsymbol{F}\cdot\boldsymbol{s} \tag{1.18}$$

と表わされる．

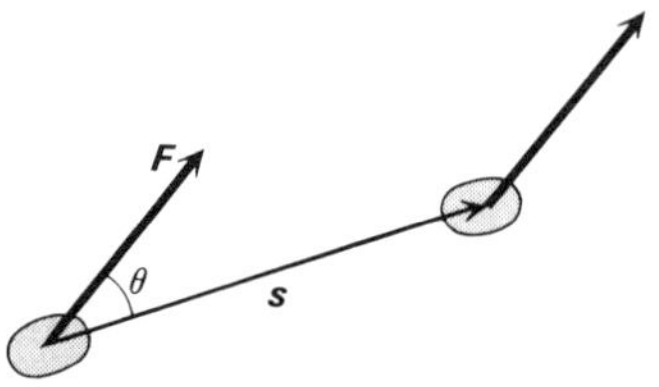

図1-7　力を作用させながら物体を動かす．

この例に限らず，2つのベクトル $\boldsymbol{A}, \boldsymbol{B}$ があるとき，その間の角を θ とすれば，スカラー積は

$$\boxed{\boldsymbol{A}\cdot\boldsymbol{B} = AB\cos\theta} \tag{1.19}$$

と定義される．スカラー積は，ベクトルが互いに垂直なとき($\theta=\pi/2$)は0，θ が鋭角なら正，鈍角なら負になる．スカラー積については，ふつうの掛け算と同じように積の順序を入れ換えても値は変わらず，また分配法則が成り立つ．すなわち

$$\boldsymbol{A}\cdot\boldsymbol{B} = \boldsymbol{B}\cdot\boldsymbol{A} \tag{1.20}$$

$$\boldsymbol{A}\cdot(\boldsymbol{B}+\boldsymbol{C}) = \boldsymbol{A}\cdot\boldsymbol{B}+\boldsymbol{A}\cdot\boldsymbol{C} \tag{1.21}$$

同じベクトル $\boldsymbol{A}$ と $\boldsymbol{A}$ のスカラー積は，$\theta=0$ だから

$$\boldsymbol{A}\cdot\boldsymbol{A} = A^2 = |\boldsymbol{A}|^2 \tag{1.22}$$

となる．たとえば，2点 $\boldsymbol{r}_1, \boldsymbol{r}_2$ 間の距離はスカラー積を用いると

$$\begin{aligned} {R_{12}}^2 &= \boldsymbol{R}_{12}\cdot\boldsymbol{R}_{12} \\ &= (\boldsymbol{r}_1-\boldsymbol{r}_2)\cdot(\boldsymbol{r}_1-\boldsymbol{r}_2) \\ &= \boldsymbol{r}_1\cdot\boldsymbol{r}_1+\boldsymbol{r}_2\cdot\boldsymbol{r}_2-2\boldsymbol{r}_1\cdot\boldsymbol{r}_2 \\ &= {r_1}^2+{r_2}^2-2\boldsymbol{r}_1\cdot\boldsymbol{r}_2 \end{aligned} \tag{1.23}$$

と表わされる．ベクトル $\boldsymbol{r}_1, \boldsymbol{r}_2$ のなす角を θ として，$\boldsymbol{r}_1\cdot\boldsymbol{r}_2=r_1r_2\cos\theta$ とおけば，これは図1-6の3角形 $\mathrm{OP_1P_2}$ についての余弦定理にほかならない．

(1.19)式で $\boldsymbol{B}$ が単位ベクトル $\boldsymbol{n}$ のとき

$$\boldsymbol{A}\cdot\boldsymbol{n} = A\cos\theta$$

となり，スカラー積はベクトル $\boldsymbol{A}$ の $\boldsymbol{n}$ 方向の成分を与える．そこで，図1-8のように x, y, z 3軸方向を向いた単位ベクトル(**基本ベクトル**)を $\boldsymbol{i}, \boldsymbol{j}, \boldsymbol{k}$ とすれば，ベクトル $\boldsymbol{A}$ の x, y, z 成分は

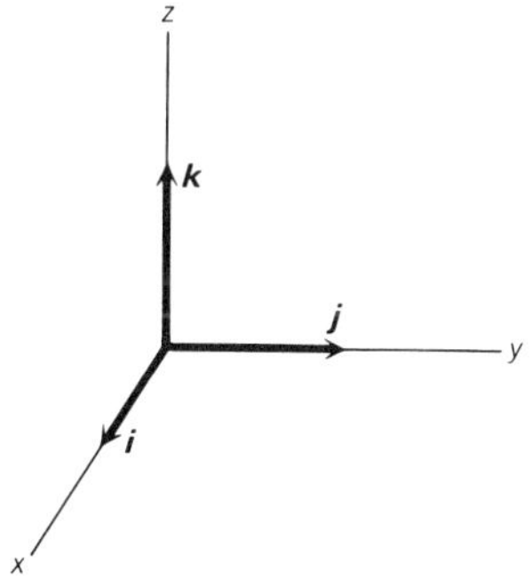

図1-8　座標軸の方向を向いた単位ベクトル(基本ベクトル)．

$$A_x = \boldsymbol{A}\cdot\boldsymbol{i}$$
$$A_y = \boldsymbol{A}\cdot\boldsymbol{j} \qquad (1.24)$$
$$A_z = \boldsymbol{A}\cdot\boldsymbol{k}$$

と表わされる．基本ベクトルどうしのスカラー積は

$$\boldsymbol{i}\cdot\boldsymbol{i} = \boldsymbol{j}\cdot\boldsymbol{j} = \boldsymbol{k}\cdot\boldsymbol{k} = 1$$
$$\boldsymbol{i}\cdot\boldsymbol{j} = \boldsymbol{j}\cdot\boldsymbol{k} = \boldsymbol{k}\cdot\boldsymbol{i} = 0 \qquad (1.25)$$

となる．基本ベクトル $\boldsymbol{i}, \boldsymbol{j}, \boldsymbol{k}$ を使うと，ベクトル $\boldsymbol{A}$ を

$$\boldsymbol{A} = A_x\boldsymbol{i}+A_y\boldsymbol{j}+A_z\boldsymbol{k} \qquad (1.26)$$

と表わすことができる．

例題1　ベクトル $\boldsymbol{A}, \boldsymbol{B}$ のスカラー積は，各ベクトルの成分によって

$$\boxed{\boldsymbol{A}\cdot\boldsymbol{B} = A_xB_x+A_yB_y+A_zB_z} \qquad (1.27)$$

と表わされることを示せ．

［解］　ベクトル $\boldsymbol{A}, \boldsymbol{B}$ について(1.26)の表式を用い，そのスカラー積を計算すると

$$\boldsymbol{A}\cdot\boldsymbol{B} = (A_x\boldsymbol{i}+A_y\boldsymbol{j}+A_z\boldsymbol{k})\cdot(B_x\boldsymbol{i}+B_y\boldsymbol{j}+B_z\boldsymbol{k})$$

分配法則(1.21)によって上の積のカッコをほどき，変形すると，

$$\begin{aligned}\boldsymbol{A}\cdot\boldsymbol{B} = {} & A_xB_x\boldsymbol{i}\cdot\boldsymbol{i}+A_yB_y\boldsymbol{j}\cdot\boldsymbol{j}+A_zB_z\boldsymbol{k}\cdot\boldsymbol{k} \\ & +(A_xB_y+A_yB_x)\boldsymbol{i}\cdot\boldsymbol{j}+(A_yB_z+A_zB_y)\boldsymbol{j}\cdot\boldsymbol{k} \\ & +(A_zB_x+A_xB_z)\boldsymbol{k}\cdot\boldsymbol{i}\end{aligned}$$

しかるに，$\boldsymbol{i}, \boldsymbol{j}, \boldsymbol{k}$ のスカラー積は(1.25)式になるので，右辺の2列目以下は0になり，(1.27)の関係が得られる．▌

力学からもうひとつの例を考えてみよう．物体に大きさが等しく向きが逆の2つの力 $\boldsymbol{F}$ と $-\boldsymbol{F}$ がはたらくとき，力の作用線が一致していれば力は完全につり合い，物体は動かない．しかし作用線がずれていると，この力の対(つい)は物体を回転させる働きをもち，偶力と呼ばれる．偶力の強さは，力の大きさと作用線の間の距離との積で表わされる．図1-9のように，力の大きさを F，力の作用点間の距離を R，力の向きと作用点を結ぶ直線とのなす角を θ とすれば，

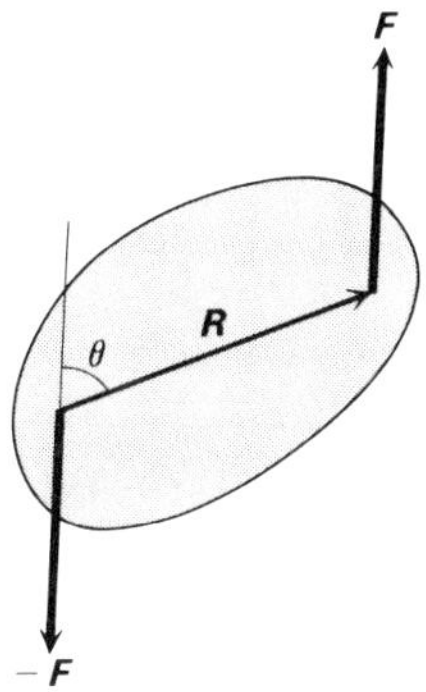

図 1-9　物体にはたらく偶力.

$$N = FR\sin\theta \tag{1.28}$$

である．これを**力のモーメント**という．力に向きがあるのと同じように，力のモーメントにもそれが物体にどのような回転をひき起こすかという向きがある．そこで，回転の軸をその力のモーメントの方向と見なし，回転を右ネジの回転としたときにネジの進む向きをモーメントの向きと約束する．このように考えることにより，力のモーメントも一種のベクトルと見ることができる．図 1-9 の場合であれば，この偶力のモーメントは大きさが(1.28)式で与えられ，向きは紙面に垂直に手前を向いている．

力のモーメントのベクトル $\boldsymbol{N}$ も，力のベクトル $\boldsymbol{F}$ と作用点を結ぶベクトル $\boldsymbol{R}$ とのある種の積と見られる．そこで上のように定義されたベクトル $\boldsymbol{N}$ を

$$\boldsymbol{N} = \boldsymbol{R}\times\boldsymbol{F} \tag{1.29}$$

と表わし，これを積がベクトルになるという意味で，**ベクトル積**(vector prod-

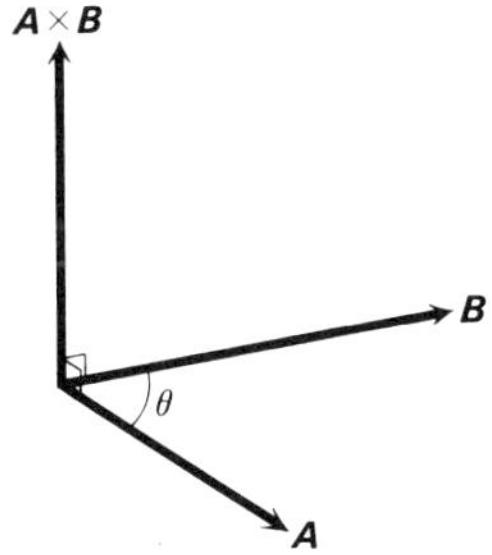

図 1-10　ベクトル積.

uct) あるいは**外積**という.

この例に限らず，2つのベクトル $\boldsymbol{A}, \boldsymbol{B}$ があるとき，ベクトル積

$$\boldsymbol{C} = \boldsymbol{A}\times\boldsymbol{B} \tag{1.30}$$

をつぎのように定義する．その大きさは，図1-10のように2つのベクトルの間の角を θ とするとき，

$$\boxed{|\boldsymbol{C}| = |\boldsymbol{A}\times\boldsymbol{B}| = AB\sin\theta} \tag{1.31}$$

で与えられる．向きは両ベクトルに垂直で，ベクトル $\boldsymbol{A}$ から $\boldsymbol{B}$ に向けて回転する右ネジの進む方向を向く．あるいは，右手を図1-11のように開いたとき，ベクトル $\boldsymbol{A}, \boldsymbol{B}, \boldsymbol{C}$ がそれぞれ親指，人さし指，中指の方向を向くとして記憶してもよい．

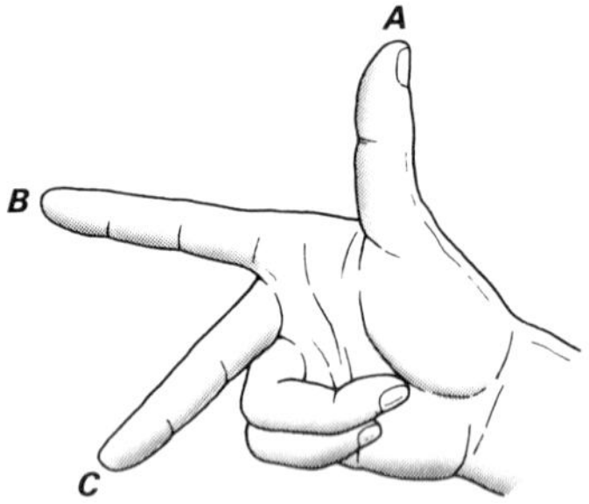

図1-11 ベクトル積 $\boldsymbol{A}\times\boldsymbol{B}=\boldsymbol{C}$ におけるベクトルの向きの関係.

ベクトル積の場合には，ふつうの数の掛け算と違って，掛ける順序に注意しなければならない．上の定義からわかるように，掛ける順序を逆にすると，得られるベクトルは逆向きになる．すなわち，

$$\boldsymbol{A}\times\boldsymbol{B} = -\boldsymbol{B}\times\boldsymbol{A} \tag{1.32}$$

となる．この場合にも，分配法則

$$\boldsymbol{A}\times(\boldsymbol{B}+\boldsymbol{C}) = \boldsymbol{A}\times\boldsymbol{B}+\boldsymbol{A}\times\boldsymbol{C} \tag{1.33}$$

は成り立つ．同じベクトルどうしのベクトル積は，$\theta=0$ だから0になる．すなわち

$$\boldsymbol{A}\times\boldsymbol{A} = 0$$

図1-8に示した x, y, z 軸方向の基本ベクトル $\boldsymbol{i}, \boldsymbol{j}, \boldsymbol{k}$ のベクトル積はどうなるだろうか．もちろん

$$\boldsymbol{i}\times\boldsymbol{i} = \boldsymbol{j}\times\boldsymbol{j} = \boldsymbol{k}\times\boldsymbol{k} = 0 \tag{1.34}$$

である．$\boldsymbol{i}$ と $\boldsymbol{j}$ は直交するベクトルだから $\theta=\pi/2$ で，(1.31)式によりそのベクトル積も長さ1の単位ベクトルになる．その方向はちょうど z 軸の向きになるから，$\boldsymbol{i}\times\boldsymbol{j}$ はちょうど $\boldsymbol{k}$ に等しい．同じようにして，

$$\boldsymbol{i}\times\boldsymbol{j} = \boldsymbol{k}, \quad \boldsymbol{j}\times\boldsymbol{k} = \boldsymbol{i}, \quad \boldsymbol{k}\times\boldsymbol{i} = \boldsymbol{j} \tag{1.35}$$

の関係が得られる．

例題2　ベクトル $\boldsymbol{A}, \boldsymbol{B}$ のベクトル積は，各ベクトルの成分によって

$$\boxed{\begin{aligned} (\boldsymbol{A}\times\boldsymbol{B})_x &= A_yB_z - A_zB_y \\ (\boldsymbol{A}\times\boldsymbol{B})_y &= A_zB_x - A_xB_z \\ (\boldsymbol{A}\times\boldsymbol{B})_z &= A_xB_y - A_yB_x \end{aligned}} \tag{1.36}$$

と表わされることを示せ．

［解］　(1.27)の証明と同じように，ベクトル $\boldsymbol{A}, \boldsymbol{B}$ について(1.26)の表式を用いると，

$$\boldsymbol{A}\times\boldsymbol{B} = (A_x\boldsymbol{i}+A_y\boldsymbol{j}+A_z\boldsymbol{k})\times(B_x\boldsymbol{i}+B_y\boldsymbol{j}+B_z\boldsymbol{k})$$

分配法則(1.33)を用いて上式のカッコをほどくと，

$$\begin{aligned} \boldsymbol{A}\times\boldsymbol{B} = {} & A_xB_x(\boldsymbol{i}\times\boldsymbol{i})+A_yB_y(\boldsymbol{j}\times\boldsymbol{j})+A_zB_z(\boldsymbol{k}\times\boldsymbol{k}) \\ & +A_xB_y(\boldsymbol{i}\times\boldsymbol{j})+A_yB_x(\boldsymbol{j}\times\boldsymbol{i})+A_yB_z(\boldsymbol{j}\times\boldsymbol{k}) \\ & +A_zB_y(\boldsymbol{k}\times\boldsymbol{j})+A_zB_x(\boldsymbol{k}\times\boldsymbol{i})+A_xB_z(\boldsymbol{i}\times\boldsymbol{k}) \end{aligned}$$

(1.34)式により右辺の1列目は0，2, 3列目は $\boldsymbol{i}\times\boldsymbol{j}=-\boldsymbol{j}\times\boldsymbol{i}$ などの関係と(1.35)式とを用いて書き直すと

$$\boldsymbol{A}\times\boldsymbol{B} = (A_yB_z-A_zB_y)\boldsymbol{i}+(A_zB_x-A_xB_z)\boldsymbol{j}+(A_xB_y-A_yB_x)\boldsymbol{k}$$

となる．これを各成分に分けて書くと，(1.36)式になる．▌

問　題

1. 3つのベクトル $\boldsymbol{A}, \boldsymbol{B}, \boldsymbol{C}$ について

$$(\boldsymbol{A}\times\boldsymbol{B})\cdot\boldsymbol{C} = (\boldsymbol{B}\times\boldsymbol{C})\cdot\boldsymbol{A} = (\boldsymbol{C}\times\boldsymbol{A})\cdot\boldsymbol{B}$$

が成り立つことを示せ．またこの積がなにを表わすかを考えよ．

2. 図のように，両端に点電荷 q をつけた，長さ d のかたい棒がある．棒の中心を点Oに固定し，棒がOのまわりを自由に回転できるようにしてある．Oからの距離 r の点Pにおいた点電荷 q_1 が，棒におよぼす力のモーメントを求めよ．ただし，OPと棒のなす角を θ とする．

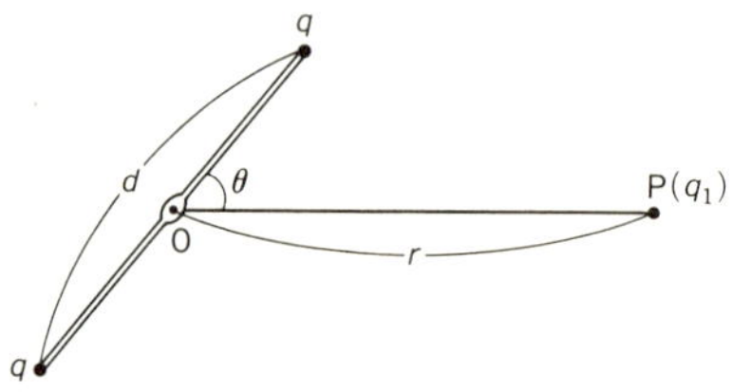

問題 2

1-6 遠隔作用と近接作用

私たちが摩擦で生じた電気が物を引きつける現象を見たとき不思議に感じるのは，それが物に触れることなく力を及ぼすからであろう．ふつう物に力をはたらかせるには，手を触れて押したり引いたりしなければならない．こうした日常経験からして，電気の力は私たちの目に奇異なものに映る．

重力の場合も，物体が離れたままで力を及ぼし合っている．ニュートンがそれを発見するまで，誰も物体が落下するのは地球がそれを引きつけるからだとは考えなかった．まして，はるかに遠く離れた太陽と地球が引きあっているとは，考えの及ばないことであった．それは，力を作用させるには接触しなければならないという日常経験からすれば，まことに理解しにくいことであったに違いない．

しかし，いったん重力の法則を受け入れてしまえば，クーロンの力もそれと同じようなもので，電荷が遠く離れたままで力を及ぼしあうことも，とくに不思議なことでなくなってしまう．クーロンの実験以後，この力はニュートンが重力を考えたのと同じ立場で，遠く離れた電荷間に，空間をとび越えて直接はたらくもの，すなわち**遠隔作用**の力として捉えられた．その後，磁石や電流の間にも力のはたらくことが発見されたが，これらの力も同じ立場で理解されたのである．

これに対し，ファラデー(M. Faraday)は，もっと素朴で直観的な立場から，電荷の間に力がはたらくのは，間の空間にある種の変化が生じ，それが力を伝えるからだと考えた．このような**近接作用**の考え方を発展させ，それに数学的な表現を与えたのはマクスウェルである．彼は，電荷や電流によって生じる空間の変化，すなわち**電磁場**(electromagnetic field)の従うべき基礎方程式を確立し，それに基づいて**電磁波**(electromagnetic wave)の存在を予言したのである．

たしかに，電荷が静止しているときのことだけを扱うのであれば，どちらの立場で考えようと大差はないように見える．そこでは近接作用の考え方も単なる数学的な方便か，現象の解釈の仕方の問題と見ることもできよう．しかし，電荷が動くとどうなるだろうか．2つの電荷の間に力がはたらいているとき，一方の電荷が動くと他方の電荷にはたらく力に変化が生じる．しかし，この変化は相手の電荷が動くと同時に現われるのではなく，一定の遅れを伴う．このような現象を説明するには，力が空間を伝わるという近接作用の立場がはるかに自然であり，数学的な表現としても，その方がずっと単純で明解なものになる．遠隔作用の立場に固執すれば，電磁波の存在は理解できない．

現代の物理学では，ファラデー，マクスウェルに始まるこの**場**(field)という考え方は，電磁気現象に限らず，自然現象全般を理解する上でもっとも基本的な見方になっている．電磁気学は，そのような概念を生み出し，それを定着させた点においても，重要な役割を果したのである．私たちは，この本においても，ファラデー，マクスウェルの立場に立って話をすすめていく．電荷や電流によってその周囲の空間に生じる変化，電磁場に注目し，その性質を一歩一歩明らかにしていくことになる．

2

静電場の性質

近接作用の立場では，電荷の間にはたらく力は，周囲の空間に生じたある種の変化によって，電荷から電荷へ伝えられるものと見なされる．そこで，この空間の変化すなわち電場に注目すると，時間的に変動しない電場の性質として，ふたつのことが明らかになる．第1はガウスの法則であり，第2は電場が保存力を与えることの条件である．電場を流体の流れに見立てるなら，前者は電荷から流れ出た電場(電束)が保存するという性質であり，後者は電場の流れには渦が存在しないという条件である．

2-1 電場

クーロンの法則(1.14)は，図2-1のように2つの点電荷q, q_1が$\boldsymbol{r}_0, \boldsymbol{r}_1$にあるとき，$q_1$から$q$にはたらく力$\boldsymbol{F}$について

$$\boldsymbol{F} = \frac{qq_1}{4\pi\varepsilon_0}\frac{\boldsymbol{r}_0-\boldsymbol{r}_1}{|\boldsymbol{r}_0-\boldsymbol{r}_1|^3} \tag{2.1}$$

となる．この式では，力は空間を隔てた2つの電荷の間に直接はたらくものと見なされている．これに対し，ファラデー，マクスウェルの近接作用の立場では，電荷があればその周囲の空間に一種の変化が生じ，その空間の変化が力を伝えるものと考える．したがって，近接作用の立場に立つなら，電荷にはたらく力だけでなしに，この空間に生じる変化そのものに注目しなければならない．

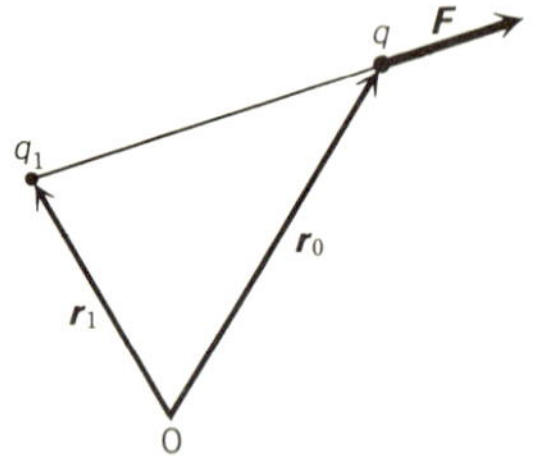

図2-1 電荷q_1からqにはたらく力．

(2.1)式をつぎのように2段階に分けて書き直してみよう．まず，ベクトル$\boldsymbol{E}$を

$$\boxed{\boldsymbol{E}(\boldsymbol{r}) = \frac{q_1}{4\pi\varepsilon_0}\frac{\boldsymbol{r}-\boldsymbol{r}_1}{|\boldsymbol{r}-\boldsymbol{r}_1|^3}} \tag{2.2}$$

によって定義すると，電荷qにはたらく力は

$$\boxed{\boldsymbol{F} = q\boldsymbol{E}(\boldsymbol{r}_0)} \tag{2.3}$$

と表わされる．(2.2)式の$\boldsymbol{E}(\boldsymbol{r})$は，$\boldsymbol{E}$というベクトルが位置ベクトル$\boldsymbol{r}$を変数とする関数であることを意味する．$\boldsymbol{r}$は空間の中の位置を示すベクトルであり，その点の座標(x, y, z)をまとめて表わす記号と考えてもよい．したがって，$\boldsymbol{E}$

は実質的には3変数 x, y, z の関数になっている．ベクトル $\boldsymbol{E}$ を3成分 E_x, E_y, E_z に分けて書くと，(2.2)式は

$$
\begin{aligned}
E_x(x,y,z) &= \frac{q_1}{4\pi\varepsilon_0}\frac{x-x_1}{[(x-x_1)^2+(y-y_1)^2+(z-z_1)^2]^{3/2}} \\
E_y(x,y,z) &= \frac{q_1}{4\pi\varepsilon_0}\frac{y-y_1}{[(x-x_1)^2+(y-y_1)^2+(z-z_1)^2]^{3/2}} \qquad (2.4) \\
E_z(x,y,z) &= \frac{q_1}{4\pi\varepsilon_0}\frac{z-z_1}{[(x-x_1)^2+(y-y_1)^2+(z-z_1)^2]^{3/2}}
\end{aligned}
$$

となる．

(2.2)式で $\boldsymbol{r}=\boldsymbol{r}_0$ と置いて(2.3)式に代入すると，$\boldsymbol{F}$ として(2.1)式が得られるから，形式的にこのように書き換えることになにも問題はない．しかし，書き換えによって式の表わす物理的な内容は，もとの(2.1)式とは違ったものになる．(2.1)式のように書かれたクーロンの法則では，2個の電荷があってはじめてその間に力がはたらくとしており，電荷が1個しかなければ何事も起きないと考えている．それに対し(2.2), (2.3)式では，電荷 q_1 があると，もう1つの電荷 q のあるなしによらず，q_1 の周囲の空間一帯にベクトル $\boldsymbol{E}$ で表わされる一種の変化が生じるとしている．そして，たまたまその変化した空間内の1点 $\boldsymbol{r}_0$ に電荷 q があると，それに対して(2.3)式で表わされる力がはたらくと解釈する．力は，電荷の置かれた位置に生じている空間の変化によって決まり，その変化がどのようにして生じたかにはよらない．もちろん，この空間の変化を測定しようと思えば，空間の各点にテスト用の電荷を置いてみて，それにはたらく力を測定しなければならない．しかし，そうした測定をするしないによらずに，空間の変化 $\boldsymbol{E}(\boldsymbol{r})$ は実在すると見るのである．この電荷によって生じた空間の変化を**電場**(electric field)，とくにそれが時間的に変動しない場合には**静電場**(electrostatic field)と呼ぶ．

点電荷が多数あるときの電場は，おのおのの点電荷のつくる電場の和になる．n 個の点電荷 $q_1, q_2, \cdots, q_n$ がそれぞれ $\boldsymbol{r}_1, \boldsymbol{r}_2, \cdots, \boldsymbol{r}_n$ にあるとき，$\boldsymbol{r}_0$ にある点電荷 q にはたらく力は(1.15)式で与えられた．(2.3)の関係から見て，この式で q を除いた部分が $\boldsymbol{r}_0$ における電場になる．すなわち，点電荷 q_i のつくる電場を

$\boldsymbol{E}_i(\boldsymbol{r})$ とすれば

$$\boxed{\begin{aligned}\boldsymbol{E}(\boldsymbol{r}) &= \sum_{i=1}^{n} \boldsymbol{E}_i(\boldsymbol{r}) \\ \boldsymbol{E}_i(\boldsymbol{r}) &= \frac{q_i}{4\pi\varepsilon_0}\frac{\boldsymbol{r}-\boldsymbol{r}_i}{|\boldsymbol{r}-\boldsymbol{r}_i|^3}\end{aligned}}$$

(2.5)

(2.6)

電荷が空間に連続的に分布している場合にはどうなるだろうか．電荷が空間のある領域にわたって密度 $\rho(\boldsymbol{r})$ で分布しているとしよう．空間の点 $\boldsymbol{r}$ を中心にした微小な領域を考え，その体積を ΔV，そこに含まれる電荷の量を Δq とすれば，その比 $\Delta q/\Delta V$ が $\boldsymbol{r}$ における電荷密度 $\rho(\boldsymbol{r})$ を与える．密度が空間的に変

Coffee Break

場（ば）

ニュートンの力学で対象にするのは，粒子の運動である．2-10節で述べるように，弾性体の力学や流体力学では‘場’の考え方が使われるが，対象が弾性体なり流体なりの‘もの’であることに変わりはない．これに対し，ファラデー，マクスウェルに始まる近接作用の立場による電磁気学では，物体のおかれている空間，真空そのものが対象になる．そこでは，真空は単なる無の空間ではなく，それ自身がいろいろな状態に変化する．これはニュートン力学にはなかった，まったく新しい自然観であった．それは，ひとつの革命であったといえる．

現代物理学では，場は電磁気学の問題にとどまらず，自然の姿をとらえるもっとも基本的な概念となっている．ミクロな現象を扱うときには，場も量子力学的な取り扱いをしなければならない(場の量子論)．そのとき，電磁場はフォトンという粒子的な振舞いを示すが，それと同じように，電子や陽子などの素粒子も，それぞれの場から生じるものと見なされる．このような意味で，物質の存在自身が，場のひとつの状態なのである．

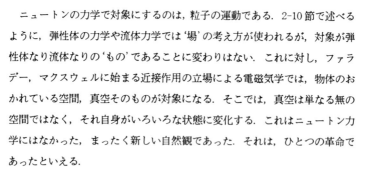

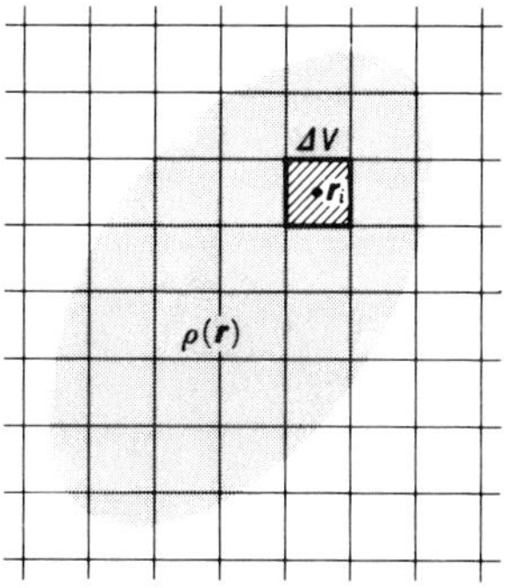

図 2-2　電荷の連続的な分布.

化しているときでも，体積 ΔV を十分小さくしさえすれば，この比は微小領域のとり方によらない値になる．この電荷分布のつくる電場を求めるには，図2-2のように電荷が分布している領域を小さな領域に分割して考えればよい．微小領域の体積を ΔV，i 番目の微小領域の中心の点を $\boldsymbol{r}_i$ とする．上で述べたことにより，体積 ΔV が十分小さければそこに含まれる電荷の量は $\rho(\boldsymbol{r}_i)\Delta V$ になる．この電荷は，クーロンの実験で帯電した小球を点電荷と見なしたように，$\boldsymbol{r}_i$ にある点電荷と見なすことができる．したがって，この電荷が $\boldsymbol{r}$ につくる電場は，(2.6)式により

$$\frac{\rho(\boldsymbol{r}_i)\Delta V}{4\pi\varepsilon_0}\frac{\boldsymbol{r}-\boldsymbol{r}_i}{|\boldsymbol{r}-\boldsymbol{r}_i|^3}$$

となる．$\boldsymbol{r}$ における電場は，すべての微小領域からの寄与を加え合わせて得られる．すなわち

$$\boldsymbol{E}(\boldsymbol{r}) \cong \frac{1}{4\pi\varepsilon_0}\sum_i \frac{\boldsymbol{r}-\boldsymbol{r}_i}{|\boldsymbol{r}-\boldsymbol{r}_i|^3}\rho(\boldsymbol{r}_i)\Delta V$$

ここで，'ほぼ等しい' という意味の記号 $\cong$ を使ったのは，有限の広がりをもつ微小領域内の電荷を点電荷と見なしたからである．これを正確な表式にするには，領域の広がりを0にする極限，$\Delta V \to 0$ を考えればよい．この極限で和は積分になり，

$$\boxed{\boldsymbol{E}(\boldsymbol{r}) = \frac{1}{4\pi\varepsilon_0}\int \frac{\boldsymbol{r}-\boldsymbol{r}'}{|\boldsymbol{r}-\boldsymbol{r}'|^3}\rho(\boldsymbol{r}')dV'} \tag{2.7}$$

となる．

実際にこの積分をおこなうには，適当な座標を選ぶ必要がある．たとえば直交座標を選び $\boldsymbol{r}'=(x', y', z')$ とすれば，無限小の体積 dV' は，$dV'=dx'dy'dz'$ となる．したがって(2.7)式を x 成分について書くと

$$E_x(x, y, z) = \frac{1}{4\pi\varepsilon_0}\iiint \frac{(x-x')\rho(x', y', z')}{[(x-x')^2+(y-y')^2+(z-z')^2]^{3/2}}dx'dy'dz'$$

となり，x', y', z' 3変数の関数を電荷の分布している領域にわたって3重積分しなければならない．(2.7)式はこの3重積分を省略して表わしたものである．このように空間のある体積にわたっておこなわれる積分を体積積分という．

例題1　両端に大きさの等しい正負の電荷を付けた短い棒を一様な電場の中におくと，棒にはどのような力がはたらくか．

［解］　電場を $\boldsymbol{E}$，棒の両端の電荷を $\pm q$ とすれば，図2-3のように棒の両端には $q\boldsymbol{E}, -q\boldsymbol{E}$ の力がはたらく．これは棒を回転させる偶力である．負の電荷から正の電荷に向けて棒の両端を結ぶベクトルを $\boldsymbol{d}$ とすれば，(1.29)式により棒にはたらく偶力のモーメント $\boldsymbol{N}$ は

$$\boldsymbol{N} = \boldsymbol{d}\times q\boldsymbol{E}$$

いま，

$$\boldsymbol{p} = q\boldsymbol{d} \tag{2.8}$$

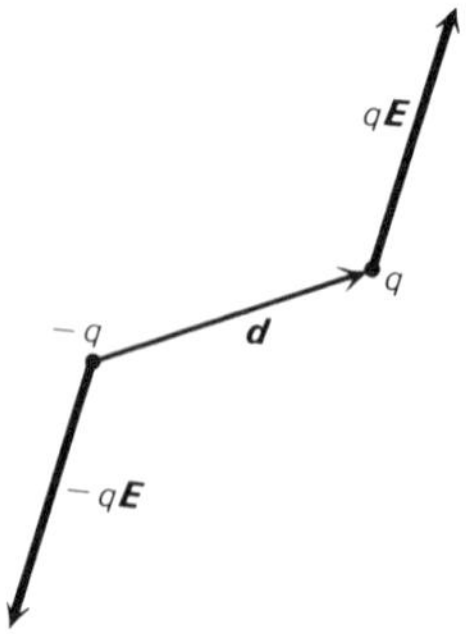

図2-3　電気双極子にはたらく偶力．

というベクトルを定義すると，力のモーメントは

$$\boldsymbol{N} = \boldsymbol{p} \times \boldsymbol{E} \tag{2.9}$$

と表わされる．▌

このように短い間隔をおいて並んだ大きさの等しい正負の電荷の対を，**電気双極子**(electric dipole)という．(2.8)式で定義されるベクトルをその**電気双極子モーメント**(electric dipole moment)と呼ぶ．

問　題

1. 長さ l の細い棒の上に電荷が単位長さ当り λ の密度で一様に分布している．図(a)，(b)のように，棒の中心から r の距離に点電荷 q があるとき，棒にはたらく力を求めよ．

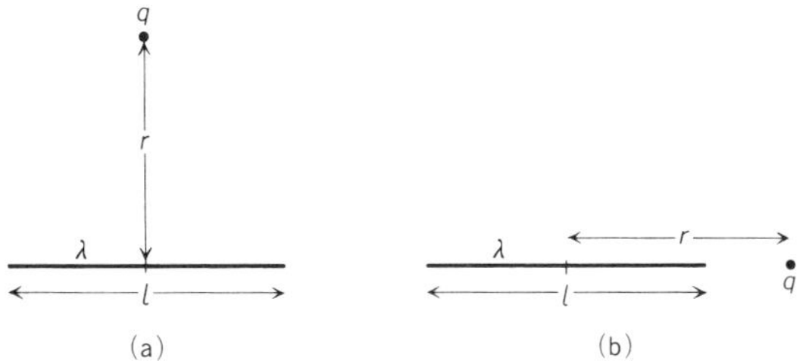

問題1

2-2 いろいろな静電場

この節では，いろいろな場合について静電場を具体的に求めてみよう．

例題1 間隔を d だけ離して置いた2つの点電荷 $q, -q$ のつくる電場を求めよ．とくに電荷からの距離が間隔 d に比べて十分遠い領域ではどうか．

［解］ 図2-4のように，2つの電荷の中心に座標の原点を選び，電荷を結ぶ方向に z 軸，それと垂直に x, y 軸をとる．このとき，電荷 $q, -q$ の座標はそれぞれ $(0, 0, d/2)$，$(0, 0, -d/2)$ になる．電荷 $q, -q$ が点 $\boldsymbol{r}=(x, y, z)$ につくる電場をそれぞれ $\boldsymbol{E}_1(\boldsymbol{r}), \boldsymbol{E}_2(\boldsymbol{r})$ とする．(2.4)式により成分に分けて書くと，$\boldsymbol{E}_1(\boldsymbol{r})$ は

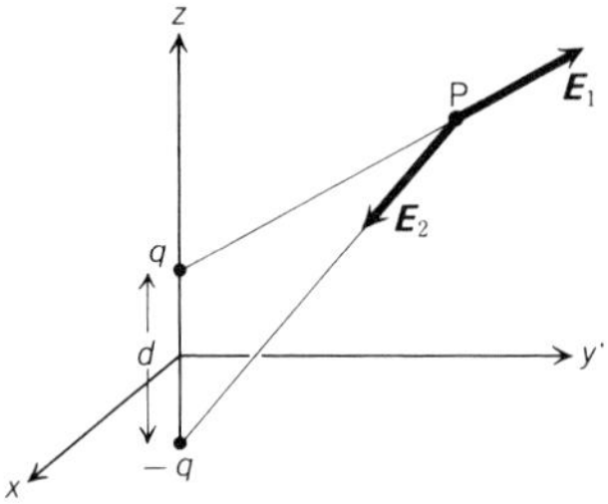

図 2-4　正負の電荷の対のつくる電場.

$$E_{1x}(x, y, z) = \frac{q}{4\pi\varepsilon_0}\frac{x}{[x^2+y^2+(z-d/2)^2]^{3/2}}$$

$$E_{1y}(x, y, z) = \frac{q}{4\pi\varepsilon_0}\frac{y}{[x^2+y^2+(z-d/2)^2]^{3/2}}$$

$$E_{1z}(x, y, z) = \frac{q}{4\pi\varepsilon_0}\frac{z-d/2}{[x^2+y^2+(z-d/2)^2]^{3/2}}$$

$\boldsymbol{E}_2(\boldsymbol{r})$ に対する表式は，この式で q を $-q$，$d/2$ を $-d/2$ に置き換えたものになる．2つの電荷が $\boldsymbol{r}$ につくる電場 $\boldsymbol{E}(\boldsymbol{r})=\boldsymbol{E}_1(\boldsymbol{r})+\boldsymbol{E}_2(\boldsymbol{r})$ は，

$$E_x(x, y, z) = \frac{q}{4\pi\varepsilon_0}\left\{\frac{x}{[x^2+y^2+(z-d/2)^2]^{3/2}} - \frac{x}{[x^2+y^2+(z+d/2)^2]^{3/2}}\right\}$$

$$E_y(x, y, z) = \frac{q}{4\pi\varepsilon_0}\left\{\frac{y}{[x^2+y^2+(z-d/2)^2]^{3/2}} - \frac{y}{[x^2+y^2+(z+d/2)^2]^{3/2}}\right\}$$

$$E_z(x, y, z) = \frac{q}{4\pi\varepsilon_0}\left\{\frac{z-d/2}{[x^2+y^2+(z-d/2)^2]^{3/2}} - \frac{z+d/2}{[x^2+y^2+(z+d/2)^2]^{3/2}}\right\}$$

となる．

原点から点 $\boldsymbol{r}$ までの距離は

$$r = (x^2+y^2+z^2)^{1/2}$$

である．この電場を見ている位置 $\boldsymbol{r}$ が原点から十分離れていて，$r \gg d$ となる場合を考える．ここで，t が1に比べて十分小さいときに成り立つ近似的な関係

$$(1+t)^\alpha \cong 1+\alpha t \tag{2.10}$$

を用いると，上の電場の表式の中で

$$[x^2+y^2+(z\mp d/2)^2]^{-3/2} \cong (x^2+y^2+z^2\mp zd)^{-3/2}$$
$$= r^{-3}\left(1\mp \frac{zd}{r^2}\right)^{-3/2}$$
$$\cong r^{-3}\left(1\pm \frac{3}{2}\frac{zd}{r^2}\right)$$

となる．この近似的な表式を電場の式に代入すると，電気双極子モーメントの大きさを $p=qd$ と置いて，

$$E_x(x,y,z) = \frac{p}{4\pi\varepsilon_0}\frac{3xz}{r^5}$$
$$E_y(x,y,z) = \frac{p}{4\pi\varepsilon_0}\frac{3yz}{r^5} \qquad (2.11)$$
$$E_z(x,y,z) = \frac{p}{4\pi\varepsilon_0}\frac{3z^2-r^2}{r^5}$$

が得られる．▌

この正負の電荷の対は，2-1 節の例題 1 で見た電気双極子である．(2.11)式はその電気双極子がつくる電場を与えている．その様子を眺めてみよう．

まず，xz 面内 $(y=0)$ で原点から等距離にある点 P での電場は図 2-5 のようになる．電場は強さも向きも P 点の方向によっている．

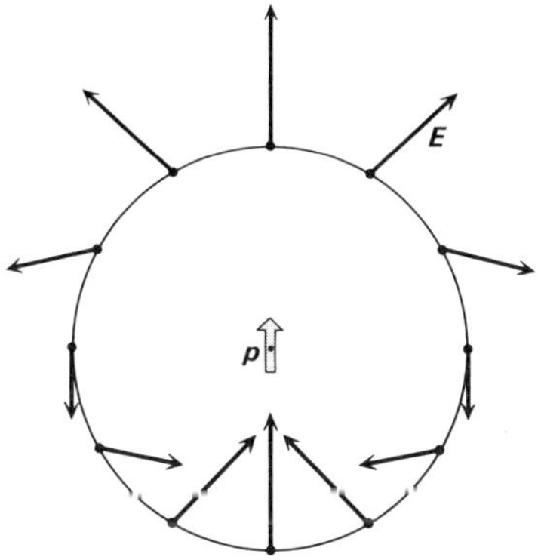

図 2-5 電気双極子による電場
双極子を含む面 (xz 面)内で，双極子から等距離にある点の電場のベクトルを示す．

つぎに方向を決めて電場の強さの距離依存性を見ると，たとえば z 軸上では，

$$E_x = E_y = 0, \qquad E_z = \frac{p}{4\pi\varepsilon_0}\frac{2}{r^3}$$

となって，距離の3乗に反比例する．電荷から離れるとともに1つの点電荷による電場の場合よりも速やかに0に近づく．これは，どの方向で見ても同じである．この例題で $d=0$ と置けば，$\pm q$ の電荷はちょうど打ち消しあうから電場も消える．d が0でないときも，遠くでは2つの電荷による電場は主な部分が打ち消される．しかし，正負の電荷までの距離にわずかの差があるから，打ち消しは不完全で，そのために残ったおつりとして(2.11)式の電場が生じるのである．遠くで，1つの電荷による電場よりも速く消えてしまうのはそのためである．

例題2 無限に長い直線上に一様に分布した電荷のつくる電場を求めよ．

[解] 空間に連続的に分布した電荷による電場の表式(2.7)を求めるとき，空間を微小な領域に分割した．それと同じように，ここでは直線を長さ Δs の微小部分に分割する．直線上の単位長さ当りの電荷(電荷の線密度)を λ とすれば，長さ Δs の微小部分の電荷は $\lambda\Delta s$ である．Δs を十分小さく取れば，この電荷は点電荷と見なしてよい．

直線から r だけ離れた点Pの電場を求めよう．上のように分割した各微小部分の電荷がこの点につくる電場を求め，それをすべて加えあわせればP点の電場が得られる．もちろん正直にこのような計算をしてもよいのだが，対称性などから電場の向きについて予想することができれば，計算の手間を省くことができる．この場合でいえば，電場は直線に垂直な方向を向くことは明らかである．なぜなら，図2-6のようにO点から等距離の点A, A′にある電荷がP点につくる電場は $\boldsymbol{E}_{\mathrm{A}}, \boldsymbol{E}_{\mathrm{A'}}$ のようになり，直線に平行な成分はちょうど打ち消しあう．このように直線に平行な電場の成分はO点の上下の電荷からの寄与がすべて打ち消しあうので，電場は直線に垂直な方向を向くのである．

OAの距離を s とすると，A点にある電荷 $\lambda\Delta s$ がP点につくる電場の強さは

$$E_{\mathrm{A}} = \frac{\lambda\Delta s}{4\pi\varepsilon_0}\frac{1}{r^2+s^2}$$

である．$\boldsymbol{E}_{\mathrm{A}}$ の直線に垂直な成分 $E_\perp$ は $\angle\mathrm{OPA}=\theta$ とすれば $\cos\theta=r/(r^2+s^2)^{1/2}$ だから

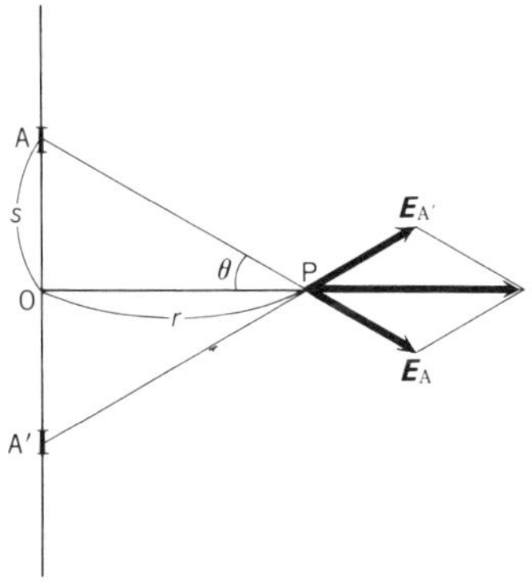

図 2-6　直線上に分布した電荷のつくる電場.

$$E_\perp = E_A \cos\theta = \frac{\lambda \varDelta s}{4\pi\varepsilon_0}\frac{r}{(r^2+s^2)^{3/2}}$$

となる．これをすべての微小部分からの寄与について加えあわせればよい．ここで $\varDelta s \to 0$ の極限をとると，微小部分についての和は s についての積分になる．すなわち P 点の電場 $E(r)$ は

$$E(r) = \frac{\lambda}{4\pi\varepsilon_0}\int_{-\infty}^{\infty}\frac{r}{(r^2+s^2)^{3/2}}ds$$

この積分を実行するには

$$s = r\tan\theta$$

と置き換えて，積分変数を s から θ に変える方がよい．すなわち，

$$r^2+s^2 = r^2(1+\tan^2\theta) = r^2\sec^2\theta$$

$$ds = r\sec^2\theta d\theta$$

であり，また s が $-\infty$ から ∞ まで変わるとき θ は $-\pi/2$ から $\pi/2$ まで変わるので，

$$\begin{aligned} E(r) &= \frac{\lambda}{4\pi\varepsilon_0}\frac{1}{r}\int_{-\pi/2}^{\pi/2}\frac{\sec^2\theta}{\sec^3\theta}d\theta \\ &= \frac{\lambda}{4\pi\varepsilon_0}\frac{1}{r}\int_{-\pi/2}^{\pi/2}\cos\theta d\theta \\ &= \frac{\lambda}{2\pi\varepsilon_0 r} \end{aligned} \tag{2.12}$$

となる．電場の向きは直線に垂直で，$\lambda>0$ のとき外向き，$\lambda<0$ のとき内向き

になる．▮

問　題

1. 2個の点電荷 $2q$, $-q$ が間隔 d をおいて置かれている．これらの電荷が，電荷を結ぶ直線上の十分遠方につくる電場を，d の1次までの正しさで求めよ．

2. つぎのおのおのの場合について，生じる電場を求めよ．

(a)　半径 R の輪の上に電荷が一様に分布しているとき，輪の中心を通り輪の面に垂直な直線上の電場．

(b)　半径 R の円板上に電荷が一様に分布しているとき，円板の中心を通り円板に垂直な直線上の電場．

(c)　無限に広い平面上に電荷が一様に分布しているとき，空間の任意の点に生じる電場．

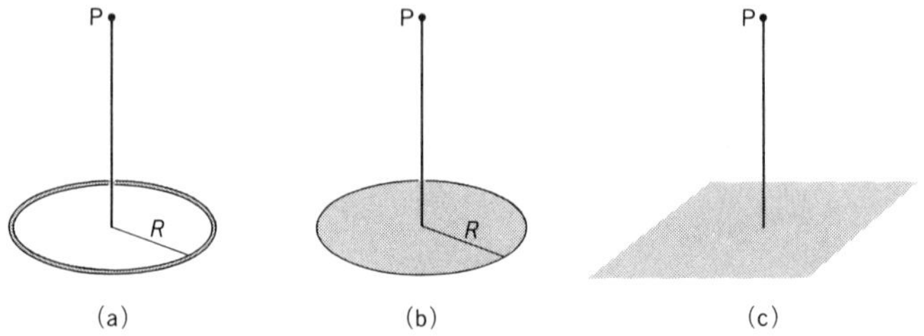

問題2

3. 長さ l の細い棒の上に電荷が一様に分布している．この電荷がまわりの空間につくる電場を求めよ．とくに棒から十分離れたところではどうなるか．

2-3　電気力線

電場の様子を一目でわかるように図示するにはどうしたらよいだろうか．図2-5のように空間の各点の電場の強さを矢印で示すのもひとつの方法であるが，これでは煩雑で図もあまり見やすくない．そこで，ふつうつぎのような方法がとられる．それは，点をつねにその位置での電場の向きに動かす，という約束で動かすとき，その点の描く曲線を空間に何本も引くのである．この向きをつけた曲線は，接線がその点における電場の向きを表わすことになる．このような曲線を**電気力線**(electric line of force)という.

図 2-5 のように各点にいちいち矢印を描けば，電場の向きも強さも表わすことができるが，単に電気力線を引くだけでは，電場の向きは表わせても強さは表わせないように見える．しかし，つぎの事実に注目し，注意して引けば，電気力線によって電場の強さも表わすことができる.

1 個の正の点電荷のつくる電場を考える．このとき電気力線は図 2-7(a)のように電荷を中心にした放射状の直線になる．電気力線はすべての方向に一様に分布させて引くことにする．ここで，電気力線の密度をつぎのように定義しよう．すなわち，電気力線に垂直な微小面積 ΔS を考え，そこを貫いている電気力線の数を ΔN 本とするとき，比 $\Delta N/\Delta S$ をその点における電気力線の密度とする．図のように電気力線がまばらにしか引かれていないと，場所によっては ΔS を貫く電気力線がまったく存在しない．このような状況では電気力線の密度は定義できないので，頭の中では電気力線は無数に引かれていて，ΔS がいかに小さくてもそこを貫く電気力線は十分沢山あるのだと考えておけばよい.

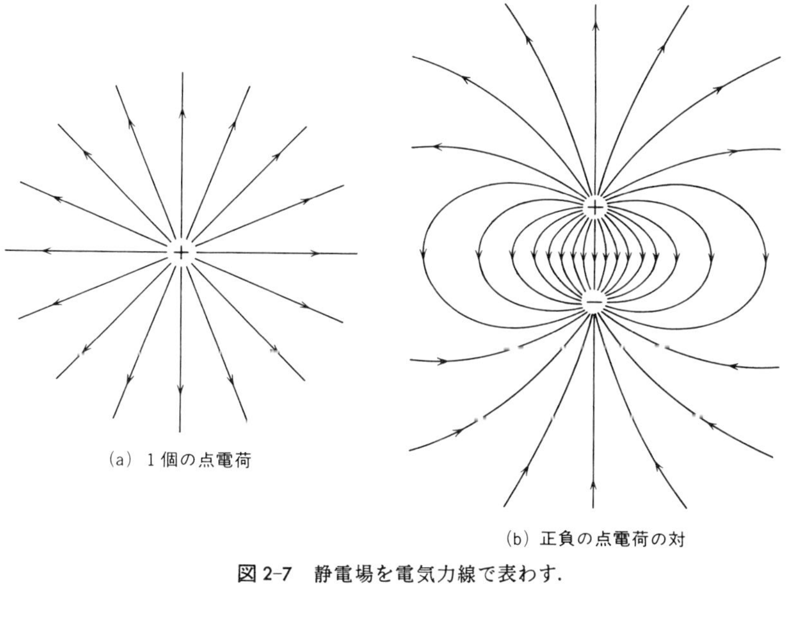

(a) 1 個の点電荷

(b) 正負の点電荷の対

図 2-7 静電場を電気力線で表わす.

このようにして引かれた電気力線は四方に広がっていくので，電荷の近くでは密だが遠くにいくほどまばらになる．じつは，この電気力線の密度の変化が，ちょうど電場の強さが電荷から離れるほど弱まることに対応する．電荷から出ている電気力線の総数を N 本とすれば，電荷を中心とする半径 r の球面上での密度は，球面の面積は $4\pi r^2$ だから

$$[\text{電気力線の密度}] = \frac{N}{4\pi r^2}$$

となる．これは電場の強さと距離との関係に一致している．したがって，電荷から引き出す電気力線の数を電荷の量に比例させて適当に決めておけば，その密度で電場の強さを表わすことができることになる．電気力線は，いつも密度がその場所の電場の強さに比例するような仕方で引くものと約束しよう．

空間に正負の点電荷が分布しているときには，電気力線は正の電荷から出て負の電荷に入るか，あるいは無限遠まで伸びているかであって，なにもない空間の点で途切れることはない．正負の点電荷の対による電場の電気力線は，図2-7(b)のようになる．

問　題

1. つぎのおのおのの場合について，電場の大体の様子を電気力線で示せ．

(a)　3個の点電荷 $-q, 2q, -q$ $(q>0)$ が直線上に等間隔におかれているとき．

(b)　正の電荷が無限に広い平面に一様に分布しているとき(2-2節の問題2(c)参照)．

2. 正方形の各頂点に，同じ大きさの点電荷 $q\,(>0)$ がおかれている．

(1)　点電荷を含む平面内における電場の大体の様子を，電気力線によって示せ．

(2)　正方形の中心にもう1つの点電荷 q' をおくと，4個の電荷から q' にはたらく力はちょうどつりあって，合力が0になる．正方形の中心は安定なつりあいの位置といえるだろうか．(1)で描いた電気力線の図を見て考えよ．

2-4　ガウスの法則

1個の正の点電荷 q のつくる電場を電気力線で表わし，図2-8のように，こ

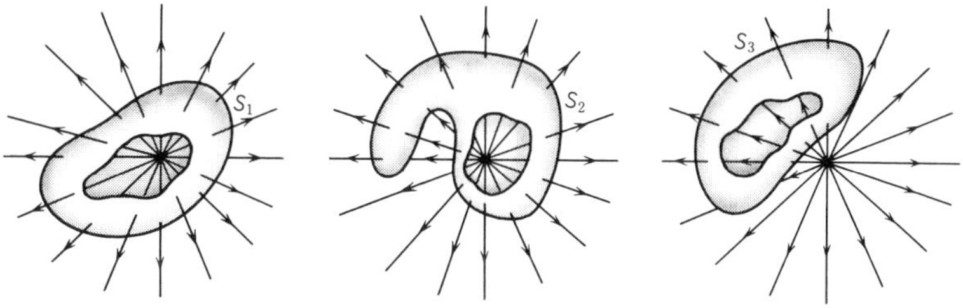

図 2-8　閉曲面を貫いて出る電気力線の数.

の空間に1つの閉じた曲面を描いて，その曲面を貫く電気力線の数を数えてみよう．曲面の形や大きさはどんなものであってもよい．曲面が図の S_1 のように電荷を中に包んでいるときには，電荷から出た電気力線はすべて曲面を内側から外側へ貫いて出ていく．その本数は電荷の大きさだけによっていて，曲面の位置や大きさ，形などにはよらない．たとえば図の S_2 のように，いったん外に出た電気力線がふたたび中に入るような曲面の場合でも，外に出る電気力線を正，中に入る電気力線を負に数えることにすれば，曲面を貫いて出ていく電気力線の数の代数和は，電荷を出た電気力線の数に等しい．図の S_3 のように曲面の内部に電荷がなければ，電気力線は外から入ってまた出ていくことになる．ここでも出るものを正，入るものを負に数えれば，正負がちょうど打ち消して曲面を貫く電気力線の数は0になる．

以上のことは直観的に明らかであろう．それではこのことを電気力線を使わずに，電場で直接表わせばどうなるだろうか．曲面を微小な部分に分割し，そのなかの1つの微小部分に注目しよう(図 2-9(a))．それは曲面の一部分であるが，その面積 ΔS が十分小さければ，面の曲がりを無視し平面と見なしてかまわない．また，一般に電場はこの小さな面上でも変化しているが，ΔS が小さければその変化も小さく，電場はこの面上で一定の値をとると見てよい．その電場の向きと，曲面の外側に向けて引いた面の法線 n とのなす角を θ としよう．この微小な面積 ΔS を貫いている電気力線の数を ΔN とする．電気力線の密度は，それに垂直な面の単位面積を貫く電気力線の数として定義された．この ΔN 本の電気力線が貫くそれに垂直な面をつくると，その面積 $\Delta S'$ は図 2-9(b)

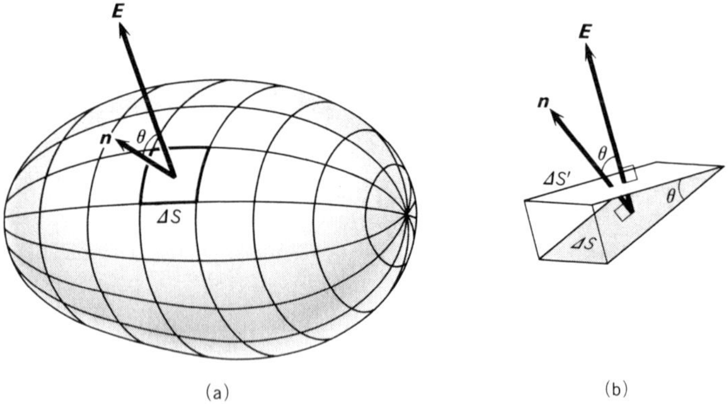

図 2-9　閉曲面を微小な部分に分割し，その 1 つに注目する.

から

$$\varDelta S' = \varDelta S\cos\theta$$

となることがわかる．したがって，電気力線の密度は

$$\frac{\varDelta N}{\varDelta S'} = \frac{\varDelta N}{\varDelta S\cos\theta}$$

である．この密度はその位置での電場の強さ E に比例するから，比例係数を k として

$$\frac{\varDelta N}{\varDelta S\cos\theta} = kE$$

ゆえに

$$\varDelta N = kE_n\varDelta S \tag{2.13}$$

となる．ここで

$$E_n = E\cos\theta$$

は，電場 $\boldsymbol{E}$ の面に垂直な方向の成分を表わす．E_n は電場のベクトルが曲面の外側を向いているとき正，内側を向いているとき負になる．曲面上の各点で面に垂直な単位ベクトル(法線ベクトル)を考え，それを $\boldsymbol{n}$ とすると，E_n は

$$E_n = \boldsymbol{E}\cdot\boldsymbol{n}$$

と書くこともできる.

(2.13)式は，曲面を分割した1つの微小部分について成り立つ関係であるが，これをすべての微小部分について加えあわせると，曲面を貫く全電気力線の数になる．上で述べたように，閉曲面の内部に電荷がなければ，その数は曲面の形や大きさによらず0になる．すなわち

$$k \sum (\boldsymbol{E} \cdot \boldsymbol{n}) \varDelta S = 0$$

和の記号 $\sum$ は，分割した全微小部分について加えあわせることを意味する．ここで微小部分の面積を小さくして，$\varDelta S \to 0$ の極限を取ると，和は曲面上での積分になる．したがって

$$\boxed{\int_S \{\boldsymbol{E}(\boldsymbol{r}) \cdot \boldsymbol{n}(\boldsymbol{r})\} dS = 0} \tag{2.14}$$

の関係が得られる．この式の左辺は，閉じた曲面 S 上の各点 $\boldsymbol{r}$ で電場 $\boldsymbol{E}$ の面に垂直な成分(その符号は外向き正，内向き負と定義する)をとり，それを閉曲面全体にわたって積分することを意味する．

実際にこの積分をおこなうには，曲面上に適当な座標をとらなければならない．たとえば，曲面の一部が平面であれば，その平面上に直交座標 x, y をとればよい．面上の微小面積は $dS = dxdy$ となる．面上の各点 (x, y) で電場の垂直成分が $E_n(x, y)$ とわかれば，(2.14)式の積分はこの平面の部分については

$$\iint E_n(x, y) dxdy$$

となり，2つの変数 x, y の関数の2重積分になる．(2.14)式はこのような2重積分を省略して表わしたものである．与えられた面上でおこなわれる積分を面積分という．複雑な形をした閉曲面について面積分をおこなうことは，大変やっかいな問題になるが，次節の例題で見るように，実際上は複雑な曲面にこの式を適用することはしない．

閉曲面の内部に電荷があるときは

$$\int_S \{\boldsymbol{E}(\boldsymbol{r}) \cdot \boldsymbol{n}(\boldsymbol{r})\} dS = \frac{N}{k}$$

となる．N は電荷から出ている全電気力線の数である．ここで，N と k は電

気力線の引き方の規則による量であるが，この式で重要なことは積分が曲面の形によらず，内部の電荷の大きさだけによる値になることである．したがって，その値はもっとも簡単な場合について積分を実行して求めればよい．そのために，閉曲面として電荷を中心とした半径Rの球面を選ぶ．電荷をqとすれば，この球面上における電場の強さは

$$E = \frac{q}{4\pi\varepsilon_0 R^2}$$

であり，その向きはどこでも球面に垂直である．したがって，電場の面に垂直な成分E_nは面上のどこでも一定の値をとるので，積分は単にその値に球面の面積$4\pi R^2$を掛けたものになる．すなわち

$$\int_{\text{球面}} E_n dS = \frac{q}{4\pi\varepsilon_0 R^2} \times 4\pi R^2$$
$$= \frac{q}{\varepsilon_0}$$

この値は曲面の形によらないから，任意の閉曲面Sについて，それが内部に点電荷qを含む場合には，

$$\boxed{\int_S \{\boldsymbol{E}(\boldsymbol{r})\cdot\boldsymbol{n}(\boldsymbol{r})\} dS = \frac{q}{\varepsilon_0}} \qquad (2.15)$$

の関係が得られる．

点電荷が多数ある場合にはどうなるだろうか．n個の点電荷$q_1, q_2, \cdots, q_n$があるとき，それらの電荷のつくる電場をそれぞれ$\boldsymbol{E}_1, \boldsymbol{E}_2, \cdots, \boldsymbol{E}_n$とすると，電場はその和として(2.5)式のように表わされる．そこで，任意の閉曲面Sについて(2.14)，(2.15)式と同じような積分をおこなうと，

$$\int_S \{\boldsymbol{E}(\boldsymbol{r})\cdot\boldsymbol{n}(\boldsymbol{r})\} dS = \sum_{i=1}^{n}\int_S \{\boldsymbol{E}_i(\boldsymbol{r})\cdot\boldsymbol{n}(\boldsymbol{r})\} dS$$

おのおのの$\boldsymbol{E}_i$は点電荷のつくる電場だから，右辺の各項に対して(2.14)または(2.15)式の結果を用いることができる．すなわち，

$$\int_S \{\boldsymbol{E}_i(\boldsymbol{r})\cdot\boldsymbol{n}(\boldsymbol{r})\} dS = \begin{cases} \dfrac{q_i}{\varepsilon_0} & (q_i \text{ が } S \text{ の内部にあるとき}) \\ 0 & (q_i \text{ が } S \text{ の外部にあるとき}) \end{cases}$$

となる．したがって電場 $\boldsymbol{E}$ に対しては

$$\int_S \{\boldsymbol{E}(\boldsymbol{r})\cdot\boldsymbol{n}(\boldsymbol{r})\}dS = \frac{1}{\varepsilon_0}\sum_{(i\in S)} q_i \tag{2.16}$$

が得られる．和の記号 $\sum_{(i\in S)}$ は，曲面 S の内部にある電荷について加えあわせることを意味する．和は曲面内に含まれる全電荷になる．

電荷が点電荷でなくて連続的に分布している場合には，2–1 節で示したように，電荷の分布を多数の微小領域に分割して考えればよい．こうすれば電荷分布は点電荷の集りと見なされるから，(2.16)式が適用できる．電荷密度を $\rho(\boldsymbol{r})$ とすると，(2.16)式は

$$\int_S \{\boldsymbol{E}(\boldsymbol{r})\cdot\boldsymbol{n}(\boldsymbol{r})\}dS = \frac{1}{\varepsilon_0}\int_V \rho(\boldsymbol{r})dV \tag{2.17}$$

となる．右辺は閉曲面 S の内部の領域 V における体積積分である．(2.16), (2.17)式を積分形で表わした**ガウスの法則**(Gauss' law)という．

2–5　ガウスの法則の応用

あとで見るように，ガウスの法則だけでは静電場の性質は完全に言いつくされていないので，ガウスの法則だけから電場を求めることはできない．しかし，電荷の分布の対称性などから電場の様子が大体わかるような場合には，それにガウスの法則を適用することによって電場が簡単に求められることがある．この節では，そのような例題をいくつか考えてみよう．

例題 1　無限に長い直線上に一様に分布した電荷のつくる電場を求めよ．

[解]　この例題は，2–2 節の例題 2 ですでに答(2.12)を得ている．しかし，ここでガウスの法則の応用例としてもう一度考え直してみよう．

2–2 節で検討したように，電場は電荷の分布する直線に垂直に放射状に生じ，その強さは直線からの距離 r だけによる．そこで，ガウスの法則を適用する閉曲面として，図 2–10 のように直線を軸とする半径 r，長さ l の円柱をとる．

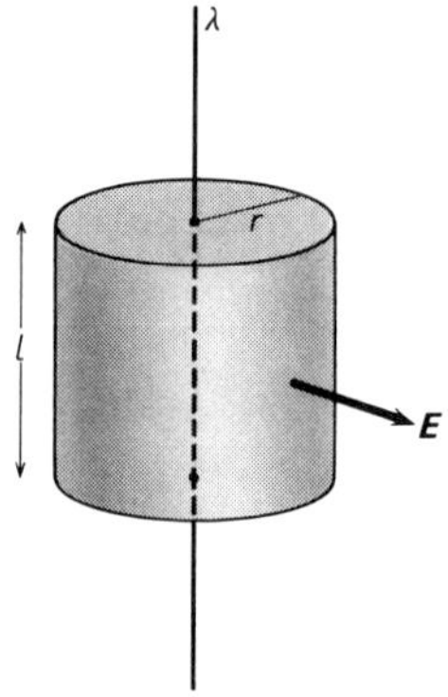

図 2-10　直線上に分布する電荷のつくる電場に，ガウスの法則を適用する．

電場は放射状に生じているから，上下の平面部分では面に平行で，面に垂直な成分は0になる．側面では電場はどこでも面に垂直だから，E_n は直線から r の距離にある点における電場の強さ $E(r)$ に等しく，側面上のどこでも一定の値をとる．したがって，ガウスの法則(2.17)の左辺は，単にこの $E(r)$ に側面の面積 $2\pi r\times l$ を掛けたものになる．すなわち

$$\int_S \{\boldsymbol{E}(\boldsymbol{r})\cdot\boldsymbol{n}(\boldsymbol{r})\}dS = 2\pi rlE(r)$$

つぎに(2.17)式の右辺を考える．電荷が分布する直線のうち長さ l の部分がこの円柱の内部に含まれるから，電荷の線密度を λ とすれば，曲面の内部の電荷は λl になる．したがって，ガウスの法則は

$$2\pi rlE(r) = \frac{1}{\varepsilon_0}\lambda l$$

と書かれ，電場はただちに

$$E(r) = \frac{\lambda}{2\pi\varepsilon_0 r}$$

と得られる．もちろん，結果は2-2節で得た(2.12)式と一致する．この方法によれば，ほとんど計算らしい計算をする必要がない．▌

例題2　半径 R の球面上に一様に分布する電荷による電場を求めよ．

［解］　電荷分布の対称性から，電場は図2-11のように球の中心を中心として放射状になり，その強さは中心からの距離だけに依存することがわかる．そ

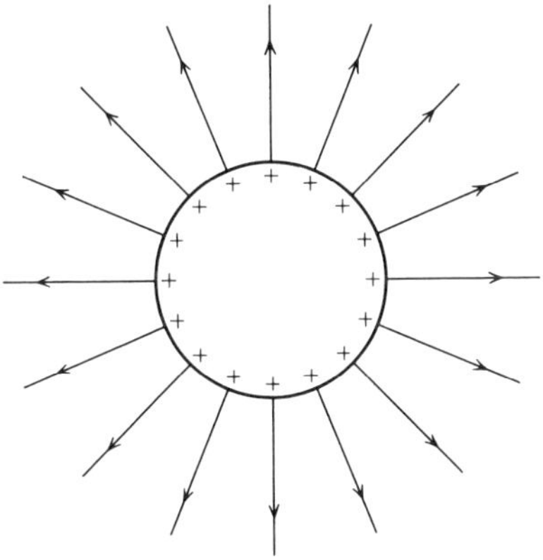

図 2-11　球面上に分布する電荷のつくる電場（断面）.

の同じ中心をもつ半径 r の球面 S に対してガウスの法則を適用しよう．電場はこの球面上のどこでも面に垂直になるから，中心から r の距離にある点での電場の強さを $E(r)$ とすれば，球面上で $\boldsymbol{E}\cdot\boldsymbol{n}=E(r)$ であり，

$$\int_S \{\boldsymbol{E}(\boldsymbol{r})\cdot\boldsymbol{n}(\boldsymbol{r})\}dS = 4\pi r^2 E(r)$$

となる．球面 S が電荷の分布する球面の外にある場合 $(r>R)$ には，球面上の全電荷を Q とすれば，ガウスの法則は

$$4\pi r^2 E(r) = \frac{Q}{\varepsilon_0}$$

となる．ゆえに

$$E(r) = \frac{Q}{4\pi\varepsilon_0 r^2} \qquad (r>R)$$

が得られる．球面の外では，電場は全電荷が球の中心にあるときと全く同じになる．

つぎに，電荷の分布する球面の内部に球面 S を選んでガウスの法則を適用すると，S の内部には電荷がないから，(2.17)式の右辺は 0 になる．したがって

$$E(r) = 0 \qquad (r<R)$$

である．▮

この例題をクーロンの法則から直接解こうと思えば，(2.7)式によって球面

上の各点からの寄与を積分して電場を求めなければならない．ここで得られた結果は簡単だが，決して自明なことではない．球の内部の点では，まわりの球面上の電荷のつくる電場がちょうど打ち消しあって，電場が消えてしまったのである．これは距離の2乗に反比例する力の特徴で，重力の場合にも同じ性質がある．

クーロンの法則を最初に見出したプリーストリーの実験(1-2節)はこのことを利用している．彼は，一様に帯電した中空の金属の内部では電荷に力がはたらかないことを実験的に示した．このことにより間接的にではあるが，電荷間にはたらく力が重力と同じように距離の2乗に反比例することを証明したのである．

例題3　半径 R の球内に一様な密度 ρ で分布する電荷による電場を求めよ．

［解］　この場合も，電場の向きが球の中心から放射状になり，その強さは中心からの距離のみに依存することは明らかである．中心からの距離 r の点における電場の強さを $E(r)$ とすると，$r>R$ のときは例題2の場合と同様に，全電荷が中心に集まったときの電場と同じになる．すなわち，

$$E(r) = \frac{1}{4\pi\varepsilon_0}\frac{(4/3)\pi R^3\rho}{r^2} = \frac{\rho R^3}{3\varepsilon_0 r^2}$$

$r<R$ のとき，半径 r の球面にガウスの法則を適用すると，球面内に含まれる電荷は $(4/3)\pi r^3\rho$ となるから，

$$4\pi r^2 E(r) = \frac{1}{\varepsilon_0}\frac{4}{3}\pi r^3\rho$$

$$E(r) = \frac{\rho}{3\varepsilon_0}r$$

ゆえに，方向も含めベクトルとして表わすと，

$$\boldsymbol{E}(\boldsymbol{r}) = \begin{cases} \dfrac{\rho}{3\varepsilon_0}\boldsymbol{r} & (|\boldsymbol{r}| \leqq R) \\ \dfrac{\rho R^3}{3\varepsilon_0}\dfrac{\boldsymbol{r}}{|\boldsymbol{r}|^3} & (|\boldsymbol{r}| > R) \end{cases} \tag{2.18}$$

となる．▌

問　題

1. 無限に広い平面上に一様に分布した電荷のつくる電場を，ガウスの法則を用いて求めよ．

2. 半径 R_1, R_2 の無限に長い２つの円筒が，軸を一致させておかれている．両円筒の側面に電荷がそれぞれ密度 σ_1, σ_2 で一様に分布しているとき，生じる電場を求めよ．

3. 半径 R の無限に長い円筒の内部に，電荷が密度 ρ で一様に分布している．円筒の内外に生じる電場を求めよ．

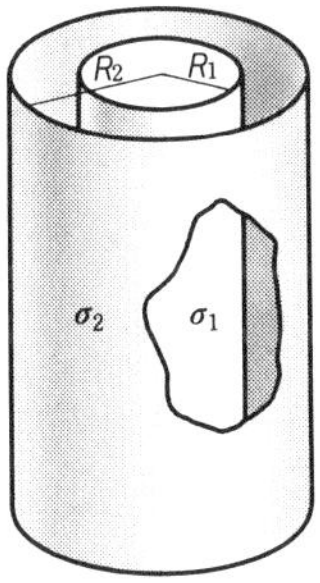

問題 2

2-6　保存力の条件

電荷の間にはたらく力は，向きは電荷を結ぶ直線に沿い，強さは電荷の間の距離のみに依存する．力学で学んだように，このような性質の力を一般に中心力と呼び，その特徴は，保存力でポテンシャルが定義できることである．

2 個の電荷 q, q_1 がある場合を考えよう．電荷 q_1 を固定しておいて，q を基準点 O から任意の点 P まで移動させるのに要する仕事を求める．O から P に至るひとつの経路 C を選び，q をこの C に沿って移動させるものとする．必要な仕事を求めるには，図 2-12 のように C を長さ Δs の短い区間に分割して考えればよい．Δs が十分短ければ，おのおのの区間は曲がりを無視して直線と見なし

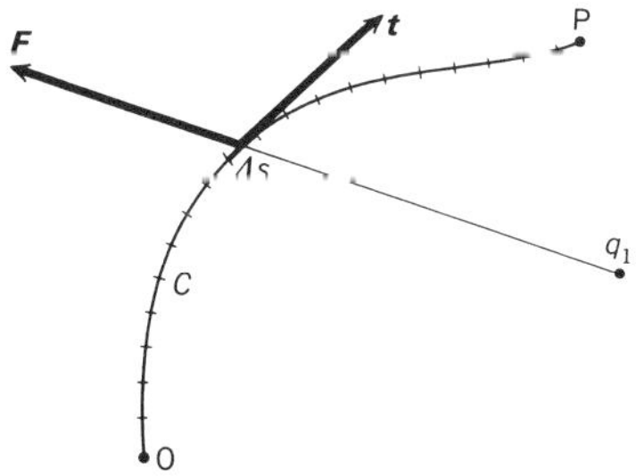

図 2-12　電荷を移動させる経路 C を小区間に分け，その１つに注目する．

てよく，また1つの区間内で電場は一定であるとしてよい．いま1つの区間に注目し，そこでの電場を $\boldsymbol{E}$ とすれば，電荷 q にはたらく力は $q\boldsymbol{E}$ である．この電荷をゆっくり(準静的に)動かすには，電荷に対して外からこの力と大きさがほとんど等しく向きが逆の力 $\boldsymbol{F}$ を加えなければならない．こうしないと，電荷に加速度が加わり，運動は準静的にならないのである．この区間で経路 C に接する単位ベクトル(接線ベクトル)を $\boldsymbol{t}$ とすれば，電荷がこの区間を移動するときの変位のベクトルは $\Delta s\boldsymbol{t}$ である．したがって，電荷を移動させるために要する仕事 ΔW は，$\boldsymbol{F}\cong -q\boldsymbol{E}$ だから，

$$\Delta W = \boldsymbol{F}\cdot(\Delta s\boldsymbol{t}) = -q\boldsymbol{E}\cdot\boldsymbol{t}\Delta s \tag{2.19}$$

となる．電荷をOからPまで移動させるための仕事 W は，この ΔW をすべての区間にわたって加えあわせたものになる．すなわち，

$$W \cong -q\sum(\boldsymbol{E}\cdot\boldsymbol{t})\Delta s$$

となる．ここで $\Delta s\to 0$ の極限をとると，和は積分になって

$$W = -q\int_C \{\boldsymbol{E}(\boldsymbol{r})\cdot\boldsymbol{t}(\boldsymbol{r})\}ds \tag{2.20}$$

が得られる．$\boldsymbol{t}(\boldsymbol{r})$ は曲線 C 上の点 $\boldsymbol{r}$ における接線ベクトルを表わす．経路上の点をOから経路に沿って測った距離 s で表わすと，電場の接線成分 $\boldsymbol{E}\cdot\boldsymbol{t}$ は s の関数になる．(2.20)の積分は，それを0から曲線の長さ l まで積分することを意味する．このように，与えられた曲線上でおこなわれる積分を線積分という．

保存力の特徴は，この仕事 W の値がP点の位置だけによっていて，OからPに至る経路の選び方にはよらないことである．それはつぎのようにして示される．図2-13のようにOPを結ぶ1つの経路を選び，それをふたたび短い区間に分割して，その中の1つの区間ABに注目しよう．電荷をこの区間を移動させるために要する仕事 ΔW は(2.19)式で与えられるが，このスカラー積は，力 $\boldsymbol{F}$ と接線ベクトル $\boldsymbol{t}$ のなす角を θ とすれば，

$$\Delta W = F\Delta s\cos\theta$$

と表わされる．したがって，それは電荷にはたらく力の大きさと，変位のベク

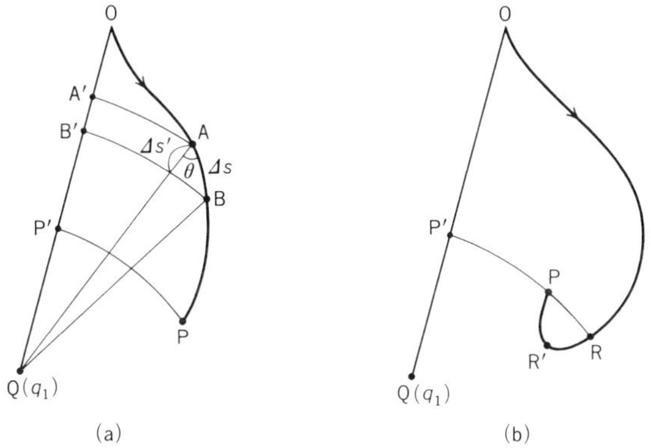

図 2-13　電荷 q を O から曲線に沿って P まで移動させるために要する仕事は，O からまっすぐ P′ まで移動させるために要する仕事に等しい．

トル $\boldsymbol{t}\varDelta s$ の力の方向の成分 $\varDelta s'=\varDelta s\cos\theta$ との積と見ることもできる．$\varDelta s'$ は電荷 q_1 のある点 Q から A 点までの距離と B 点までの距離との差 QA−QB に等しい．そこで図(a)のように，Q 点と基準点 O を結ぶ直線上に，QA=QA′，QB=QB′ となるように点 A′, B′ をとる．このとき A′B′=$\varDelta s'$ で，また力が q_1 からの距離だけによることに注意すれば，仕事 $\varDelta W$ は電荷 q を直線 OQ に沿って A′ から B′ まで移動させるのに要する仕事に等しいことがわかる．これは分割したすべての区間についていえる．q を O から P まで C に沿って移動させるのに要する仕事 W は，$\varDelta W$ をすべての区間について加えあわせたものである．したがって，直線 OQ 上に QP=QP′ となるように点 P′ をとると，W は q を O から直線 OQ に沿って P′ まで移動させるのに要する仕事に等しいことがわかる．P を与えれば経路のとり方に関係なく P′ が決まる．したがって，仕事は P のみに依存し，経路 C の選び方にはよらない．かりに経路が図(b)のようであっても，RR′ 上の積分と R′P 上の積分がちょうど打ち消しあい，結果は変わらない．

仕事 W のこのような性質は，(2.20)の表式から係数 q を取り去ると，電場 $\boldsymbol{E}(\boldsymbol{r})$ に関する性質を与えることになる．すなわち，積分

$$-\int_{\mathrm{OP}}\{\boldsymbol{E}(\boldsymbol{r})\cdot\boldsymbol{t}(\boldsymbol{r})\}ds \tag{2.21}$$

は2点O, Pを与えれば決まり，2点を結ぶ経路にはよらない．また上で見たように，その値はQとOを結ぶ直線上の積分で表わされるから容易に計算できる．QからOまでの距離をr_0，Pまでの距離をrとする．直線上のOからsの距離の点における電場の強さは

$$E=\frac{q_1}{4\pi\varepsilon_0}\frac{1}{(r_0-s)^2}$$

である．$q_1>0$とすれば電場は経路の向きO→P′の逆を向くから，積分は

$$\begin{aligned}-\int_{\mathrm{OP'}}\{\boldsymbol{E}(\boldsymbol{r})\cdot\boldsymbol{t}(\boldsymbol{r})\}ds &= \frac{q_1}{4\pi\varepsilon_0}\int_0^{r_0-r}\frac{ds}{(r_0-s)^2}\\ &= \frac{q_1}{4\pi\varepsilon_0}\left[\frac{1}{r_0-s}\right]_0^{r_0-r}\\ &= \frac{q_1}{4\pi\varepsilon_0}\left(\frac{1}{r}-\frac{1}{r_0}\right) \qquad (2.22)\end{aligned}$$

となる．$q_1<0$のときも結果は変わらない．

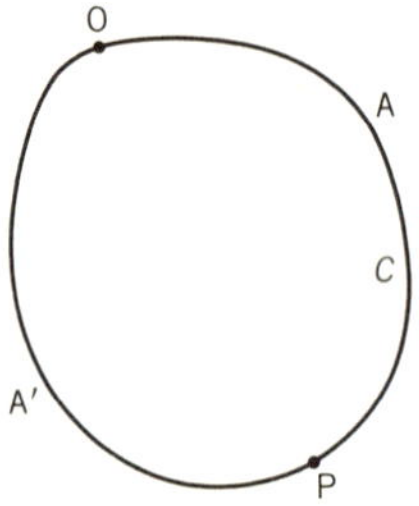

図2-14 閉じた経路.

電場に関するこのような性質は，つぎのように表わすこともできる．図2-14のように，O点を出てふたたびO点に戻る閉じた経路Cをとり，Cに沿った積分

$$\int_C\{\boldsymbol{E}(\boldsymbol{r})\cdot\boldsymbol{t}(\boldsymbol{r})\}ds$$

を考える．この積分では経路の始点と終点が同じであるから，(2.22)式でいえば$r_0=r$であり，明らかに積分の値は0になる．すなわち，空間に選んだ任意の閉じた経路Cについて

$$\oint_C \{\boldsymbol{E}(\boldsymbol{r})\cdot\boldsymbol{t}(\boldsymbol{r})\}ds = 0 \qquad (2.23)$$

が成り立つ．2-10 節で述べる理由により，この関係を積分形の“渦なしの法則”と呼ぼう．逆に，(2.23)式が成り立つなら，(2.21)の積分がOからPに至る経路によらなくなることも容易にわかる．図のように閉経路上に任意の点Pをとり，(2.23)の積分をOからAを経てPに至る積分と，PからA′を経てOに至る積分に分けると，

$$\oint_C (\boldsymbol{E}\cdot\boldsymbol{t})ds = \int_{\mathrm{OAP}} (\boldsymbol{E}\cdot\boldsymbol{t})ds + \int_{\mathrm{PA'O}} (\boldsymbol{E}\cdot\boldsymbol{t})ds$$

ところで，この右辺第2項は積分の向きを逆にしてOからA′を経てPに至る積分の符号を変えたものに等しい：

$$\int_{\mathrm{PA'O}} (\boldsymbol{E}\cdot\boldsymbol{t})ds = -\int_{\mathrm{OA'P}} (\boldsymbol{E}\cdot\boldsymbol{t})ds$$

なぜなら，右辺の積分では積分の向きが逆であるために，接線の単位ベクトル $\boldsymbol{t}$ が左辺と逆を向いており，右辺の被積分関数は左辺のそれの符号を変えたものになるからである．この関係を用いて第2項を書き換え，(2.23)式を使うと

$$-\int_{\mathrm{OAP}} (\boldsymbol{E}\cdot\boldsymbol{t})ds = -\int_{\mathrm{OA'P}} (\boldsymbol{E}\cdot\boldsymbol{t})ds$$

が得られる．これは，(2.21)の積分が経路によらないことを表わしている．

多数の点電荷がある場合にも，それを(2.5)式のように各電荷のつくる電場 $\boldsymbol{E}_i$ の和で表わすと，(2.23)の積分は

$$\oint_C \{\boldsymbol{E}(\boldsymbol{r})\cdot\boldsymbol{t}(\boldsymbol{r})\}ds = \sum_{i=1}^{n}\oint_C \{\boldsymbol{E}_i(\boldsymbol{r})\cdot\boldsymbol{t}(\boldsymbol{r})\}ds$$

となる．右辺の各項，おのおのの $\boldsymbol{E}_i$ に対して(2.23)式が成り立つから，$\boldsymbol{E}$ についても同じ関係が成り立つことは明らかだろう．また，電荷が連続的に分布している場合でも，空間を小領域に分割して考えれば点電荷の集りと同じように見なしうるから，結果は変わらない．結局，(2.23)式は静電場の一般的な性質であることがわかる．

問　題

1. 原点におかれた点電荷 q のつくる電場について，線積分(2.21)が経路によらないことをつぎの場合について確かめよ．経路の両端は $\mathrm{O}=(a,0,0)$，$\mathrm{P}=(0,0,a)$ である．

(a)　xz 面内で，O から $\mathrm{P}_1=(a,0,a)$ を経て P に至る経路 C_1.

(b)　OP を結ぶ直線の経路 C_2.

2. 原点に z 方向を向いた電気双極子があるとき，xz 面内の電場は(2.11)式で $y=0$ とおいて与えられる．この電場について，問題 1 と同じことを確かめよ．

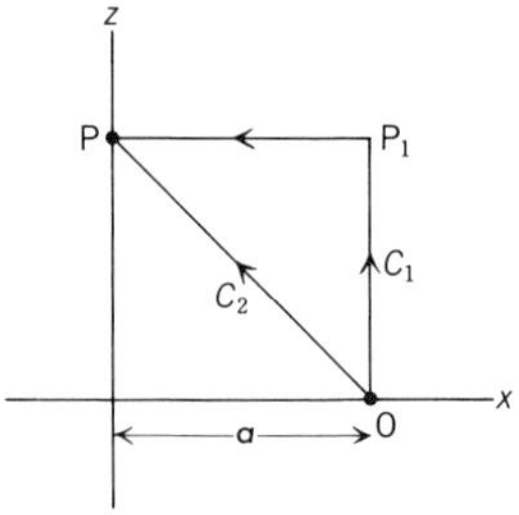

問題 1

2-7　静電ポテンシャル

(2.21)の積分が経路によらないという性質も，(2.23)式と同様に一般の静電場について成り立つ．そこで，基準点 O を固定した上で，積分の値を P 点の位置ベクトル $\boldsymbol{r}$ の関数として

$$\phi(\boldsymbol{r}) = -\int_{\mathrm{OP}} \{\boldsymbol{E}(\boldsymbol{r}')\cdot\boldsymbol{t}(\boldsymbol{r}')\}\,ds' \tag{2.24}$$

と置き，$\phi(\boldsymbol{r})$ を**静電ポテンシャル**(electrostatic potential)または**電位**と呼ぶ．以下では単にポテンシャルと呼ぶこともある．

点電荷のつくる電場の場合には，この積分は(2.22)式のようになる．とくに，基準点 O を無限遠 $r_0=\infty$ に選ぶと，電荷 q_1 の位置を $\boldsymbol{r}_1$ として，静電ポテンシャルは

$$\boxed{\phi(\boldsymbol{r}) = \frac{q_1}{4\pi\varepsilon_0|\boldsymbol{r}-\boldsymbol{r}_1|}} \tag{2.25}$$

となる．

点電荷が多数ある場合には，電場は各電荷のつくる電場の和になるから，電位も各電荷による電位の和になる．n 個の点電荷 $q_1, q_2, \cdots, q_n$ がそれぞれ $\boldsymbol{r}_1$,

$\boldsymbol{r}_2, \cdots, \boldsymbol{r}_n$ にあるとすれば，$\boldsymbol{r}$ における電位は無限遠を基準にして

$$\boxed{\phi(\boldsymbol{r}) = \frac{1}{4\pi\varepsilon_0}\sum_{i=1}^{n}\frac{q_i}{|\boldsymbol{r}-\boldsymbol{r}_i|}} \tag{2.26}$$

となる．電荷が連続的に分布している場合にも，空間を微小領域に分割することにより，(2.7)式と同じように

$$\boxed{\phi(\boldsymbol{r}) = \frac{1}{4\pi\varepsilon_0}\int\frac{\rho(\boldsymbol{r}')}{|\boldsymbol{r}-\boldsymbol{r}'|}dV'} \tag{2.27}$$

となることがわかる．

電場の様子を図に表わすのに，電気力線ではなくて静電ポテンシャルを用いることもできる．$\phi(\boldsymbol{r})=\phi_1$（＝一定）と置けば，この関係は一般に 3 次元空間の 1 つの曲面を表わす．1 個の点電荷によるポテンシャル(2.25)の場合には，$\phi(\boldsymbol{r})$＝一定 は，$|\boldsymbol{r}-\boldsymbol{r}_1|$＝一定，すなわち点電荷からの距離が一定の球面を表わす．このような曲面は，その上でポテンシャルが一定の値をとるという意味で，**等ポテンシャル面**(equipotential surface)と呼ばれる．図 2-15 では 2 個の点電荷 $q, -q$ がある場合の等ポテンシャル面を，2 個の電荷を含む平面上で示した．

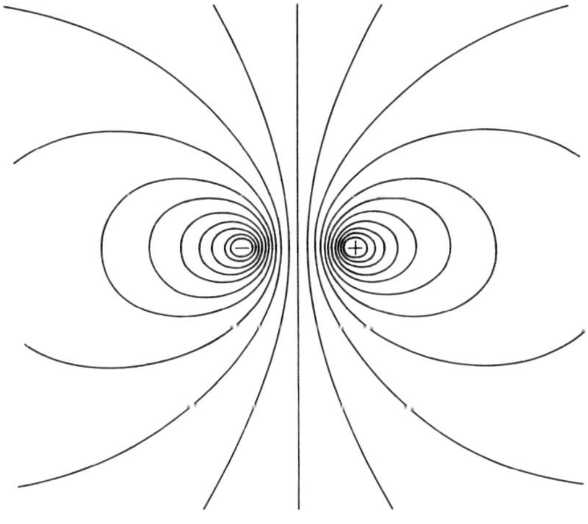

図 2-15　2 個の点電荷 $q, -q$ による電場の等ポテンシャル面．2 個の電荷を含む平面による切り口を示す．

多数の曲線は，ポテンシャルを一定の値ずつ変えていったときに得られる等ポテンシャル面の切り口である．図は，地図の等高線に似ている．

つぎに静電ポテンシャルがわかったとき，それから電場を求めることを考えてみよう．2点P, P′におけるポテンシャルをそれぞれϕ_{P}, $\phi_{P'}$とすると，その差は(2.24)式により

$$\phi_{P'}-\phi_{P} = -\int_{OP'}(\boldsymbol{E}\cdot\boldsymbol{t})ds-\left\{-\int_{OP}(\boldsymbol{E}\cdot\boldsymbol{t})ds\right\}$$

積分の経路は自由に選べるから，第1項の積分経路をOからPを経てP′に至るように選び，積分をOからPまでの分とPからP′までの分に分けて書くと，

$$-\int_{OP'}(\boldsymbol{E}\cdot\boldsymbol{t})ds = -\int_{OP}(\boldsymbol{E}\cdot\boldsymbol{t})ds-\int_{PP'}(\boldsymbol{E}\cdot\boldsymbol{t})ds$$

これを上の式に代入すると，この式の第1項と上の式の第2項が打ち消しあって，

$$\phi_{P'}-\phi_{P} = -\int_{PP'}\{\boldsymbol{E}(\boldsymbol{r})\cdot\boldsymbol{t}(\boldsymbol{r})\}ds$$

の関係が得られる．ここで，P′点をP点のごく近くにとり，PからP′に至る経路をPP′を結ぶ直線に選ぶ．PP′間の距離$\varDelta s$が十分小さければ，この短い直線の上で電場は一定であると見なしてよい．したがって，

$$\phi_{P'}-\phi_{P} = -(\boldsymbol{E}\cdot\boldsymbol{t})\varDelta s$$

ここで$\varDelta s\to 0$の極限をとると，P′はPに近づくから，$(\boldsymbol{E}\cdot\boldsymbol{t})$はP点における電場$\boldsymbol{E}_{P}$のPP′方向の成分になる．したがって，PからP′の方向へ向いた単位ベクトルを$\boldsymbol{t}_{PP'}$と書くと，

$$(\boldsymbol{E}_{P}\cdot\boldsymbol{t}_{PP'}) = -\lim_{\varDelta s\to 0}\frac{\phi_{P'}-\phi_{P}}{\varDelta s} \tag{2.28}$$

の関係が得られる．

図2-16のように，P点を通る等ポテンシャル面の上に点P′をとると，$\phi_{P}=\phi_{P'}$だから(2.28)式の右辺は0になる．ここで$\varDelta s\to 0$，すなわちP′を等ポテンシャル面に沿ってPに近づけると，ベクトル$\boldsymbol{t}_{PP'}$はP点における等ポテンシャル面の接線ベクトルになる．したがって，$(\boldsymbol{E}_{P}\cdot\boldsymbol{t}_{PP'})$はP点における電場の

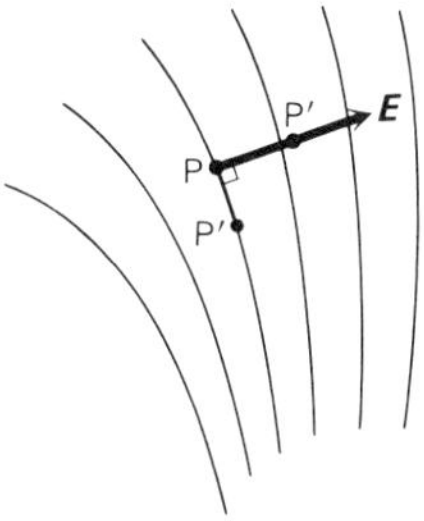

図 2-16　等ポテンシャル面と電場.

等ポテンシャル面に接する方向の成分を表わす．その値が 0 ということは，電場が等ポテンシャル面に垂直な方向を向いていることを示す．

つぎに，P 点で等ポテンシャル面に垂線を引き，その上に点 P′ を選ぶ．P 点から垂線に沿って s だけ離れた点の電位を $\phi_{\mathrm{P}}(s)$ と書くと，(2. 28)式の右辺の極限はちょうど $\phi_{\mathrm{P}}(s)$ の微分の定義になっている．すなわち，P 点における電場の強さは

$$E_{\mathrm{P}} = -\frac{d\phi_{\mathrm{P}}(s)}{ds} \tag{2.29}$$

となる．電場の向きは，等ポテンシャル面に垂直でポテンシャルの減少する方向である．等ポテンシャル面を地図の等高線に見立てるなら，電場は山の斜面を下る方向を向く．地図と同じように，等ポテンシャル面の混んでいるところほど(2. 29)の微分が大きく，電場が強い．

電場を具体的に計算するには，直交座標を用いればよい．空間の位置 $\boldsymbol{r}$ を直交座標 (x, y, z) で表わすと，電位は $\phi(x, y, z)$ のように 3 変数の関数として表わされる．P 点の座標を (x, y, z) とし，P′ を P から x 軸の方向に Δx だけ離れた点に選ぶ．すなわち，P′ 点の座標は $(x+\Delta x, y, z)$ である．このとき，単位ベクトル $\boldsymbol{t}_{\mathrm{PP'}}$ は x 方向の単位ベクトル $\boldsymbol{i}$ になるから，(2. 28)式は

$$\boldsymbol{E}(x, y, z)\cdot\boldsymbol{i} = -\lim_{\Delta x\to 0}\frac{\phi(x+\Delta x, y, z)-\phi(x, y, z)}{\Delta x}$$

と書かれる．$\boldsymbol{E}\cdot\boldsymbol{i}$ は電場の x 成分にほかならない．またこの $\Delta x\to 0$ の極限は，3 変数 x, y, z の関数 ϕ において，y と z は一定に保ちながら x について微分したものになっている．このような微分を偏微分といい，ふつう

$$\lim_{\Delta x\to 0}\frac{\phi(x+\Delta x, y, z)-\phi(x, y, z)}{\Delta x}\equiv\frac{\partial\phi(x, y, z)}{\partial x} \tag{2.30}$$

のように丸めた記号 ∂ を使って表わす．この偏微分の記号を用いると，電場の x 成分は

$$E_x(x, y, z) = -\frac{\partial\phi(x, y, z)}{\partial x} \tag{2.31 a}$$

となる．

同様にして，電場の y 成分，z 成分はそれぞれポテンシャルを y, z について偏微分したものになる．すなわち，

$$E_y(x, y, z) = -\frac{\partial\phi(x, y, z)}{\partial y} \tag{2.31 b}$$

$$E_z(x, y, z) = -\frac{\partial\phi(x, y, z)}{\partial z} \tag{2.31 c}$$

これで電場の3成分が得られたので，電場のベクトルが決められたことになる．

(2.31 a)〜(2.31 c)式のように，関数 $\phi(x, y, z)$ の x, y, z に関する偏微分を3成分にするようなベクトルを ϕ の**勾配**(gradient，グラジエント)と呼び，記号で $\nabla\phi(\boldsymbol{r})$ あるいは $\mathrm{grad}\,\phi(\boldsymbol{r})$ と表わす．すなわち

$$\boxed{\nabla\phi(\boldsymbol{r}) = \left(\frac{\partial\phi(\boldsymbol{r})}{\partial x}, \frac{\partial\phi(\boldsymbol{r})}{\partial y}, \frac{\partial\phi(\boldsymbol{r})}{\partial z}\right)} \tag{2.32}$$

である．簡単のため ϕ の変数をふたたび位置ベクトル $\boldsymbol{r}$ で表わした．形式的に3成分が $\partial/\partial x, \partial/\partial y, \partial/\partial z$ であるベクトルの微分演算子

$$\boxed{\nabla \equiv \left(\frac{\partial}{\partial x}, \frac{\partial}{\partial y}, \frac{\partial}{\partial z}\right)} \tag{2.33}$$

を定義すると，$\nabla\phi(\boldsymbol{r})$ という記号は，ϕ の勾配は ϕ にこの演算子を作用させたベクトルだということを意味している．(2.31 a)〜(2.31 c)式の結果をこの記号を用いてまとめると，電場のベクトルは静電ポテンシャルから

$$\boxed{\boldsymbol{E}(\boldsymbol{r}) = -\nabla\phi(\boldsymbol{r})} \tag{2.34}$$

によって与えられる．

場所によらない一様な電場 $\boldsymbol{E}_0=(E_{0x}, E_{0y}, E_{0z})$ を与える静電ポテンシャルは

$$\begin{aligned}\phi(\boldsymbol{r}) &= -\boldsymbol{E}_0\cdot\boldsymbol{r}\\ &= -(E_{0x}x+E_{0y}y+E_{0z}z)\end{aligned}\tag{2.35}$$

である．このポテンシャルが電場 $\boldsymbol{E}_0$ を与えることは，勾配をとることにより容易に確かめられる．

例題 1　間隔を d だけ離して置かれた2つの点電荷 $q, -q$ がある．電荷から十分遠い場所でのポテンシャルと電場を求めよ．

［解］　この例題は2-2節で取り扱い，十分遠方の電場は(2.11)式のように得られている．しかし，ここではまずポテンシャルを求め，それから電場を計算してみよう．

図2-4と同じように座標軸を選ぶと，電荷 $q, -q$ の位置はそれぞれ $(0, 0, d/2)$, $(0, 0, -d/2)$ である．したがって，点 $\mathrm{P}(x, y, z)$ のポテンシャルは(2.26)式により

$$\phi(x, y, z) = \frac{q}{4\pi\varepsilon_0}\left\{\frac{1}{[x^2+y^2+(z-d/2)^2]^{1/2}}-\frac{1}{[x^2+y^2+(z+d/2)^2]^{1/2}}\right\}$$

ここで，d が x, y, z に比べて十分小さいとして近似を行なう．2-2節の例題1と同じように(2.10)式の近似を用いると，d の1次までで

$$\begin{aligned}\left[x^2+y^2+\left(z\pm\frac{d}{2}\right)^2\right]^{-1/2} &\cong (x^2+y^2+z^2\pm zd)^{-1/2}\\ &= (x^2+y^2+z^2)^{-1/2}\left(1\pm\frac{zd}{x^2+y^2+z^2}\right)^{-1/2}\\ &\cong (x^2+y^2+z^2)^{-1/2}\left(1\mp\frac{1}{2}\frac{zd}{x^2+y^2+z^2}\right)\end{aligned}$$

となる．これを上式に代入すると，d によらない項は打ち消しあって，遠方でのポテンシャルが

$$\phi(x, y, z) \cong \frac{p}{4\pi\varepsilon_0}\frac{z}{(x^2+y^2+z^2)^{3/2}} \qquad (p=qd)\tag{2.36}$$

と得られる．p はこの電荷の対を電気双極子と見なしたときの双極子モーメントである．

電場を求めるには，(2. 31 a)～(2. 31 c)式により x, y, z についての偏微分を計算しなければならない．いま，$r=(x^2+y^2+z^2)^{1/2}$ とおき，r の x についての偏微分を計算すると，y, z を定数と見なして

$$\frac{\partial r}{\partial x}=\frac{1}{2}(x^2+y^2+z^2)^{-1/2}\cdot 2x=\frac{x}{r} \tag{2.37 a}$$

同様に

$$\frac{\partial r}{\partial y}=\frac{y}{r}, \qquad \frac{\partial r}{\partial z}=\frac{z}{r} \tag{2.37 b, c}$$

となる．また r^n の偏微分は

$$\begin{aligned}\frac{\partial}{\partial x}(r^n)&=\frac{d}{dr}(r^n)\frac{\partial r}{\partial x}=nr^{n-1}\cdot\frac{x}{r}\\&=nxr^{n-2}\end{aligned} \tag{2.38 a}$$

同様に

$$\frac{\partial}{\partial y}(r^n)=nyr^{n-2}, \qquad \frac{\partial}{\partial z}(r^n)=nzr^{n-2} \tag{2.38 b, c}$$

となる．これらの関係を使って(2. 31)の偏微分から電場の各成分を求めると，

$$\begin{aligned}E_x&=-\frac{\partial\phi}{\partial x}=-\frac{p}{4\pi\varepsilon_0}\frac{\partial}{\partial x}(zr^{-3})\\&=\frac{p}{4\pi\varepsilon_0}\frac{3zx}{r^5}\\E_y&=-\frac{\partial\phi}{\partial y}=-\frac{p}{4\pi\varepsilon_0}\frac{\partial}{\partial y}(zr^{-3})\\&=\frac{p}{4\pi\varepsilon_0}\frac{3zy}{r^5}\\E_z&=-\frac{\partial\phi}{\partial z}=-\frac{p}{4\pi\varepsilon_0}\frac{\partial}{\partial z}(zr^{-3})\\&=\frac{p}{4\pi\varepsilon_0}\frac{3z^2-r^2}{r^5}\end{aligned}$$

が得られる．結果はもちろん(2. 11)式に一致する．▌

例題 2 半径 R の球面上に一様に分布した電荷による静電ポテンシャルはどのようになるか．

［解］ 同じ電荷分布による電場は，2-5 節の例題 2 で求めた．その結果は，球の外では球面上の全電荷が球の中心にあるとした場合の電場と同じになり，球の内部では 0 になった．したがって，ポテンシャルも球の外では 1 個の点電荷によるものと同じになる．全電荷を Q とすれば，球の中心から r の距離にある点のポテンシャル $\phi(r)$ は

$$\phi(r) = \frac{Q}{4\pi\varepsilon_0 r} \qquad (r>R)$$

となる．球の内部では電場が 0 だから，ポテンシャルは一定の値をとる．$r=R$ のところで連続でなければならないから，

$$\phi(r) = \frac{Q}{4\pi\varepsilon_0 R} \qquad (r\leqq R)$$

である．中心からの距離 r と静電ポテンシャルとの関係は，図 2-17 のようになる．▌

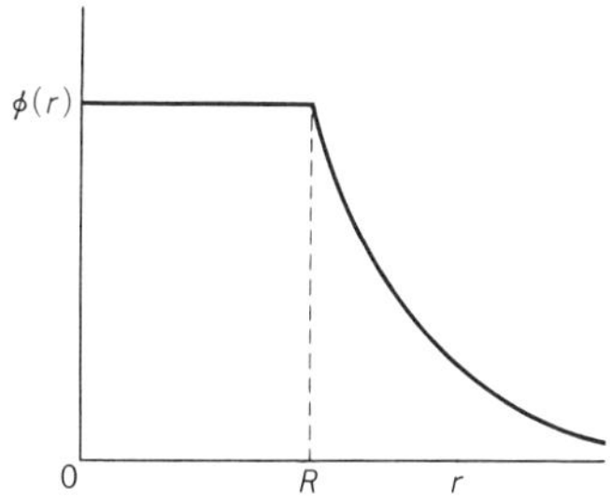

図 2-17 球面上に分布した電荷による静電ポテンシャル．球の中心からの距離 r の関数として表わす．

ここで，電場と静電ポテンシャルの単位について述べておこう．(2.24)式で定義したポテンシャルは，それに電荷 q を掛けると，q を O から P まで動かすために必要な仕事になる．したがって，静電ポテンシャルの単位は仕事すなわちエネルギーの単位を電荷の単位で割ったものになる．MKSA 単位系では，1 C の電荷を O から P まで動かすのに 1 J の仕事を要するとき，O を基準にした P のポテンシャルを 1 ボルト (V) という．単位の間の関係は

$$\boxed{1\,\mathrm{V} = 1\,\mathrm{J{\cdot}C^{-1}}} \qquad (2.39)$$

である．(2.31)式のようにポテンシャルを長さで微分したものが電場の単位だ

から，ポテンシャルの単位を長さの単位で割ったものが電場の単位になる．したがって，MKSA 単位系での電場の単位は $\mathrm{V \cdot m^{-1}}$ である．

問　題

1. 半径 R の球面上に一様に分布した電荷による静電ポテンシャルを，(2.27)式により計算せよ．

2-8　静電エネルギー

電気の力が保存力であることは，位置のエネルギーが定義できて，エネルギーの保存が成り立つことを意味する．2-6 節で示したように，一般に静電場 $\boldsymbol{E}$ の中で電荷 q に働く力 $q\boldsymbol{E}$ に対して，任意の閉じた経路を C として

$$-q\int_C \{\boldsymbol{E}(\boldsymbol{r})\cdot\boldsymbol{t}(\boldsymbol{r})\}ds = 0 \tag{2.40}$$

が成り立つ．もしもこの積分が 0 でないような経路があったとしたら，どういうことになるだろうか．積分は q を C に沿ってひと回りさせるために要する仕事である．積分が負であれば，私たちは電荷をひと回りさせるだけで電場からエネルギーを取り出すことができることになる．積分が正なら，同じ経路を逆回りさせることによって，やはりエネルギーを取り出すことができる．電荷 q は電場をつくっている他の電荷に力を及ぼしているが，他の電荷は固定してあるのでそこでエネルギーの変化はない．つまり(2.40)式が成り立たないと，静電場はいくらでもエネルギーを生み出すことができることになって，エネルギーの保存則が破れる．

C を O 点から A, P, A′ と経て O 点に戻る経路(図 2-14)とすると，(2.40)の関係は

$$-q\int_{\mathrm{OAP}}(\boldsymbol{E}\cdot\boldsymbol{t})ds = q\int_{\mathrm{PA'O}}(\boldsymbol{E}\cdot\boldsymbol{t})ds$$

と書くこともできる．左辺は電荷 q を O から P まで動かすために要する仕事であり，右辺は逆に q を P から O に戻すときに要する仕事の符号を変えたも

の，すなわちＰからＯに戻るときに電荷が外に対してする仕事である．この関係は，はじめ費したエネルギーがそのまま戻ってくることを示しており，費したエネルギーは電荷がＰ点にあるときそこに蓄えられていると見ることができる．したがって

$$U_\mathrm{P} = -q\int_{\mathrm{OP}} (\boldsymbol{E}\cdot\boldsymbol{t})ds = q\phi_\mathrm{P} \tag{2.41}$$

は，Ｏを基準にしたＰ点における電荷 q の位置のエネルギーである．

２つの電荷 q_1, q_2 がそれぞれ $\boldsymbol{r}_1, \boldsymbol{r}_2$ にあるときの位置エネルギーを求めよう．はじめ電荷はたがいに無限に遠く離れているものとし，それを $\boldsymbol{r}_1, \boldsymbol{r}_2$ にまで運んでくるときに必要な仕事を求める．最初 q_1 を $\boldsymbol{r}_1$ まで運ぶときには，電荷に力がはたらかないから仕事は０である．つぎに q_2 を $\boldsymbol{r}_2$ まで運ぶときは，q_1 のつくる電場の中を動かすことになるので，仕事は０でない．(2.41)式によると，必要な仕事は電荷 q_1 による点 $\boldsymbol{r}_2$ のポテンシャルに q_2 を掛けたものである．q_1 による $\boldsymbol{r}_2$ のポテンシャルは(2.25)式により

$$\frac{q_1}{4\pi\varepsilon_0|\boldsymbol{r}_2-\boldsymbol{r}_1|}$$

だから，仕事は

$$\boxed{U = \frac{q_1 q_2}{4\pi\varepsilon_0|\boldsymbol{r}_1-\boldsymbol{r}_2|}} \tag{2.42}$$

に等しい．これだけのエネルギーが電荷の位置エネルギーとして蓄えられたことになる．U を電荷 q_1, q_2 の**静電エネルギー**(electrostatic energy)という．

３個の電荷があるときには，まず２個の電荷 q_1, q_2 を上のようにして無限遠から $\boldsymbol{r}_1, \boldsymbol{r}_2$ まで運んだ上で，第３の電荷 q_3 を無限遠から $\boldsymbol{r}_3$ まで運ぶものとする．今度は q_3 を q_1, q_2 のつくる電場の中を動かすことになり，必要な仕事は q_1, q_2 が $\boldsymbol{r}_3$ につくるポテンシャルに q_3 を掛けたものになる．すなわち，(2.26)式により，

$$\frac{q_1 q_3}{4\pi\varepsilon_0|\boldsymbol{r}_1-\boldsymbol{r}_3|}+\frac{q_2 q_3}{4\pi\varepsilon_0|\boldsymbol{r}_2-\boldsymbol{r}_3|} \tag{2.43}$$

となる．3個の電荷の静電エネルギーは，(2.42)式に(2.43)式を加えたものである．

点電荷が何個あっても同じように考えればよい．n 個の電荷 $q_1, q_2, \cdots, q_n$ がそれぞれ $\boldsymbol{r}_1, \boldsymbol{r}_2, \cdots, \boldsymbol{r}_n$ にあるときの静電エネルギーは

$$U = \frac{1}{4\pi\varepsilon_0}\sum_{(i,j)}^{n}\frac{q_i q_j}{|\boldsymbol{r}_i - \boldsymbol{r}_j|} \tag{2.44}$$

となる．和の記号 $\sum_{(i,j)}^{n}$ は，n 個の電荷のすべての組み合わせについて足しあわせることを意味する．

(2.44)の和をとるときに，$i=j$ は避けて，i と j のおのおのについて1から n まで足しあわせたとしよう．こうすると，たとえば(2,3)という組は $i=2$，$j=3$ のときと $i=3$，$j=2$ のときと2回足すことになり，すべての組に2重数えが起きて，結果は(2.44)の2倍になる．したがって，(2.44)式は

$$U = \frac{1}{8\pi\varepsilon_0}\sum_{i \neq j}^{n}\sum\frac{q_i q_j}{|\boldsymbol{r}_i - \boldsymbol{r}_j|} \tag{2.45}$$

と書くこともできる．この式で i を止めて j について1から n まで i 以外の電荷について和をとったものは，係数 $(4\pi\varepsilon_0)^{-1}$ を含めて，q_i 以外の電荷による q_i の位置 $\boldsymbol{r}_i$ におけるポテンシャルである．これを ϕ_i' と書くと，U は

$$\begin{aligned} U &= \frac{1}{2}\sum_{i=1}^{n} q_i \phi_i' \\ \phi_i' &= \frac{1}{4\pi\varepsilon_0}\sum_{j(\neq i)}^{n}\frac{q_j}{|\boldsymbol{r}_i - \boldsymbol{r}_j|} \end{aligned} \tag{2.46}$$

と表わすこともできる．

電荷が連続的に分布している場合には，前と同じように空間を体積 $\varDelta V$ の小領域に分割し，各小領域内の電荷を点電荷と見なして(2.45)式を用いればよい．小領域の体積 $\varDelta V$ を0にする極限をとることにより，結果は積分で表わされる．電荷密度が $\rho(\boldsymbol{r})$ の電荷分布があるときの静電エネルギーは，

$$U=\frac{1}{2}\iint\frac{\rho(\boldsymbol{r})\rho(\boldsymbol{r}')}{4\pi\varepsilon_0|\boldsymbol{r}-\boldsymbol{r}'|}dVdV' \tag{2.47}$$

となる．$\int dV$, $\int dV'$ はそれぞれ $\boldsymbol{r}, \boldsymbol{r}'$ についての体積積分を表わす．あるいは(2.46)式と同じように

$$\begin{aligned} U&=\frac{1}{2}\int\rho(\boldsymbol{r})\phi(\boldsymbol{r})dV \\ \phi(\boldsymbol{r})&=\frac{1}{4\pi\varepsilon_0}\int\frac{\rho(\boldsymbol{r}')}{|\boldsymbol{r}-\boldsymbol{r}'|}dV' \end{aligned} \tag{2.48}$$

と表わしてもよい．これらの積分では $\boldsymbol{r}\cong\boldsymbol{r}'$ の領域で被積分関数が非常に大きくなる．ちょっと考えると，(2.45)や(2.46)の和で $i=j$ の項が除かれているように，$\boldsymbol{r}$ をとめて $\boldsymbol{r}'$ について積分する際，$\boldsymbol{r}$ のまわりの微小領域からの寄与を積分から除く必要があるように思われる．しかし，つぎの例題の結果からもわかるように，電荷密度が有限である限り微小領域からの寄与はその体積を ΔV とすると $(\Delta V)^{5/3}$ に比例し，$\Delta V\to 0$ の極限で無視することができる．したがって，$\boldsymbol{r}$ のまわりの特別な微小領域を積分から除く必要はなく，$\boldsymbol{r}=\boldsymbol{r}'$ の点における被積分関数の発散は気にしなくてよい．

例題 1 電荷 Q が半径 R の球内に一様に分布しているときの静電エネルギーを求めよ．

[解] (2.47)式を適用してもよいが，(2.44)式を導いたときのように，無限遠から電荷を運んでくるときの仕事を求める方が計算が簡単になる．無限遠から原点のまわりに電荷を運び，密度 $\rho=Q\Big/\left(\frac{4}{3}\pi R^3\right)$ で一様に分布させながら球をだんだんに大きくしていくものとしよう．まず，半径 $r(<R)$ の球ができたところで，さらに電荷を運んで半径を Δr だけ大きくするために必要な仕事 ΔW を求める．半径 r の球と半径 $r+\Delta r$ の球にはさまれた球殻の体積は，Δr が十分小さいときには $4\pi r^2\Delta r$ である．したがって，このとき運ぶ電荷の量は

$$4\pi r^2\Delta r\cdot\rho$$

である．

2-5 節の例題 3 で見たように，球内に一様に分布した電荷のつくる電場は，

球の外の空間では全電荷が球の中心にある場合と同じになる．したがってポテンシャルも球の中心にある点電荷によるものと同じで，半径 r の球の表面では

$$\frac{1}{4\pi\varepsilon_0 r}\cdot\frac{4}{3}\pi r^3\rho=\frac{\rho r^2}{3\varepsilon_0}$$

となる．このポテンシャルに運ぶ電荷量を掛けたものが必要な仕事になるので，

$$\varDelta W=\frac{\rho r^2}{3\varepsilon_0}\times 4\pi r^2\varDelta r\rho=\frac{4\pi\rho^2}{3\varepsilon_0}r^4\varDelta r$$

が得られる．

半径 R の球を作り上げるために必要な全仕事は，球殻をつぎつぎに積み上げるものとして，そのたびに必要な $\varDelta W$ を加えあわせればよい．その和 $\sum\varDelta W$ は，$\varDelta r\to 0$ の極限をとると，$r=0$ から $r=R$ までの積分になる．その全仕事が求める静電エネルギーになるから，

$$\begin{aligned}U&=\frac{4\pi\rho^2}{3\varepsilon_0}\int_0^R r^4dr=\frac{4\pi\rho^2}{3\varepsilon_0}\left[\frac{1}{5}r^5\right]_0^R\\&=\frac{4\pi\rho^2}{15\varepsilon_0}R^5\end{aligned}$$

最後に ρ を全電荷 Q で表わして

$$U=\frac{3Q^2}{20\pi\varepsilon_0 R}\tag{2.49}$$

を得る．▌

これまで扱ってきた点電荷というものは，上の例題1で扱ったような，電荷が一様に分布した球の半径を0にした極限と見ることができる．そこで，(2.49)式の結果で $R\to 0$ とすると，点電荷の静電エネルギーは無限大になる．有限な量の電荷を1点に集めるには無限のエネルギーが必要なわけで，それはおよそ不可能なことである．したがって，理想的な点電荷は物理的に存在しえない．ただし，(2.44)式などで点電荷の集りの静電エネルギーを問題にするときには，個々の点電荷の静電エネルギーが無限大になることを心配する必要はない．(2.44)式では点電荷の配置を変化させたとき静電エネルギーがどう変化するかだけが問題になっている．個々の点電荷の静電エネルギーはいかに大きくても，それは点電荷の配置によって変わらないから，(2.44)式にははじめから

勘定に入っていないのである.

問題

1. 1 V の電位差のある 2 地点間の電子の位置エネルギーの差を 1 **電子ボルト**(electron volt, eV)とよび，原子物理学においてはこれをエネルギーの単位として用いることが多い．1 eV は何 J に当るか．また，1 Å(=10^{-10} m)隔てておかれた陽子と電子を，無限遠まで引き離すために必要なエネルギーは何 eV か．

2. 半径 R の球面上に電荷 Q が一様に分布しているときの静電エネルギーを求めよ．

3. 無限に長い直線上に正負の点電荷 $\pm q$ が間隔 a をおいて，1 つおきに並んでいる．点電荷 1 個当りの静電エネルギーを求めよ．

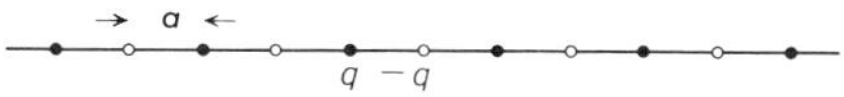

問題 3

4. 電気双極子モーメント $\boldsymbol{p}$ を電場 $\boldsymbol{E}$ の中におくとき，その静電エネルギーが $-\boldsymbol{p}\cdot\boldsymbol{E}$ となることを示せ．

2-9 電気双極子

2-7 節の例題 1 で扱った $\pm q$ の点電荷の対は，電荷の間隔 d が非常に小さいときを考えると，2-1 節の例題 1 に出てきた電気双極子にほかならない．そこで求めたポテンシャル(2.36)は，双極子モーメントが $\boldsymbol{p}$ の電気双極子によるポテンシャルを与える．ただし，この式は双極子モーメントが z 軸の方向を向いた特別な場合の式になっている．双極子モーメントが一般の方向を向いた場合には，ポテンシャルは

$$\phi(\boldsymbol{r}) = \frac{1}{4\pi\varepsilon_0}\frac{\boldsymbol{p}\cdot\boldsymbol{r}}{|\boldsymbol{r}|^3} \tag{2.50}$$

となる．$\boldsymbol{p}$ が z 軸方向を向いていると，$\boldsymbol{p}\cdot\boldsymbol{r}=pz$ だから(2.50)式は(2.36)式に一致する．

一般に多数の点電荷が空間の狭い領域に分布している場合，これらの電荷が遠方につくる電場がどのようになるかを考えてみよう．電荷が分布している領

域の中に原点を選び，n 個の点電荷 $q_1, q_2, \cdots, q_n$ の位置をそれぞれ $\boldsymbol{r}_1, \boldsymbol{r}_2, \cdots, \boldsymbol{r}_n$ とすると，点 $\boldsymbol{r}$ におけるポテンシャルは(2.26)式で与えられる．$\boldsymbol{r}$ と $\boldsymbol{r}_i$ との間の距離は，(1.23)式のようにスカラー積を使って書くと，

$$\begin{aligned}|\boldsymbol{r}-\boldsymbol{r}_i| &= [(\boldsymbol{r}-\boldsymbol{r}_i)\cdot(\boldsymbol{r}-\boldsymbol{r}_i)]^{1/2} \\ &= [|\boldsymbol{r}|^2-2(\boldsymbol{r}\cdot\boldsymbol{r}_i)+|\boldsymbol{r}_i|^2]^{1/2}\end{aligned}$$

となる．ここで $\boldsymbol{r}$ は十分遠方であるから，$|\boldsymbol{r}| \gg |\boldsymbol{r}_i|$ と考えてよい．したがって，$|\boldsymbol{r}_i|$ の2次の項を無視すると，

$$\begin{aligned}\frac{1}{|\boldsymbol{r}-\boldsymbol{r}_i|} &\cong [|\boldsymbol{r}|^2-2(\boldsymbol{r}\cdot\boldsymbol{r}_i)]^{-1/2} \\ &= |\boldsymbol{r}|^{-1}\left[1-\frac{2(\boldsymbol{r}\cdot\boldsymbol{r}_i)}{|\boldsymbol{r}|^2}\right]^{-1/2} \\ &\cong \frac{1}{|\boldsymbol{r}|}\left[1+\frac{(\boldsymbol{r}\cdot\boldsymbol{r}_i)}{|\boldsymbol{r}|^2}\right]\end{aligned}$$

となる．この近似式を(2.26)式に代入すると

$$\begin{aligned}\phi(\boldsymbol{r}) &\cong \frac{1}{4\pi\varepsilon_0}\sum_{i=1}^{n}\left[\frac{q_i}{|\boldsymbol{r}|}+\frac{q_i(\boldsymbol{r}\cdot\boldsymbol{r}_i)}{|\boldsymbol{r}|^3}\right] \\ &= \frac{Q}{4\pi\varepsilon_0|\boldsymbol{r}|}+\frac{\boldsymbol{p}\cdot\boldsymbol{r}}{4\pi\varepsilon_0|\boldsymbol{r}|^3} \qquad (2.51)\end{aligned}$$

となる．ただし

$$Q = \sum_{i=1}^{n} q_i \qquad (2.52)$$

$$\boldsymbol{p} = \sum_{i=1}^{n} q_i\boldsymbol{r}_i \qquad (2.53)$$

とおいた．

第1項は全電荷 Q が原点にある場合と同じ形をしている．Q が0でなければ，$|\boldsymbol{r}|$ が大きくなったときのポテンシャルの減少の仕方はこの項がもっとも遅く，したがって遠方ではこの項がもっとも大きい．正負の電荷がちょうど打ち消しあって $Q=0$ になるときは，第1項は消えて第2項が重要になる．この項は，双極子モーメントが $\boldsymbol{p}$ の電気双極子によるポテンシャル(2.50)と同じ形である．いま，q_i のうち正の電荷だけを加えあわせたものを q とする．すなわち，

$$q = \sum_{(q_i>0)} q_i$$

全電荷は0だから，負の電荷だけを加えあわせると当然 $-q$ になる.

$$-q = \sum_{(q_i<0)} q_i$$

そこで，正負の電荷の‘重心’をそれぞれ

$$\boldsymbol{r}_+ = \frac{1}{q}\sum_{(q_i>0)} q_i\boldsymbol{r}_i, \qquad \boldsymbol{r}_- = \frac{1}{-q}\sum_{(q_i<0)} q_i\boldsymbol{r}_i$$

と定義する．この $\boldsymbol{r}_+, \boldsymbol{r}_-$ を用いて書くと，双極子モーメント $\boldsymbol{p}$ は

$$\begin{aligned}\boldsymbol{p} &= \sum_{(q_i>0)} q_i\boldsymbol{r}_i + \sum_{(q_i<0)} q_i\boldsymbol{r}_i \\ &= q(\boldsymbol{r}_+ - \boldsymbol{r}_-)\end{aligned}$$

となる．すなわち，点電荷の分布は，遠方では $\boldsymbol{r}_+, \boldsymbol{r}_-$ にある正負の電荷 $\pm q$ の対と同じ働きをするのである.

特殊な電荷分布では，双極子モーメント $\boldsymbol{p}$ も0になることがある．それは，上の式からもわかるように，正負の電荷の重心がちょうど一致する場合である．たとえば図2-18のように $\pm q$ の4個の電荷が正方形の頂点を占めるように配置しているときには，$\boldsymbol{r}_+, \boldsymbol{r}_-$ はともに正方形の中心になり，$\boldsymbol{p}=0$ となる．このような電荷分布が遠方につくる電場を求めるには，$|\boldsymbol{r}-\boldsymbol{r}_i|^{-1}$ の展開を先まで進めて，(2.51)式で省略されたつぎの項を計算しなければならない.

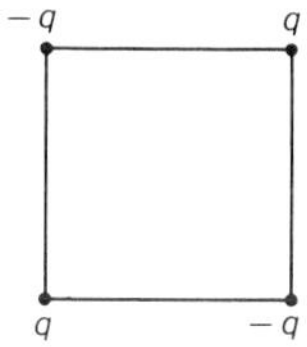

図2-18　$Q=0$, $\boldsymbol{p}=0$ となる電荷分布の例.

問　　題

1. つぎのおのおのの場合について，電荷から十分遠方における静電ポテンシャルを，d の2次までの正しさで求めよ.

(a)　3個の点電荷 $-q, 2q, -q$ が間隔 d をおいて直線上に並んでいるとき，電荷を含む直線上のポテンシャル(図a).

(b)　4個の点電荷 $\pm q$ が1辺 d の正方形の頂点におかれているとき，電荷を含む面

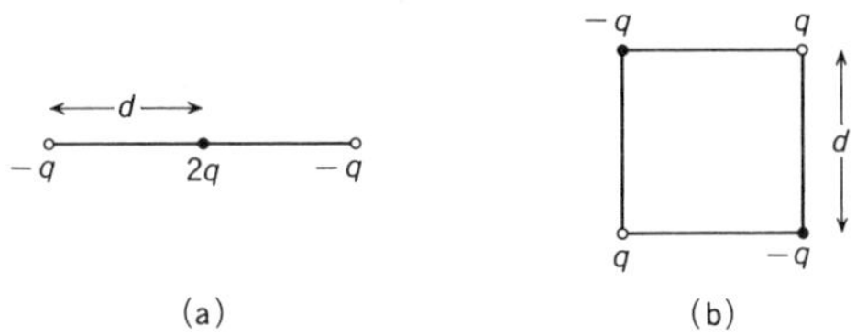

問題 1

内のポテンシャル(図 b).

なお，計算においては(2.10)の近似式を t の 2 次まで正しい形に書いた

$$(1+t)^p \cong 1+pt+\frac{1}{2}p(p-1)t^2$$

を用いよ.

2. 電気双極子モーメント $\boldsymbol{p}$ による静電ポテンシャルの式(2.50)を用いて，$\boldsymbol{p}$ による電場が

$$\boldsymbol{E}(\boldsymbol{r}) = -\frac{1}{4\pi\varepsilon_0 r^3}\left\{\boldsymbol{p}-\frac{3(\boldsymbol{p}\cdot\boldsymbol{r})\boldsymbol{r}}{r^2}\right\}$$

となることを示せ.

2-10　静電場と流れの場

ニュートン力学で物体の運動を取り扱うとき，たとえば質点の運動であれば，その位置を表わすベクトルが時間とともにどう変わるかを求める．n 個の粒子の運動であれば，その粒子系の運動状態を表わすものは，粒子 1, 2, …, n の位置ベクトル $\boldsymbol{r}_1, \boldsymbol{r}_2, \cdots, \boldsymbol{r}_n$ である．それに対し，電荷が分布しているときにそのまわりの‘空間の状態’を表わすものは静電場 $\boldsymbol{E}(\boldsymbol{r})$ で，それは空間の各点 $\boldsymbol{r}$ において与えられるベクトルである．粒子系の場合と比べるなら，粒子の番号 1, 2, … に当たるものが空間の位置 $\boldsymbol{r}$ であり，粒子の位置ベクトル $\boldsymbol{r}_i$ に静電場のベクトル $\boldsymbol{E}(\boldsymbol{r})$ が対応する．このように，粒子系の状態が有限個のベクトルで表わされるのに対し，‘空間の状態’は無限個，しかも連続無限個のベクトルで記述される.

力学でも，同じような量を問題にする場合がある．それは連続体の力学の場合で，たとえば両端を固定した弦の振動を考えてみる．弦の運動を記述するには，弦の上のすべての点についてそれが横にどれだけ変位しているかを見ればよい．すなわち，弦の一端から距離 x の点の変位を $\xi(x)$ とすれば，この x の関数 $\xi(x)$ が弦の運動を表わす量になる．流体力学も同じで，体積の変化しない非圧縮性の流体では，空間の各点における流体の速度 $\boldsymbol{u}(\boldsymbol{r})$ によって流体の運動状態が記述される．このように，状態が空間のすべての点で与えられる量によって記述される場合，その量を場(ば)(field)と呼ぶ．とくに，電場や流体力学における流れの場のように，それがベクトル量である場合にはベクトル場という．

定常流，すなわち時間的に変化しない流れの場 $\boldsymbol{u}(\boldsymbol{r})$ の性質は，いろいろな点で静電場とよく似ている．電場は目に見えないし，なかなか直観的に理解しにくい．その点流体の場合は物質が流れているから，わかりやすい面がある．静電場と定常流の場との類似性は，静電場の性質を直観的に理解する上で助けになることが多い．

静電場でガウスの法則を考えたときと同じように，流体の中でも空間に任意の閉じた曲面 S を取る．ここでも図 2-9 と同じように曲面を面積 $\varDelta S$ の微小な部分に分割し，面上の点 P にある 1 つの微小部分に注目しよう．P 点における流速を $\boldsymbol{u}$ とすれば，ある時刻に P にあった流体は，短い時間 $\varDelta t$ の後には P から見て $\boldsymbol{u}\varDelta t$ の位置に達している．したがって，図 2-19 のように底面積が $\varDelta S$ で斜辺が $u\varDelta t$ の，流速の方向に傾いて伸びた柱状の立体を考えると，その体積 $\varDelta\Omega$ は $\varDelta t$ の間に $\varDelta S$ を通過した流体の体積に当る．P 点において閉曲面に垂直な外向きの単位ベクトルを $\boldsymbol{n}$ とすれば，体積 $\varDelta\Omega$ は

$$\varDelta\Omega = (\boldsymbol{u}\cdot\boldsymbol{n})\varDelta t\varDelta S$$

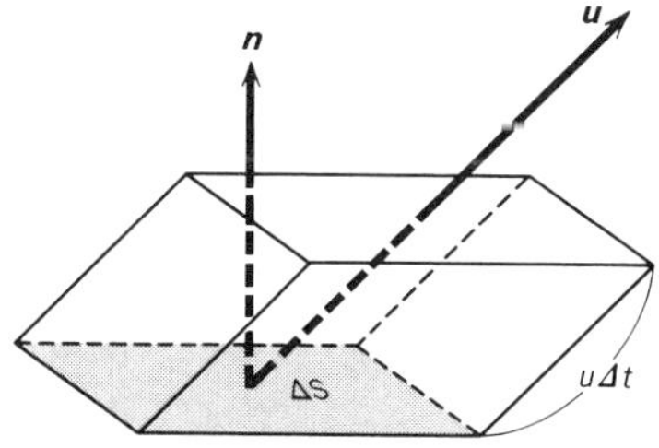

図 2-19 時間 $\varDelta t$ の間に面積 $\varDelta S$ を通過する流体の体積．

と表わされる．流速 $\boldsymbol{u}$ が閉曲面の外を向いているときは $(\boldsymbol{u}\cdot\boldsymbol{n})$ は正で，$\Delta\Omega$ も正になる．逆に $\boldsymbol{u}$ が内を向いているときは $\Delta\Omega$ は負になる．したがって，$\Delta\Omega$ はその符号も含めて時間 Δt の間に面積 ΔS を通して閉曲面の内から外へ流れ出す流体の体積を表わす．$\Delta\Omega$ をすべての微小部分について加えあわせた上で，$\Delta S\to 0$ の極限をとると，(2.14)式と同じように閉曲面 S 上の面積分

$$\Delta t\int_S \{\boldsymbol{u}(\boldsymbol{r})\cdot\boldsymbol{n}(\boldsymbol{r})\}\,dS$$

が得られる．これは，閉曲面 S の内から外へ，時間 Δt の間に流れ出る流体の量を表わす．非圧縮性の流体では，閉曲面の内部の流体の量が時間的に増減してはならないから，流れ出す分の流体は閉曲面 S の内部のどこかで湧き出していなければならない．したがって，Δt で割って単位時間当りに直すと

$$\int_S \{\boldsymbol{u}(\boldsymbol{r})\cdot\boldsymbol{n}(\boldsymbol{r})\}\,dS = [S\text{ の内部で単位時間に湧き出す流体の量}] \tag{2.54}$$

という関係が得られる．これは静電場のガウスの法則(2.17)と全く同じ形をしている．

静電場のガウスの法則と，流体の場合の(2.54)式との対応をよくするには，静電場に対して新しくベクトル

$$\boldsymbol{D}(\boldsymbol{r}) = \varepsilon_0\boldsymbol{E}(\boldsymbol{r}) \tag{2.55}$$

を導入すればよい．$\boldsymbol{D}(\boldsymbol{r})$ を**電束密度**(electric flux density)とよぶ．電束密度を用いて書くと，ガウスの法則(2.17)は両辺に ε_0 をかけて

$$\int_S \{\boldsymbol{D}(\boldsymbol{r})\cdot\boldsymbol{n}(\boldsymbol{r})\}\,dS = [S\text{ の内部の電荷}] \tag{2.56}$$

という形になる．左辺の面積分は閉曲面 S を内から外へ貫いている**電束**(electric flux)である．流体の場合の(2.54)式と比べて，静電場では電束が正の電荷から湧き出し，負の電荷へ吸い込まれていると理解することができる．(2.54)式は，湧き出した流体が途中で増えたり減ったりしないという流体の保存則を表わす．同じように静電場のガウスの法則は，正電荷で湧き出した‘電束の流れ’が，負電荷で吸い込まれる以外途中で増減しないという‘電束の保存則’を表わすものと考えればよい．

静電場の場合は，電荷がなければ電場も 0 である．流体の流れの場はどうだろうか．電場でも流体でも無限遠から来て無限遠に達するような‘流れ’が考えられるが，これは電荷あるいは湧き出し口，吸い込み口が無限遠方にある場合と考えられるから除外しよう．流体の場合には，じつはそれ以外にも湧き出しも吸い込みもない流れの場が存在しうる．それは図 2-20 のように渦が生じた場合である．渦の特徴は，渦のまわりに閉曲線 C をとり，電場の(2.23)式の左辺に相当する積分をつくると，図からも明らかなように

$$\int_C \{\boldsymbol{u}(\boldsymbol{r})\cdot\boldsymbol{t}(\boldsymbol{r})\}\,ds \neq 0$$

となることである．静電場では，これに相当する積分は 0 でなければならない．静電場の性質は，この点で流体の流れと違っている．すなわち，静電場は渦のない流れの場に当る．

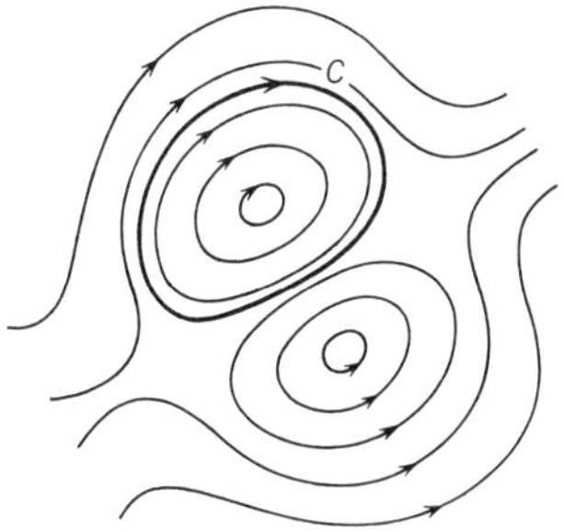

図 2-20　流体の渦．

これで，静電場の性質について私たちの得た 2 つの法則

$$\int_S \{\boldsymbol{E}(\boldsymbol{r})\cdot\boldsymbol{n}(\boldsymbol{r})\}\,dS = \frac{1}{\varepsilon_0}\int_V \rho(\boldsymbol{r})dV \tag{2.57}$$

$$\int_C \{\boldsymbol{E}(\boldsymbol{r})\cdot\boldsymbol{t}(\boldsymbol{r})\}\,ds = 0 \tag{2.58}$$

の意味が明らかになったと思う．ガウスの法則(2.57)だけでは，静電場の性質は完全に言い尽くされていない．渦なしの条件(2.58)も加えて，はじめて静電場の法則が完成するといえる．この 2 つの式が静電場の基本法則になる．

私たちは，静電場がこれらの式を満たすことを示した．しかし，基本法則と

いうからには，電荷の分布が与えられたとき静電場がこれらの式によって完全に決まるのでなければならない．その証明は，次章で式をもう少し使いやすい形に書き直してから与えることにしたい．

3

静電場の微分法則

前章で得た静電場の基本法則は積分形に書かれていた．近接作用の立場からすれば，これは空間の各点で成り立つ局所的な法則に書き換えられなければならない．微分形に書き直された基本法則によって，電荷のある点で生じた静電場が，空間をどのように伝わっていくかが明らかになる．

3-1　積分形から微分形へ

前章で私たちは，電荷の間にはたらく力をファラデー，マクスウェルの近接作用の立場から理解するために，電荷により真空に一種の変形が生じるものとして，電場の概念を導入した．そこでは，電荷にはたらく力は，(2.3)式のように電荷のおかれた場所での空間の変形によって生じるものと見なされた．しかし，これまでの取り扱いは近接作用の立場に徹したものということはできない．たとえば(2.2)の電場の表式は，$\boldsymbol{r}_1$ にある電荷 q_1 が空間を隔てて $\boldsymbol{r}$ における電場を決める形をしている．ガウスの法則にしても，(2.16)式や(2.17)式では，閉曲面上の電場とそこから離れて閉曲面の内部に分布する電荷とが関係づけられている．

これに対し，たとえば弾性体の力学では，弾性体の歪みと応力との関係が弾性体内の各点で与えられ，変形がどのように起こるかは，局所的な力のつりあいの問題として理解される．水平に強く張った膜の上に，重い玉をのせた場合を考えてみよう．膜は図3-1(a)のような形に伸びるが，この形を決めるには膜の上の各点での張力のつりあいの問題を解けばよい．玉にはたらく力は，重

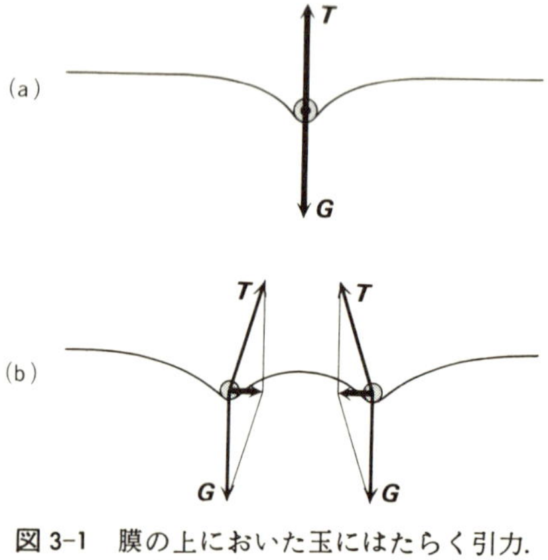

図3-1　膜の上においた玉にはたらく引力．
$\boldsymbol{G}$ は重力，$\boldsymbol{T}$ は膜の張力による力を表わす．

力 $\boldsymbol{G}$ と膜の張力による力 $\boldsymbol{T}$ とがちょうどつりあう．ここで膜の上にもう1つの玉をのせると，膜の伸びは図3-1(b)のようになる．このときは，おのおのの玉について重力と膜の張力がつりあわず，2つの玉の間に引力がはたらく形になる．この引力の原因は，明らかに膜に生じた変形である．玉にはたらく引力の法則がわかったとしても，それがこの膜の現象の本質なのではない．現象の基本となる法則は，あくまで膜の上の各点における伸びと張力の関係，張力のつりあいの関係である．

玉を電荷に対応させ，膜を真空，膜の伸びを真空に生じた電場と見れば，上の例は静電場の問題と非常によく似ている．そして，膜の基本法則が局所的な法則であったのと同じように，静電場の法則も局所的な法則に書き換えられるべきであろう．それは，(2.17)式や(2.23)式のように積分の形に書かれていたものを，空間の各点における微分の形の法則に書き直すことである．

3-2　微分形のガウスの法則

はじめに，ガウスの法則について考えてみよう．ここでは，電荷が連続的に分布している場合に限り，

$$\int_S \{\boldsymbol{E}(\boldsymbol{r})\cdot\boldsymbol{n}(\boldsymbol{r})\}dS = \frac{1}{\varepsilon_0}\int_V \rho(\boldsymbol{r})dV \tag{3.1}$$

から出発する．理想的な点電荷は存在しえないのだから，‘点電荷’といえども有限の広がりをもつと考えれば，‘点電荷’がある場合も(3.1)式に含まれると考えてよい．

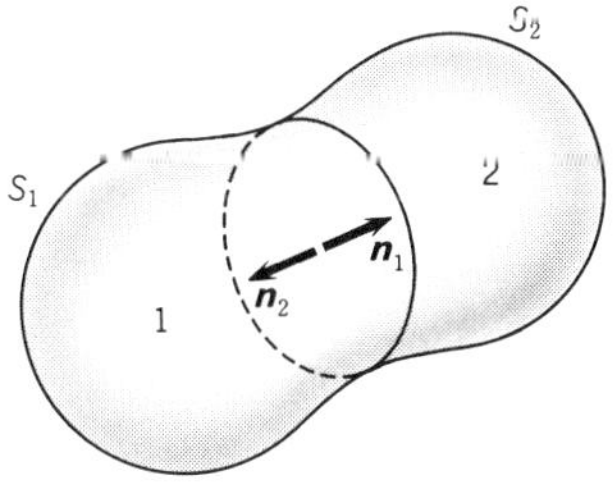

図3-2　接した2つの領域1,2にガウスの法則を適用する．

まずつぎのことに注目したい．図3-2のように，互いに接した2つの領域1，2を考え，各領域を囲む表面をS_1, S_2とする．S_1とS_2は2つの領域の境界面を共有している．領域1,2にガウスの法則(3.1)を適用すると，閉曲面S_1, S_2に垂直な単位ベクトルを$\boldsymbol{n}_1(\boldsymbol{r})$, $\boldsymbol{n}_2(\boldsymbol{r})$として

$$\int_{S_1}\{\boldsymbol{E}(\boldsymbol{r})\cdot\boldsymbol{n}_1(\boldsymbol{r})\}dS = \frac{1}{\varepsilon_0}\int_{V_1}\rho(\boldsymbol{r})dV$$

$$\int_{S_2}\{\boldsymbol{E}(\boldsymbol{r})\cdot\boldsymbol{n}_2(\boldsymbol{r})\}dS = \frac{1}{\varepsilon_0}\int_{V_2}\rho(\boldsymbol{r})dV$$

が成り立つ．そこで，2式の両辺をそれぞれ足しあわせると，

$$\int_{S_1}\{\boldsymbol{E}(\boldsymbol{r})\cdot\boldsymbol{n}_1(\boldsymbol{r})\}dS+\int_{S_2}\{\boldsymbol{E}(\boldsymbol{r})\cdot\boldsymbol{n}_2(\boldsymbol{r})\}dS$$
$$= \frac{1}{\varepsilon_0}\int_{V_1}\rho(\boldsymbol{r})dV+\frac{1}{\varepsilon_0}\int_{V_2}\rho(\boldsymbol{r})dV \qquad (3.2)$$

の関係が得られる．ここで，単位ベクトル$\boldsymbol{n}_1(\boldsymbol{r})$, $\boldsymbol{n}_2(\boldsymbol{r})$はそれぞれの閉曲面の内から外へ向けて引くものと約束されている．したがって，S_1とS_2に共通な2つの領域の境界面上で，$\boldsymbol{n}_1(\boldsymbol{r})$と$\boldsymbol{n}_2(\boldsymbol{r})$はちょうど逆を向いており，その面上では

$$\boldsymbol{E}(\boldsymbol{r})\cdot\boldsymbol{n}_1(\boldsymbol{r}) = -\boldsymbol{E}(\boldsymbol{r})\cdot\boldsymbol{n}_2(\boldsymbol{r})$$

が成り立つ．その結果，(3.2)式の左辺の積分で境界面からの寄与は，2項でちょうど打ち消しあうことになる．したがって，2つの領域を合体させ，それを囲む表面をSとすると，(3.2)式の左辺は

$$\int_{S_1}\{\boldsymbol{E}(\boldsymbol{r})\cdot\boldsymbol{n}_1(\boldsymbol{r})\}dS+\int_{S_2}\{\boldsymbol{E}(\boldsymbol{r})\cdot\boldsymbol{n}_2(\boldsymbol{r})\}dS = \int_S\{\boldsymbol{E}(\boldsymbol{r})\cdot\boldsymbol{n}(\boldsymbol{r})\}dS \qquad (3.3)$$

と書き直すことができる．(3.2)式の右辺の積分は合体した領域についての積分になるから，この式は合体した領域に関する法則(3.1)にほかならない．すなわち，互いに接する2つの領域についてそれぞれ(3.1)式が成り立つなら，それの合体した領域についても同じ法則が成り立つことがわかる．

図3-3のように，空間を多数の微小な領域に分割したとしよう．そして，この微小領域のおのおのについて法則(3.1)が成り立つとすれば，上で示したことからわかるように，微小領域を2個，3個と合体させた領域についても同じ

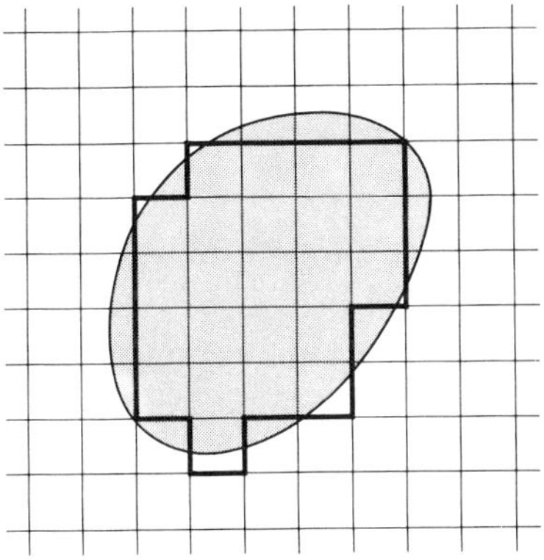

図 3-3　空間を微小領域に分割すると，その微小領域を集めて任意の領域がつくられる．曲面で囲まれた領域との間にはわずかな差が生じるが，微小領域を小さくとることにより，その差は小さくなる．

法則が成り立つ．合体させる微小領域が何個であっても結論は変わらない．図のように微小領域を多数集めれば任意の領域をつくることができるから，これは任意の領域，任意の閉曲面についてガウスの法則(3.1)が成り立つことを意味する．したがって，任意の閉曲面について(3.1)式が成り立つことと，空間を分割した微小領域のおのおのについてそれが成り立つとすることとは，全く同等である．

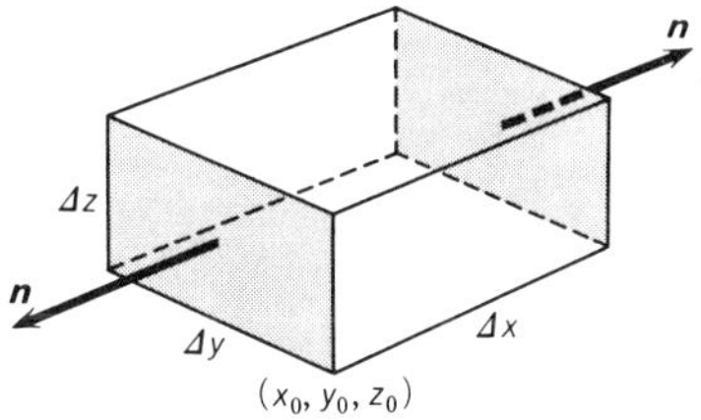

図 3-4　微小な直方体の領域にガウスの法則を適用する．

微小領域に(3.1)式を適用すると，それはどのような形になるだろうか．その領域として，図 3-4 のように 3 辺がそれぞれ x, y, z 軸に平行な直方体を選んでみよう．3 辺の長さを $\Delta x, \Delta y, \Delta z$，1 つの頂点の位置を $\boldsymbol{r}_0=(x_0, y_0, z_0)$ とする．ガウスの法則(3.1)の左辺の積分のうち，まず x 軸に垂直な 2 つの面，$x=x_0$ と $x=x_0+\Delta x$ からの寄与を求める．ベクトル $\boldsymbol{E}$ のこれらの面に垂直な成分は，その x 成分にほかならない．ただし，$x=x_0$ の面では面に垂直な単位ベクトル $\boldsymbol{n}$ は x 軸の負の方向を向いているから $\boldsymbol{E}\cdot\boldsymbol{n}=-E_x$，また $x=x_0+\Delta x$ の面では

$\boldsymbol{n}$ は x 軸の正の方向を向いているから $\boldsymbol{E}\cdot\boldsymbol{n}=E_x$ である．したがって，これらの面での積分は

$$-\int_{z_0}^{z_0+\Delta z}\int_{y_0}^{y_0+\Delta y}E_x(x_0,y,z)dydz+\int_{z_0}^{z_0+\Delta z}\int_{y_0}^{y_0+\Delta y}E_x(x_0+\Delta x,y,z)dydz$$
$$=\int_0^{\Delta z}\int_0^{\Delta y}\{E_x(x_0+\Delta x,y_0+y',z_0+z')-E_x(x_0,y_0+y',z_0+z')\}dy'dz'$$

となる．ここで，積分変数を y,z から $y'=y-y_0$，$z'=z-z_0$ に置き換えた．

一般に関数 $f(x)$ において変数 x が x_0 から δx だけ変化するとき，δx が小さければ関数の値の変化は δx の1次までの近似で

$$f(x_0+\delta x)\cong f(x_0)+\left[\frac{df(x)}{dx}\right]_0\delta x$$

となる．第2項につけた添字の0は，$x=x_0$ における値をとることを意味する．この近似式は3変数の関数 $f(x,y,z)$ の場合には，偏微分を用いてつぎのように一般化される．すなわち，$\delta x,\delta y,\delta z$ の1次までの近似で，

$$f(x_0+\delta x,y_0+\delta y,z_0+\delta z)\cong f(x_0,y_0,z_0)+\left[\frac{\partial f(x,y,z)}{\partial x}\right]_0\delta x+\left[\frac{\partial f(x,y,z)}{\partial y}\right]_0\delta y+\left[\frac{\partial f(x,y,z)}{\partial z}\right]_0\delta z \tag{3.4}$$

上の積分で $\Delta x,\Delta y,\Delta z$ が小さいとして，被積分関数にこの近似を用いよう．そうすると

$$E_x(x_0+\Delta x,y_0+y',z_0+z')\cong E_x(x_0,y_0,z_0)+\left[\frac{\partial E_x(x,y,z)}{\partial x}\right]_0\Delta x+\left[\frac{\partial E_x(x,y,z)}{\partial y}\right]_0 y'+\left[\frac{\partial E_x(x,y,z)}{\partial z}\right]_0 z'$$

$$E_x(x_0,y_0+y',z_0+z')\cong E_x(x_0,y_0,z_0)+\left[\frac{\partial E_x(x,y,z)}{\partial y}\right]_0 y'+\left[\frac{\partial E_x(x,y,z)}{\partial z}\right]_0 z'$$

となって，被積分関数には第1式の2項目だけが残る．したがって，y',z' についての積分は面の面積 $\Delta y\Delta z$ を与え，直方体の体積を $\Delta x\Delta y\Delta z=\Delta V$ とおくと，

$$\left[\frac{\partial E_x(x,y,z)}{\partial x}\right]_0 \varDelta V$$

となる．

同じようにして，y 軸に垂直な面，z 軸に垂直な面からの寄与も求めることができる．計算を繰り返すまでもなく，結果がそれぞれ

$$\left[\frac{\partial E_y(x,y,z)}{\partial y}\right]_0 \varDelta V$$

$$\left[\frac{\partial E_z(x,y,z)}{\partial z}\right]_0 \varDelta V$$

となることは明らかであろう．すべての面からの寄与を合わせて，この微小領域の表面について(3.1)式の左辺の面積分は

$$\left[\frac{\partial E_x(\boldsymbol{r})}{\partial x}+\frac{\partial E_y(\boldsymbol{r})}{\partial y}+\frac{\partial E_z(\boldsymbol{r})}{\partial z}\right]_{\boldsymbol{r}=\boldsymbol{r}_0} \varDelta V \tag{3.5}$$

となる．簡単のため，変数はまとめて $\boldsymbol{r}$ で表わした．

ガウスの法則(3.1)に現われる電場の積分は，流体の流れの場合でいえば，閉曲面 S から流れ出す流体の量とそこに流れ込む量との差，すなわち S の内部で湧き出している流体の量を表わしていた．したがって，その積分を微小な閉曲面について行なうことによって得た(3.5)式では，$\varDelta V$ を除く部分がその点 $\boldsymbol{r}_0$ における単位体積当りの‘電場の湧き出し量’を表わすと考えてよい．これを電場 $\boldsymbol{E}(\boldsymbol{r})$ の**発散**(divergence)と呼び，$\nabla\cdot\boldsymbol{E}(\boldsymbol{r})$ または div $\boldsymbol{E}(\boldsymbol{r})$ と書く．すなわち

$$\boxed{\nabla\cdot\boldsymbol{E}(\boldsymbol{r}) = \frac{\partial E_x(\boldsymbol{r})}{\partial x}+\frac{\partial E_y(\boldsymbol{r})}{\partial y}+\frac{\partial E_z(\boldsymbol{r})}{\partial z}} \tag{3.6}$$

である．$\nabla\cdot\boldsymbol{E}(\boldsymbol{r})$ という記号の意味は，これが(2.33)式で定義したベクトルの微分演算子 ∇ と電場のベクトル $\boldsymbol{E}(\boldsymbol{r})$ とのスカラー積の形をしていることによる．発散の記号を使って表わすと，微小領域の表面についての面積分は

$$\int_S \{\boldsymbol{E}(\boldsymbol{r})\cdot\boldsymbol{n}(\boldsymbol{r})\}dS = \{\nabla\cdot\boldsymbol{E}(\boldsymbol{r})\}_{\boldsymbol{r}=\boldsymbol{r}_0}\varDelta V \tag{3.7}$$

となる．ここで計算は直方体の領域についておこなったが，この結果は領域の体積が小さければその形によらず成り立つ．

(3.1)式の右辺では，領域が小さければその内部での電荷密度 $\rho(\boldsymbol{r})$ の変化は無視してよい．したがって，右辺は

$$\frac{1}{\varepsilon_0}\rho(\boldsymbol{r}_0)\Delta V \tag{3.8}$$

となる．

微小領域についてのガウスの法則は，(3.7)=(3.8)とおけばよい．この関係は，空間を分割したすべての微小領域について成り立たなければならない．そこで位置を $\boldsymbol{r}_0$ と限定することをやめて，一般の点 $\boldsymbol{r}$ における関係として書くと，

$$\boxed{\nabla\cdot\boldsymbol{E}(\boldsymbol{r}) = \frac{1}{\varepsilon_0}\rho(\boldsymbol{r})} \tag{3.9}$$

が得られる．これが微分形に書かれたガウスの法則である．はじめに示したように，この関係が空間のすべての点で成り立つなら，積分形に書いた(3.1)式が任意の閉曲面について成り立つ．すなわち，積分形に書いた(3.1)式と微分形に書いた(3.9)式とは，まったく同等である．

(2.55)式で導入した電束密度 $\boldsymbol{D}(\boldsymbol{r})=\varepsilon_0\boldsymbol{E}(\boldsymbol{r})$ を使って書くと，微分形のガウスの法則は

$$\boxed{\nabla\cdot\boldsymbol{D}(\boldsymbol{r}) = \rho(\boldsymbol{r})} \tag{3.10}$$

となる．この式は，電荷から電束が湧き出していることを，局所的な関係として示す．

この節の議論で大事な役目をしていたのは，面積分についての(3.3)式の性質である．この式は2つの領域が合体する場合について書かれているが，多数の領域が合体するときには左辺をそれらの領域についての和にすればよい．図3-3のように分割した微小領域を合体させるのであれば，個々の領域についての面積分(3.7)を，合体させる微小領域のすべてについて加えあわせればよい．$\Delta V\to 0$ の極限をとれば，和は積分になる．したがって，この場合について(3.3)式の関係は

$$\boxed{\int_V \nabla\cdot\boldsymbol{E}(\boldsymbol{r})dV = \int_S \{\boldsymbol{E}(\boldsymbol{r})\cdot\boldsymbol{n}(\boldsymbol{r})\}dS} \tag{3.11}$$

となる．右辺で積分をおこなう閉曲面Sは，左辺で積分をおこなう領域Vの表面である．この関係を**ガウスの定理**(Gauss' theorem)という．(3.11)の関係を導くとき，$\boldsymbol{E}(\boldsymbol{r})$の電場としての性質は使われていない．ガウスの定理は一般のベクトル場について成り立つ．(3.11)式が成り立つことがわかれば，(3.9)式を任意の領域について積分することにより，ただちに積分形の法則(3.1)が得られる．

ある関数$f(x)$の微分を特定の領域で積分すると，

$$\int_a^b \frac{df(x)}{dx}dx = [f(x)]_a^b = f(b)-f(a) \tag{3.12}$$

となり，結果は積分領域の両端における関数の値で表わされる．ガウスの定理(3.11)は，これを3次元の体積積分の場合に拡張したものと思えばよい．

例題1 半径Rの球内に一様に分布する電荷，すなわち電荷密度

$$\rho(\boldsymbol{r}) = \begin{cases} \rho & (|\boldsymbol{r}|\leqq R) \\ 0 & (|\boldsymbol{r}|>R) \end{cases}$$

によってつくられる電場は

$$\boldsymbol{E}(\boldsymbol{r}) = \begin{cases} \dfrac{\rho}{3\varepsilon_0}\boldsymbol{r} & (|\boldsymbol{r}|\leqq R) \\ \dfrac{\rho R^3}{3\varepsilon_0}\dfrac{\boldsymbol{r}}{|\boldsymbol{r}|^3} & (|\boldsymbol{r}|>R) \end{cases}$$

となる(2-5節例題3，(2.18)式)．これが，微分形のガウスの法則(3.9)を満たすことを示せ．

[解] まず，$|\boldsymbol{r}|\leqq R$のとき電場の成分は

$$E_x(\boldsymbol{r}) = \frac{\rho}{3\varepsilon_0}x, \qquad E_y(\boldsymbol{r}) = \frac{\rho}{3\varepsilon_0}y, \qquad E_z(\boldsymbol{r}) = \frac{\rho}{3\varepsilon_0}z$$

だから，

$$\frac{\partial E_x(\boldsymbol{r})}{\partial x} = \frac{\partial E_y(\boldsymbol{r})}{\partial y} = \frac{\partial E_z(\boldsymbol{r})}{\partial z} = \frac{\rho}{3\varepsilon_0}$$

となる．したがって

$$\nabla\cdot\boldsymbol{E}(\boldsymbol{r}) = \frac{\partial E_x(\boldsymbol{r})}{\partial x}+\frac{\partial E_y(\boldsymbol{r})}{\partial y}+\frac{\partial E_z(\boldsymbol{r})}{\partial z} = \frac{\rho}{\varepsilon_0}$$

となり，ガウスの法則を満たしている．

$|\boldsymbol{r}|>R$ のときは，$|\boldsymbol{r}|=r$ とおいて電場の成分は

$$E_x(\boldsymbol{r}) = \frac{\rho R^3}{3\varepsilon_0}\frac{x}{r^3}, \qquad E_y(\boldsymbol{r}) = \frac{\rho R^3}{3\varepsilon_0}\frac{y}{r^3}, \qquad E_z(\boldsymbol{r}) = \frac{\rho R^3}{3\varepsilon_0}\frac{z}{r^3}$$

である．2-7 節の例題 1 で示したように，r^n の偏微分は

$$\frac{\partial}{\partial x}(r^n) = nr^{n-1}\frac{\partial r}{\partial x} = nxr^{n-2}$$

となる((2.38 a)式)ので，

$$\begin{aligned}\frac{\partial E_x(\boldsymbol{r})}{\partial x} &= \frac{\rho R^3}{3\varepsilon_0}\frac{\partial}{\partial x}\left(\frac{x}{r^3}\right) = \frac{\rho R^3}{3\varepsilon_0}[r^{-3}+x(-3xr^{-5})] \\ &= \frac{\rho R^3}{3\varepsilon_0}\frac{r^2-3x^2}{r^5}\end{aligned}$$

同様に

$$\frac{\partial E_y(\boldsymbol{r})}{\partial y} = \frac{\rho R^3}{3\varepsilon_0}\frac{r^2-3y^2}{r^5}, \qquad \frac{\partial E_z(\boldsymbol{r})}{\partial z} = \frac{\rho R^3}{3\varepsilon_0}\frac{r^2-3z^2}{r^5}$$

と計算される．したがって

$$\begin{aligned}\nabla\cdot\boldsymbol{E}(\boldsymbol{r}) &= \frac{\partial E_x(\boldsymbol{r})}{\partial x}+\frac{\partial E_y(\boldsymbol{r})}{\partial y}+\frac{\partial E_z(\boldsymbol{r})}{\partial z} \\ &= \frac{\rho R^3}{3\varepsilon_0 r^5}\{(r^2-3x^2)+(r^2-3y^2)+(r^2-3z^2)\} \\ &= \frac{\rho R^3}{3\varepsilon_0 r^5}\{3r^2-3(x^2+y^2+z^2)\} \\ &= 0\end{aligned}$$

となり，ここでも $\boldsymbol{E}(\boldsymbol{r})$ はガウスの法則を満たす．▍

問　題

1. 半径 R の無限に長い円筒の内部に電荷が密度 ρ で一様に分布しているとき，円筒の軸を z 軸にすれば，生じる電場は

$$E_x(\boldsymbol{r}) = \begin{cases} \dfrac{\rho}{2\varepsilon_0}x & (\sqrt{x^2+y^2} \leqq R) \\ \dfrac{\rho}{2\varepsilon_0}\dfrac{R^2x}{x^2+y^2} & (\sqrt{x^2+y^2} > R) \end{cases}$$

$$E_y(\boldsymbol{r}) = \begin{cases} \dfrac{\rho}{2\varepsilon_0}y & (\sqrt{x^2+y^2} \leqq R) \\ \dfrac{\rho}{2\varepsilon_0}\dfrac{R^2y}{x^2+y^2} & (\sqrt{x^2+y^2} > R) \end{cases}$$

$$E_z(\boldsymbol{r}) = 0$$

で与えられる(2-5 節の問題 3). この電場が微分形のガウスの法則を満たすことを示せ.

2. 図のように，無限に広い平らな板(厚さ d)の内部に，電荷が密度 ρ で一様に分布している. この電荷によって生じる電場を，微分形のガウスの法則を用いて求めよ.

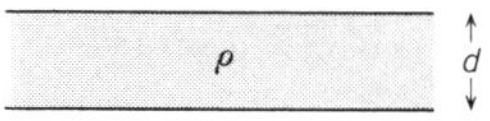

問題 2

3-3　微分形の渦なしの法則

任意の閉じた経路 C について成り立つ渦なしの法則

$$\int_C \{\boldsymbol{E}(\boldsymbol{r})\cdot\boldsymbol{t}(\boldsymbol{r})\}ds = 0 \tag{3.13}$$

も，ガウスの法則の場合と同じようにして，これと同等な微分形の法則に書き換えられる. そのことを示すために，まずつぎのことに注目しよう. 図 3-5 の

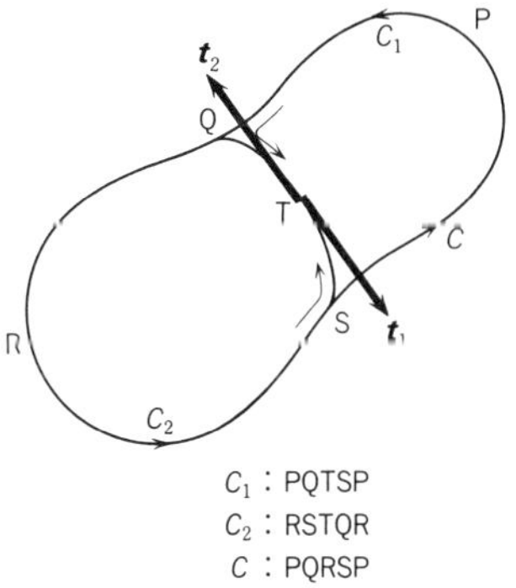

図 3-5　接した 2 つの閉じた経路 C_1, C_2 とその合体した経路 C.

ように，一部を共有してつながった2つの経路 C_1, C_2 を考える．2つの経路のおのおのに法則(3.13)を適用すると，C_1, C_2 上の接線ベクトルをそれぞれ $\boldsymbol{t}_1(\boldsymbol{r}), \boldsymbol{t}_2(\boldsymbol{r})$ として

$$\int_{C_1}\{\boldsymbol{E}(\boldsymbol{r})\cdot\boldsymbol{t}_1(\boldsymbol{r})\}ds = 0$$

$$\int_{C_2}\{\boldsymbol{E}(\boldsymbol{r})\cdot\boldsymbol{t}_2(\boldsymbol{r})\}ds = 0$$

となる．2式を足し合わせると

$$\int_{C_1}\{\boldsymbol{E}(\boldsymbol{r})\cdot\boldsymbol{t}_1(\boldsymbol{r})\}ds+\int_{C_2}\{\boldsymbol{E}(\boldsymbol{r})\cdot\boldsymbol{t}_2(\boldsymbol{r})\}ds = 0 \tag{3.14}$$

が得られる．図のように2つの経路の回る向きが同じであれば，共有部分では C_1 と C_2 で進む向きが逆になる．そこでは $\boldsymbol{t}_1(\boldsymbol{r})=-\boldsymbol{t}_2(\boldsymbol{r})$ だから

$$\boldsymbol{E}(\boldsymbol{r})\cdot\boldsymbol{t}_1(\boldsymbol{r}) = -\boldsymbol{E}(\boldsymbol{r})\cdot\boldsymbol{t}_2(\boldsymbol{r})$$

が成り立ち，(3.14)の積分でこの共有部分からの寄与は2項でちょうど打ち消しあう．したがって，2つの積分の和は，共有部分を除いて外を回る経路 C についての積分になり，

$$\int_{C_1}\{\boldsymbol{E}(\boldsymbol{r})\cdot\boldsymbol{t}_1(\boldsymbol{r})\}ds+\int_{C_2}\{\boldsymbol{E}(\boldsymbol{r})\cdot\boldsymbol{t}_2(\boldsymbol{r})\}ds = \int_{C}\{\boldsymbol{E}(\boldsymbol{r})\cdot\boldsymbol{t}(\boldsymbol{r})\}ds \tag{3.15}$$

の関係が得られる．この結果を使うと，(3.14)式は経路 C についての渦なしの法則にほかならない．すなわち，接した2つの経路で法則(3.13)が成り立つなら，それは合体した経路についても成り立つことがわかる．もちろん，合体をなんど繰り返しても，なん個の経路を合体させても，この結論は変わらない．

いま，図3-6のように閉じた経路 C が与えられたとしよう．この曲線 C に

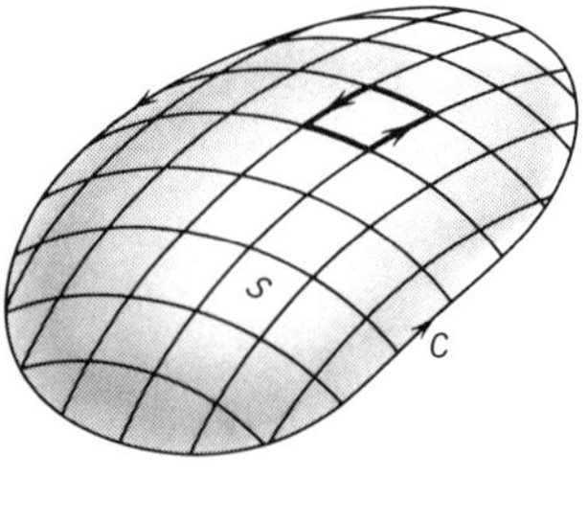

図3-6　経路 C が与えられたとき，その上に曲面 S を考え細かな網を張ると，経路 C は小さな網の目の経路に分割される．

ついてそれを縁にした曲面 S を考え，その上に細かい網を張ったと考える．こうすると，経路 C は多数の小さな網の目の経路が合体してできたものと見ることができる．したがって，上で見たことから，この小さな網の目の経路について法則(3.13)が成り立つなら，それは縁の経路 C についても成り立つといえる．図3-6のようにして，どんな経路でもそれを微小な経路に分割できる．したがって，空間のすべての点で，そこにおいた微小な経路について(3.13)式が成り立つなら，それは任意の経路についても成り立つと結論してよい．

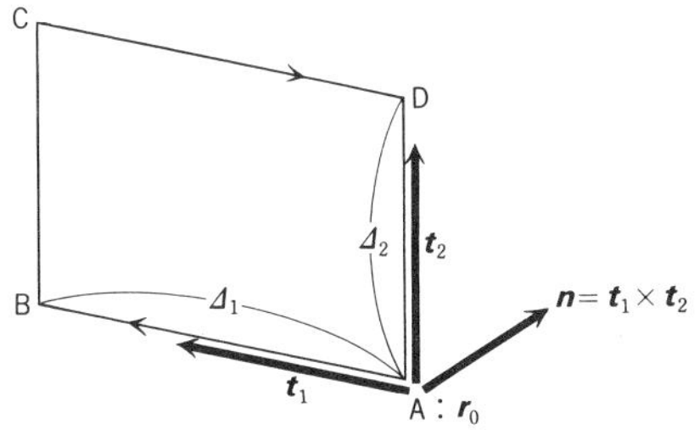

図3-7　小さな長方形の経路 ABCDA に法則(3.13)を適用する．

そこで微小な経路について，渦なしの法則がどのような形をとるかを見よう．そのために，図3-7のような小さな長方形の経路 ABCDA を選び，(3.13)式を適用する．図のように，頂点 A の位置ベクトルを $\boldsymbol{r}_0$，2辺 AB, AD の長さをそれぞれ Δ_1, Δ_2，AB, AD 方向の単位ベクトルを $\boldsymbol{t}_1, \boldsymbol{t}_2$ とすると，他の頂点の位置ベクトルはそれぞれ

$$\mathrm{B}:\ \boldsymbol{r}_0+\Delta_1\boldsymbol{t}_1, \qquad \mathrm{C}:\ \boldsymbol{r}_0+\Delta_1\boldsymbol{t}_1+\Delta_2\boldsymbol{t}_2, \qquad \mathrm{D}:\ \boldsymbol{r}_0+\Delta_2\boldsymbol{t}_2$$

となる．この経路を回る積分のうち，まず辺 AB, CD からの寄与を求めよう．辺 AB 上で経路の接線ベクトルは $\boldsymbol{t}_1$ であり，また AB 上の A から距離 s の点の位置ベクトルは $\boldsymbol{r}_0+s\boldsymbol{t}_1$ である．したがって，辺 AB 上の積分は

$$\int_0^{\Delta_1}\boldsymbol{E}(\boldsymbol{r}_0+s\boldsymbol{t}_1)\cdot\boldsymbol{t}_1 ds$$

と書かれる．辺 CD 上では，経路の接線ベクトルは $-\boldsymbol{t}_1$，CD 上の C から距離 s の点の位置ベクトルは $\boldsymbol{r}_0+\Delta_2\boldsymbol{t}_2+(\Delta_1-s)\boldsymbol{t}_1$ となるので，辺 CD 上の積分は

$$-\int_0^{\Delta_1}\boldsymbol{E}(\boldsymbol{r}_0+\Delta_2\boldsymbol{t}_2+(\Delta_1-s)\boldsymbol{t}_1)\cdot\boldsymbol{t}_1 ds$$

となる．ここで，積分の変数を s から $\Delta_1-s=s'$ に置き換えて，積分を

$$-\int_0^{\Delta_1}\boldsymbol{E}(\boldsymbol{r}_0+\Delta_2\boldsymbol{t}_2+s'\boldsymbol{t}_1)\cdot\boldsymbol{t}_1 ds'$$

と書いてもよい．ふたたび s' を s と書き，AB, CD からの寄与を合わせて

$$-\int_0^{\Delta_1}\{\boldsymbol{E}(\boldsymbol{r}_0+\Delta_2\boldsymbol{t}_2+s\boldsymbol{t}_1)\cdot\boldsymbol{t}_1-\boldsymbol{E}(\boldsymbol{r}_0+s\boldsymbol{t}_1)\cdot\boldsymbol{t}_1\}ds$$

が得られる．

ここで Δ_1, Δ_2 が十分小さいとして，被積分関数に(3.4)式の近似を用いる．電場の $\boldsymbol{t}_1$ 方向の成分を $E_1(\boldsymbol{r})=\boldsymbol{E}(\boldsymbol{r})\cdot\boldsymbol{t}_1$ とし，変数 $\boldsymbol{r}$ を座標で表わすと，

$$\begin{aligned}
&E_1(x_0+\Delta_2t_{2x}+st_{1x},\ y_0+\Delta_2t_{2y}+st_{1y},\ z_0+\Delta_2t_{2z}+st_{1z})\\
&\quad = E_1(x_0, y_0, z_0)+\left[\frac{\partial E_1(x,y,z)}{\partial x}\right]_0(\Delta_2t_{2x}+st_{1x})\\
&\qquad +\left[\frac{\partial E_1(x,y,z)}{\partial y}\right]_0(\Delta_2t_{2y}+st_{1y})+\left[\frac{\partial E_1(x,y,z)}{\partial z}\right]_0(\Delta_2t_{2z}+st_{1z})
\end{aligned}$$

$$\begin{aligned}
&E_1(x_0+st_{1x},\ y_0+st_{1y},\ z_0+st_{1z})\\
&\quad = E_1(x_0, y_0, z_0)+\left[\frac{\partial E_1(x,y,z)}{\partial x}\right]_0 st_{1x}\\
&\qquad +\left[\frac{\partial E_1(x,y,z)}{\partial y}\right]_0 st_{1y}+\left[\frac{\partial E_1(x,y,z)}{\partial z}\right]_0 st_{1z}
\end{aligned}$$

となる．差をとると被積分関数には第1式の Δ_2 の掛かった項のみが残り，s には依存しなくなる．したがって，s についての積分は Δ_1 を与え，

$$\begin{aligned}
&-\left\{\left[\frac{\partial E_1(x,y,z)}{\partial x}\right]_0 t_{2x}+\left[\frac{\partial E_1(x,y,z)}{\partial y}\right]_0 t_{2y}+\left[\frac{\partial E_1(x,y,z)}{\partial z}\right]_0 t_{2z}\right\}\Delta_2\Delta_1\\
&\quad = -\boldsymbol{t}_2\cdot[\nabla(\boldsymbol{E}(\boldsymbol{r})\cdot\boldsymbol{t}_1)]_{\boldsymbol{r}=\boldsymbol{r}_0}\Delta S
\end{aligned}$$

が得られる．$\Delta S=\Delta_1\Delta_2$ は経路で囲まれた面積である．

辺 BC, DA からの寄与も同じように計算できて

$$\boldsymbol{t}_1\cdot[\nabla(\boldsymbol{E}(\boldsymbol{r})\cdot\boldsymbol{t}_2)]_{\boldsymbol{r}=\boldsymbol{r}_0}\Delta S$$

となる．両者の寄与を合わせて，図3-7の経路 ABCDA についての線積分は

$$\int_C \{\boldsymbol{E}(\boldsymbol{r})\cdot\boldsymbol{t}(\boldsymbol{r})\}ds = \{\boldsymbol{t}_1\cdot[\nabla(\boldsymbol{E}(\boldsymbol{r})\cdot\boldsymbol{t}_2)]_{\boldsymbol{r}=\boldsymbol{r}_0} - \boldsymbol{t}_2\cdot[\nabla(\boldsymbol{E}(\boldsymbol{r})\cdot\boldsymbol{t}_1)]_{\boldsymbol{r}=\boldsymbol{r}_0}\}\Delta S \tag{3.16}$$

となる．

この結果は，成分で表わすとつぎのようにまとめ直すことができる．まず｛　｝内の第1項を成分で書くと

$$t_{1x}\frac{\partial}{\partial x}[E_xt_{2x}+E_yt_{2y}+E_zt_{2z}]_0+t_{1y}\frac{\partial}{\partial y}[E_xt_{2x}+E_yt_{2y}+E_zt_{2z}]_0$$
$$+t_{1z}\frac{\partial}{\partial z}[E_xt_{2x}+E_yt_{2y}+E_zt_{2z}]_0$$
$$=\left[\frac{\partial E_x}{\partial x}\right]_0 t_{1x}t_{2x}+\left[\frac{\partial E_y}{\partial y}\right]_0 t_{1y}t_{2y}+\left[\frac{\partial E_z}{\partial z}\right]_0 t_{1z}t_{2z}$$
$$+\left[\frac{\partial E_z}{\partial y}\right]_0 t_{1y}t_{2z}+\left[\frac{\partial E_y}{\partial z}\right]_0 t_{1z}t_{2y}+\left[\frac{\partial E_x}{\partial z}\right]_0 t_{1z}t_{2x}+\left[\frac{\partial E_z}{\partial x}\right]_0 t_{1x}t_{2z}$$
$$+\left[\frac{\partial E_y}{\partial x}\right]_0 t_{1x}t_{2y}+\left[\frac{\partial E_x}{\partial y}\right]_0 t_{1y}t_{2x}$$

第2項は $\boldsymbol{t}_1$ と $\boldsymbol{t}_2$ を入れ換えたものになる．差をつくると1行目は打ち消しあい，2, 3行目はつぎのようにまとめられる．すなわち

$$\left[\frac{\partial E_z}{\partial y}-\frac{\partial E_y}{\partial z}\right]_0(t_{1y}t_{2z}-t_{1z}t_{2y})+\left[\frac{\partial E_x}{\partial z}-\frac{\partial E_z}{\partial x}\right]_0(t_{1z}t_{2x}-t_{1x}t_{2z})$$
$$+\left[\frac{\partial E_y}{\partial x}-\frac{\partial E_x}{\partial y}\right]_0(t_{1x}t_{2y}-t_{1y}t_{2x})$$

ここで，$\boldsymbol{t}_1, \boldsymbol{t}_2$ の成分による因子が，ベクトル

$$\boldsymbol{n} = \boldsymbol{t}_1\times\boldsymbol{t}_2 \tag{3.17}$$

の x, y, z 成分になっていることに注目しよう．$\boldsymbol{t}_1$ と $\boldsymbol{t}_2$ は直交する単位ベクトルだから，$\boldsymbol{n}$ もその両者に直交する単位ベクトルである．すなわち，$\boldsymbol{n}$ は経路の面に垂直な単位ベクトルで，その向きは図3-7のように経路を回る向きを右ネジの回転としたとき，ネジの進む方向になる．そこで，電場の微分で与えられる因子をあるベクトルの x, y, z 成分と見ると，この結果は2つのベクトルのスカラー積の形をしている．すなわち，

$$\nabla\times\boldsymbol{E}(\boldsymbol{r})=\left(\frac{\partial E_z(\boldsymbol{r})}{\partial y}-\frac{\partial E_y(\boldsymbol{r})}{\partial z},\ \frac{\partial E_x(\boldsymbol{r})}{\partial z}-\frac{\partial E_z(\boldsymbol{r})}{\partial x},\ \frac{\partial E_y(\boldsymbol{r})}{\partial x}-\frac{\partial E_x(\boldsymbol{r})}{\partial y}\right) \tag{3.18}$$

とおくと，(3.16)式は

$$\int_C \{\boldsymbol{E}(\boldsymbol{r})\cdot\boldsymbol{t}(\boldsymbol{r})\}ds=[\nabla\times\boldsymbol{E}(\boldsymbol{r})]_{\boldsymbol{r}=\boldsymbol{r}_0}\cdot\boldsymbol{n}\Delta S \tag{3.19}$$

と書き直される．計算は長方形の経路について行なったが，この結果は微小な経路であればその形によらず成り立つ．

(3.18)式で定義されるベクトルを，$\boldsymbol{E}(\boldsymbol{r})$ の**回転**(rotation)と呼ぶ．rot $\boldsymbol{E}(\boldsymbol{r})$ または curl $\boldsymbol{E}(\boldsymbol{r})$ と表わすこともある．$\nabla\times\boldsymbol{E}(\boldsymbol{r})$ という記号は，それがちょうど(2.33)式で定義したベクトルの微分演算子 ∇ と，ベクトル $\boldsymbol{E}(\boldsymbol{r})$ とのベクトル積の形をしていることによっている．

渦なしの法則(3.13)は，(3.19)の線積分が任意の経路について 0 になることを要請している．任意の向き $\boldsymbol{n}$ の経路について(3.19)式が 0 になるためには，ベクトルとして

$$\nabla\times\boldsymbol{E}(\boldsymbol{r})=0 \tag{3.20}$$

が成り立たなければならない．はじめに述べたように，逆にこの関係が成り立つなら，図 3-6 のすべての網の目の経路について(3.13)式が成り立ち，したがって縁になっている任意の経路 C について(3.13)式が成り立つ．すなわち，(3.13)式と(3.20)式はまったく同等である．(3.20)式が微分形に書いた渦なしの法則である．

この節の議論では，(3.15)の関係が大事な役目をしている．多数の経路を合体させるときも，左辺を合体させるすべての経路の和にすれば同じ関係が成り立つ．図 3-6 の場合であれば，おのおのの網の目からの寄与は(3.19)式のように与えられる．その和は $\Delta S\to 0$ の極限をとると曲面 S 上の面積分になり，

$$\int_S \{(\nabla\times\boldsymbol{E}(\boldsymbol{r}))\cdot\boldsymbol{n}(\boldsymbol{r})\}dS=\int_C \{\boldsymbol{E}(\boldsymbol{r})\cdot\boldsymbol{t}(\boldsymbol{r})\}ds \tag{3.21}$$

の関係が得られる．これを**ストークスの定理**(Stokes' theorem)という．図3-8のように，左辺で面積分をおこなう曲面 S は右辺の積分経路 C を縁とする曲面である．曲面の表裏を，経路の向きに右ネジを回転させたときにネジの進む側を表と定義すると，面に垂直な単位ベクトル $\boldsymbol{n}(\boldsymbol{r})$ は裏から表へ向けてとると約束する．(3.21)式を導くとき，$\boldsymbol{E}(\boldsymbol{r})$ の電場としての性質は何も使っていない．ガウスの定理と同様，ストークスの定理も一般のベクトル場について成り立つ関係である．ストークスの定理がわかっていれば，(3.20)式を任意の曲面上で積分することにより，ただちに(3.13)式が得られる．ストークスの定理は(3.12)の積分公式の2次元版と考えればよい．

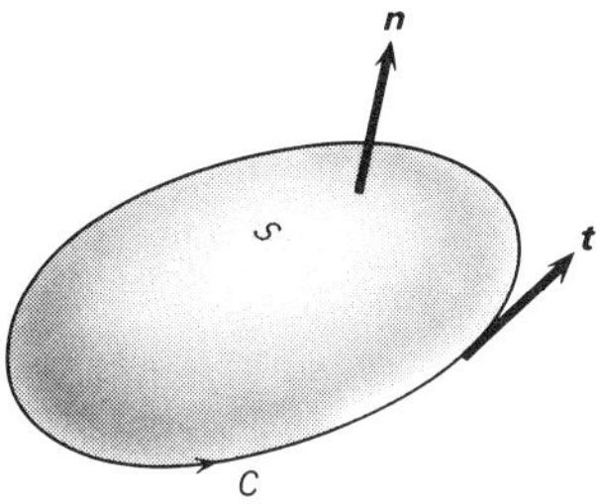

図3-8　ストークスの定理．

ここで導入した‘回転’というベクトルは，なにを表わすのだろうか．ふたたび流体の流れの場合を考えてみよう．円筒形のバケツに水を入れて，バケツを一定の角速度 ω で回転させると，間もなく水もバケツと一緒に回転するようになる．図3-9のようにバケツの中心軸を z 軸とし，それに垂直に x, y 軸をとる

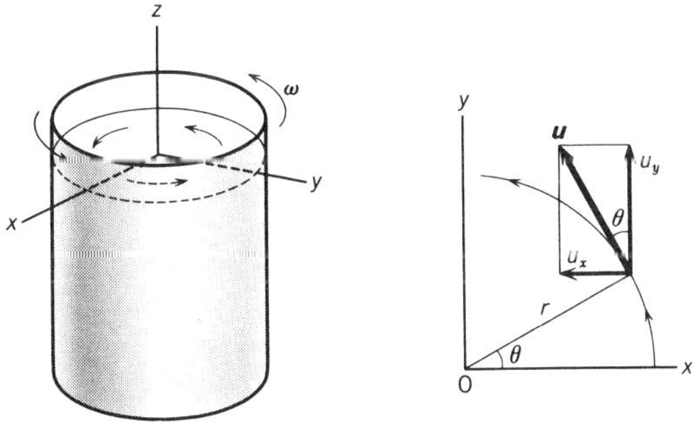

図3-9　回転するバケツの中の水の流れ．

と，図により水の流れの速度 $\boldsymbol{u}(\boldsymbol{r})$ は

$$\begin{aligned} u_x(x,y,z) &= -\omega r \sin\theta = -\omega y \\ u_y(x,y,z) &= \omega r \cos\theta = \omega x \\ u_z(x,y,z) &= 0 \end{aligned} \tag{3.22}$$

となる．この流速の場について $\nabla\times\boldsymbol{u}(\boldsymbol{r})$ を計算すると

$$\{\nabla\times\boldsymbol{u}(\boldsymbol{r})\}_x = \{\nabla\times\boldsymbol{u}(\boldsymbol{r})\}_y = 0$$

$$\{\nabla\times\boldsymbol{u}(\boldsymbol{r})\}_z = 2\omega$$

が得られる．$\nabla\times\boldsymbol{u}(\boldsymbol{r})$ はその大きさが流れの回転の強さを表わし，そのベクトルの向きは回転軸の方向になる．このことからわかるように，(3.20)式は静電場が回転していないことを，局所的な法則として示している．(3.22)式のような場所依存性をもつ静電場は存在しえない．

問　題

1. つぎにあげるベクトル場のうち，真空中の静電場と見なしうるものはどれか．また，真空中の静電場と見なしうるものについては，静電ポテンシャルを求めよ．A は定数とする．

(a)　$F_x = 2Axz,\ \ F_y = 2Ayz,\ \ F_z = A(x^2+y^2-2z^2)$

(b)　$F_x = A(y^2+z^2),\ \ F_y = A(z^2+x^2),\ \ F_z = A(x^2+y^2)$

(c)　$F_x = 2Axy,\ \ F_y = A(x^2-y^2),\ \ F_z = 0$

3-4　ポアソンの方程式

これまでの議論により，真空中の静電場の基本法則は微分形の局所的な法則に書き直された．すなわち

$$\nabla\cdot\boldsymbol{E}(\boldsymbol{r}) = \frac{1}{\varepsilon_0}\rho(\boldsymbol{r}) \tag{3.23}$$

$$\nabla\times\boldsymbol{E}(\boldsymbol{r}) = 0 \tag{3.24}$$

となる．

2-7節で，私たちは静電場が渦なしの条件を満たすことから，それが静電ポテンシャル $\phi(\boldsymbol{r})$ によって

$$\boldsymbol{E}(\boldsymbol{r}) = -\nabla\phi(\boldsymbol{r}) \tag{3.25}$$

と表わされることを知った．実際，この表式を(3.24)式に代入すると，たとえば回転の x 成分は

$$\begin{aligned}\{\nabla\times\boldsymbol{E}(\boldsymbol{r})\}_x &= \frac{\partial E_z(\boldsymbol{r})}{\partial y} - \frac{\partial E_y(\boldsymbol{r})}{\partial z} \\ &= \frac{\partial}{\partial y}\left\{-\frac{\partial\phi(\boldsymbol{r})}{\partial z}\right\} - \frac{\partial}{\partial z}\left\{-\frac{\partial\phi(\boldsymbol{r})}{\partial y}\right\} \\ &= -\frac{\partial^2\phi(\boldsymbol{r})}{\partial y\partial z} + \frac{\partial^2\phi(\boldsymbol{r})}{\partial z\partial y}\end{aligned}$$

となる．第1項は関数 $\phi(x, y, z)$ をはじめ z で，つぎに y で偏微分した2次の偏微分係数を表わし，第2項は順序を入れ換えてはじめ y で，つぎに z で偏微分したものを表わす．偏微分の順序を入れ換えても結果は変わらない．したがって，

$$\frac{\partial^2\phi(\boldsymbol{r})}{\partial y\partial z} = \frac{\partial^2\phi(\boldsymbol{r})}{\partial z\partial y}$$

となり，

$$\{\nabla\times\boldsymbol{E}(\boldsymbol{r})\}_x = 0$$

となることがわかる．同様に回転の y, z 成分も消える．このように，スカラーの関数 $\phi(\boldsymbol{r})$ によって(3.25)式のように表わされた静電場は，自動的に(3.24)式を満たす．

真空中の静電ポテンシャル $\phi(\boldsymbol{r})$ に対する方程式は，(3.25)式を(3.23)式に代入することによって得られる．すなわち

$$\begin{aligned}\nabla\cdot\boldsymbol{E}(\boldsymbol{r}) &= \frac{\partial E_x(\boldsymbol{r})}{\partial x} + \frac{\partial E_y(\boldsymbol{r})}{\partial y} + \frac{\partial E_z(\boldsymbol{r})}{\partial z} \\ &= \frac{\partial}{\partial x}\left\{-\frac{\partial\phi(\boldsymbol{r})}{\partial x}\right\} + \frac{\partial}{\partial y}\left\{-\frac{\partial\phi(\boldsymbol{r})}{\partial y}\right\} + \frac{\partial}{\partial z}\left\{-\frac{\partial\phi(\boldsymbol{r})}{\partial z}\right\} \\ &= -\left\{\frac{\partial^2\phi(\boldsymbol{r})}{\partial x^2} + \frac{\partial^2\phi(\boldsymbol{r})}{\partial y^2} + \frac{\partial^2\phi(\boldsymbol{r})}{\partial z^2}\right\}\end{aligned}$$

となるので，

$$\nabla^2 \equiv \frac{\partial^2}{\partial x^2}+\frac{\partial^2}{\partial y^2}+\frac{\partial^2}{\partial z^2} \tag{3.26}$$

という微分演算子を定義すると，(3.23)式はポテンシャルに対する方程式として

$$\nabla^2\phi(\boldsymbol{r}) = -\frac{1}{\varepsilon_0}\rho(\boldsymbol{r}) \tag{3.27}$$

となる．これを**ポアソンの方程式**(Poisson's equation)という．微分演算子 ∇^2 は**ラプラシアン**(Laplacian)と呼ばれる．これはベクトルの微分演算子 ∇ の自身とのスカラー積の形をしているので，$\nabla\cdot\nabla=\nabla^2$ という記号が用いられる．ラプラシアンとして，Δ の記号が使われることもある．

電荷のない真空中では，ポアソンの方程式は

$$\nabla^2\phi(\boldsymbol{r}) = 0 \tag{3.28}$$

となる．これをとくに**ラプラスの方程式**(Laplace's equation)という．(3.28)式を満たすポテンシャルとしてもっとも簡単なものは，場所によらない一様な電場を表わすポテンシャル((2.35)式)

$$\begin{aligned}\phi(\boldsymbol{r}) &= -\boldsymbol{E}\cdot\boldsymbol{r} \\ &= -(E_x x+E_y y+E_z z)\end{aligned} \tag{3.29}$$

であろう．このポテンシャルに対しては

$$\frac{\partial\phi(\boldsymbol{r})}{\partial x} = E_x, \qquad \frac{\partial^2\phi(\boldsymbol{r})}{\partial x^2} = 0$$

であり，y, z についても2次の微係数は0になるから，(3.29)式の $\phi(\boldsymbol{r})$ は明らかに(3.28)式を満たしている．

例題1 原点にある点電荷 q によるポテンシャル

$$\phi(\boldsymbol{r}) = \frac{q}{4\pi\varepsilon_0|\boldsymbol{r}|}$$

が原点 $|\boldsymbol{r}|=0$ 以外でラプラスの方程式(3.28)を満たすことを示せ．

［解］ 2-7節の例題1で用いた微分の公式((2.38 a)式)

$$\frac{\partial}{\partial x}(r^n) = nxr^{n-2}$$

により，

$$\frac{\partial}{\partial x}(r^{-1}) = -\frac{x}{r^3}$$

$$\frac{\partial^2}{\partial x^2}(r^{-1}) = -\left\{\frac{1}{r^3}+x\frac{\partial}{\partial x}(r^{-3})\right\}$$

$$= -\frac{r^2-3x^2}{r^5}$$

同様に

$$\frac{\partial^2}{\partial y^2}(r^{-1}) = -\frac{r^2-3y^2}{r^5}, \qquad \frac{\partial^2}{\partial z^2}(r^{-1}) = -\frac{r^2-3z^2}{r^5}$$

となるから

$$\nabla^2\phi(\boldsymbol{r}) = -\frac{q}{4\pi\varepsilon_0}\left\{\frac{r^2-3x^2}{r^5}+\frac{r^2-3y^2}{r^5}+\frac{r^2-3z^2}{r^5}\right\}$$

$$= -\frac{q}{4\pi\varepsilon_0}\frac{3r^2-3(x^2+y^2+z^2)}{r^5}$$

$$= 0$$

が得られる．たしかに与えられたポテンシャルは，原点以外でラプラスの方程式を満たしている．原点では $\phi(\boldsymbol{r})$ は無限大になり，微分が存在しない．▌

問　題

1. 原点におかれた電気双極子モーメント $\boldsymbol{p}$ によるポテンシャル

$$\phi(\boldsymbol{r}) = \frac{1}{4\pi\varepsilon_0}\frac{\boldsymbol{p}\cdot\boldsymbol{r}}{r^3} \qquad (r=|\boldsymbol{r}|)$$

((2.50)式)が，原点以外でラプラスの方程式を満たすことを示せ．

2. 静電ポテンシャル

$$\phi(\boldsymbol{r}) = \frac{Ae^{-\kappa r}}{r} \tag{1}$$

がある．

(1)　ポアソンの方程式を用いて，原点以外の空間に分布する電荷密度を求めよ．

(2)　ポテンシャルが原点で無限大になることは，原点に点電荷があることを意味している．ポテンシャル $\phi(\boldsymbol{r})$ から電場を求め，原点を中心とする微小な球面に積分形のガウスの法則(2.17)を適用することにより，点電荷の大きさを求めよ．

(3)　原点以外に分布する全電荷が，原点の点電荷と大きさが等しく符号が逆であることを示せ．

(1)のポテンシャルは，$r \gg 1/\kappa$ の遠方では急速に0に近づく．これは原点におかれた点電荷が，まわりに分布した逆符号の電荷によって遮蔽されているためである．(1)を遮蔽されたクーロン・ポテンシャルと呼ぶ．

3-5　ポアソンの方程式の解

ある電荷分布 $\rho(\boldsymbol{r})$ が与えられたとき，ポアソンの方程式(3.27)を満たすポテンシャル $\phi(\boldsymbol{r})$ が見つかったとしよう．そのときこの $\phi(\boldsymbol{r})$ に，たとえば(3.29)式のような，ラプラスの方程式(3.28)を満たす関数 $\varphi(\boldsymbol{r})$ を加えて

$$\phi'(\boldsymbol{r}) = \phi(\boldsymbol{r})+\varphi(\boldsymbol{r})$$

という関数をつくると，$\phi'(\boldsymbol{r})$ も同じ電荷分布 $\rho(\boldsymbol{r})$ のポアソンの方程式を満たすことがわかる．なぜなら，

$$\begin{aligned}\nabla^2\phi'(\boldsymbol{r}) &= \nabla^2\{\phi(\boldsymbol{r})+\varphi(\boldsymbol{r})\} \\ &= \nabla^2\phi(\boldsymbol{r})+\nabla^2\varphi(\boldsymbol{r})\end{aligned}$$

ここで，

$$\nabla^2\phi(\boldsymbol{r}) = -\frac{1}{\varepsilon_0}\rho(\boldsymbol{r}), \qquad \nabla^2\varphi(\boldsymbol{r}) = 0$$

であるから

$$\nabla^2\phi'(\boldsymbol{r}) = -\frac{1}{\varepsilon_0}\rho(\boldsymbol{r})$$

となるからである．

このように，電荷分布を与えても，ポアソンの方程式を満たすポテンシャルというだけでは，無数の可能性がある．その中から欲しい解を選び出すには，ポテンシャルに対してさらに条件を付さなければならない．たとえば有限の領

域に分布した電荷によって生じる静電場を求めるのであれば，その電荷から遠く離れるほど電場は弱くなっているはずである．この場合にはポテンシャルは無限遠で一定の値に近づかなければならない．ポテンシャルを無限遠を基準にして測ることにすれば，この一定値は0で，$|\boldsymbol{r}|\to\infty$ で $\phi(\boldsymbol{r})\to 0$ となる．遠くで(3.29)式のように振る舞う解は不適当だということになる．このように，注目している領域の境界(たとえば無限の空間を考えているのであれば無限遠)でポテンシャルに課せられる条件を，**境界条件**(boundary condition)という．静電場は，与えられた境界条件のもとで偏微分方程式を解くことによって求められることになる．

例題1 半径 R の球内に密度 ρ で一様に分布した電荷による静電場を，ポアソンの方程式を解くことによって求めよ．

［解］ 電荷の分布する球の中心を原点に選ぶと，電荷密度は

$$\rho(\boldsymbol{r}) = \begin{cases} \rho & (|\boldsymbol{r}| \leqq R) \\ 0 & (|\boldsymbol{r}| > R) \end{cases}$$

となる．電荷の分布が中心対称だから，それによって生じるポテンシャルも中心対称で，原点からの距離のみの関数になる．それを $\phi(r)$ と置くと，

$$\frac{\partial\phi(r)}{\partial x} = \frac{d\phi(r)}{dr}\frac{\partial r}{\partial x} = \frac{x}{r}\frac{d\phi(r)}{dr}$$

$$\begin{aligned}\frac{\partial^2\phi(r)}{\partial x^2} &= \frac{1}{r}\frac{d\phi(r)}{dr} + x\frac{\partial}{\partial x}\left\{\frac{1}{r}\frac{d\phi(r)}{dr}\right\} \\ &= \frac{1}{r}\frac{d\phi(r)}{dr} + \frac{x^2}{r}\frac{d}{dr}\left\{\frac{1}{r}\frac{d\phi(r)}{dr}\right\} \\ &= \frac{r^2-x^2}{r^3}\frac{d\phi(r)}{dr} + \frac{x^2}{r^2}\frac{d^2\phi(r)}{dr^2}\end{aligned}$$

y, z に関する偏微分も同様に計算できて

$$\begin{aligned}\nabla^2\phi(r) &= \frac{\partial^2\phi(r)}{\partial x^2} + \frac{\partial^2\phi(r)}{\partial y^2} + \frac{\partial^2\phi(r)}{\partial z^2} \\ &= \frac{3r^2-(x^2+y^2+z^2)}{r^3}\frac{d\phi(r)}{dr} + \frac{x^2+y^2+z^2}{r^2}\frac{d^2\phi(r)}{dr^2}\end{aligned}$$

$$= \frac{2}{r}\frac{d\phi(r)}{dr} + \frac{d^2\phi(r)}{dr^2}$$

$$= \frac{1}{r}\frac{d^2}{dr^2}[r\phi(r)]$$

が得られる．これを(3.27)式に代入して，ポアソン-ラプラスの方程式は，

$$r > R \text{のとき} \qquad \frac{1}{r}\frac{d^2}{dr^2}[r\phi(r)] = 0 \tag{1}$$

$$r \leqq R \text{のとき} \qquad \frac{1}{r}\frac{d^2}{dr^2}[r\phi(r)] = -\frac{\rho}{\varepsilon_0} \tag{2}$$

となる．境界条件は

$$r \to \infty \text{のとき} \qquad \phi(r) \to 0 \tag{3}$$

である．

$r>R$ のとき，(1)を積分して

$$\frac{d}{dr}[r\phi(r)] = c_1, \qquad r\phi(r) = c_1 r + c_2$$

すなわち

$$\phi(r) = c_1 + \frac{c_2}{r} \tag{4}$$

を得る．c_1, c_2 は積分定数である．この関数は $r \to \infty$ のとき c_1 に近づくから，(3)の境界条件により，$c_1=0$ でなければならない．

$r<R$ のときは，(2)を積分して

$$\frac{d}{dr}[r\phi(r)] = -\frac{\rho}{2\varepsilon_0}r^2 + c_3$$

$$r\phi(r) = -\frac{\rho}{6\varepsilon_0}r^3 + c_3 r + c_4$$

すなわち

$$\phi(r) = -\frac{\rho}{6\varepsilon_0}r^2 + c_3 + \frac{c_4}{r} \tag{5}$$

を得る．c_3, c_4 は積分定数である．

静電場は，点電荷や線上，面上に分布した電荷があって電荷密度が無限大に

なる場所以外では，連続的に変化する．したがって，ポテンシャルは連続で滑らか(微係数が連続)な関数でなければならない．残された積分定数はこの条件によって決めることができる．まず，原点 $r=0$ で連続であるために，$c_4=0$ でなければならない．つぎに，球の表面 $r=R$ で関数の値が連続であるために，$r=R$ で(4)=(5)とおいて，

$$\frac{c_2}{R}=-\frac{\rho}{6\varepsilon_0}R^2+c_3$$

同様に $r=R$ で微係数 $d\phi(r)/dr$ が連続であるために，

$$-\frac{c_2}{R^2}=-\frac{\rho}{3\varepsilon_0}R$$

この2つの条件から

$$c_2=\frac{\rho R^3}{3\varepsilon_0}$$

$$c_3=\frac{\rho R^2}{2\varepsilon_0}$$

が得られる．したがって，求めるポテンシャルは

$$\phi(r)=\begin{cases}\dfrac{\rho R^2}{2\varepsilon_0}-\dfrac{\rho}{6\varepsilon_0}r^2 & (r\leqq R)\\ \dfrac{\rho R^3}{3\varepsilon_0 r} & (r>R)\end{cases} \tag{6}$$

となる．これから電場を求めると，その結果は2-5節の例題3で得た(2.18)式と一致する．▮

ポアソンの方程式から，その解として定まる静電ポテンシャルについて，その一般的な性質をいろいろ知ることができる．

(1) 静電ポテンシャルは，電荷のないところでは極大，極小にならない．

一般に関数が極値をとる点では，その1次微係数が0になり，2次微係数は正(極小値のとき)または負(極大値のとき)の値をとって0にならない．したがって，静電ポテンシャルが極値をとる点では $\nabla^2\phi(\boldsymbol{r})\neq 0$ である．これは，電荷のない点でポテンシャルの満たすべきラプラスの方程式(3.28)と矛盾する．したがって，$\rho(\boldsymbol{r})=0$ の点で $\phi(\boldsymbol{r})$ は極大，極小になりえないことがわかる．

(2) ある領域の内部に電荷がなく，領域の境界で $\phi(\boldsymbol{r})=\phi_0$ の境界条件が課せられているときには，ポテンシャルは領域内のすべての点で $\phi(\boldsymbol{r})=\phi_0$ となる.

ポテンシャル $\phi(\boldsymbol{r})$ が境界で一定値をとり，かつ領域内で空間変化をしているとすれば，$\phi(\boldsymbol{r})$ は領域内のどこかの点で最大または最小になる．ところが，領域内に電荷はなく，また(1)によれば電荷のない点でポテンシャルは最大，最小になりえない．したがって，ポテンシャルが空間変化することはありえず，領域内のすべての点で $\phi(\boldsymbol{r})=\phi_0$ となることがわかる.

この性質を用いると，ポアソンの方程式の解についてつぎの重要な結論を導くことができる.

電荷分布と境界条件が与えられたとき，ポアソンの方程式の解はただ1つに決まる.

すなわち，同じポアソンの方程式と同じ境界条件を満たすポテンシャルが2つ以上存在しない，ということである.

かりに，2つの解 $\phi_1(\boldsymbol{r})$ と $\phi_2(\boldsymbol{r})$ が存在したとしたらどうなるだろうか．$\phi_1(\boldsymbol{r})$ と $\phi_2(\boldsymbol{r})$ は，同じ電荷分布 $\rho(\boldsymbol{r})$ に対してポアソンの方程式を満たすから，

$$\nabla^2\phi_1(\boldsymbol{r}) = -\frac{1}{\varepsilon_0}\rho(\boldsymbol{r}), \qquad \nabla^2\phi_2(\boldsymbol{r}) = -\frac{1}{\varepsilon_0}\rho(\boldsymbol{r})$$

が成り立つ．また，境界でポテンシャルが ϕ_0 と与えられたとすると，そこでは

$$\phi_1(\boldsymbol{r}) = \phi_0, \qquad \phi_2(\boldsymbol{r}) = \phi_0$$

が満たされている．そこで，2つの解の差の関数

$$\varphi(\boldsymbol{r}) = \phi_1(\boldsymbol{r})-\phi_2(\boldsymbol{r})$$

をつくってみる．$\phi_1(\boldsymbol{r}), \phi_2(\boldsymbol{r})$ に対するポアソンの方程式の両辺の差をつくると，右辺は0になって，差の関数 $\varphi(\boldsymbol{r})$ に対して

$$\nabla^2\varphi(\boldsymbol{r}) = 0$$

が成り立つことがわかる．これは電荷が存在しないときのポアソンの方程式(ラプラスの方程式)にほかならない．また境界条件についても，両辺の差をと

ることにより，$\varphi(\boldsymbol{r})$ に対しては境界で

$$\varphi(\boldsymbol{r})=0$$

の条件が課せられる．(2)で述べたことにより，これらの式から得られる解は，領域の全体で $\varphi(\boldsymbol{r})=0$ となる．したがって $\phi_1(\boldsymbol{r})=\phi_2(\boldsymbol{r})$ となって，異なる２つの解は存在しえないことがわかる．

この結論はたいへん重要である．ここで，静電場のポテンシャル $\phi(\boldsymbol{r})$ の満たすべき方程式としてポアソンの方程式に到達するまでの議論の道筋を反省してみたい．私たちはクーロンの法則から出発し，電荷がクーロンの法則によってつくりだす静電場の満たすべき方程式として，ガウスの法則と渦なしの法則を得た．ポアソンの方程式はこの２法則と同等である．すなわち，これまではクーロンの法則からポアソンの方程式に至る道筋をたどったわけで，その逆はまだ示していなかった．いい換えれば，ガウスの法則と渦なしの法則とによって静電場の性質がいい尽くされているかどうか，の問題が残っていたのである．もしいい尽くされているのであれば，それと同等なポアソンの方程式を適当な境界条件のもとで解くことによって，なにもほかの原理のたすけを借りることなしに，静電場が完全に決まらなければならない．上で示したことは，まさにこのことであった．電荷密度が与えられたとき，それからクーロンの法則によって得られる静電場はポアソンの方程式を満たす．そして，ポアソンの方程式の解は１つしかないのだから，その解がクーロンの法則から得られる静電場と同じものであることは明らかであろう．

こうして，ガウスの法則と渦なしの法則とによって静電場が完全に決められることが示された．私たちは，この２つの法則を‘静電場の基本法則’と呼ぶことができる．静電場の問題に限れば，こうした法則の書き換えは単なる数学的な遊びに見えるかも知れない．じつはそれが電磁場という対象をとらえるための重要な視点の転換であることは，８章において明らかになる．

4

導体と静電場

電気をよく伝える物体すなわち導体では，その内部に電場があると電荷が移動し，内部の電場を打ち消すような電荷分布が実現する．そのため，時間的に変化しない状態では，導体内部の電場はつねにゼロであり，したがって導体の表面でポテンシャルは一定になる．導体の外の静電場を定めるには，このような境界条件のもとでポアソンの方程式の解を求めなければならない．

4-1 導体と絶縁体

物質には，摩擦によって帯電させうるものとそうでないものとがあることは，古くから知られていた．じつは，この差は物質が発生した電気を保持できるかどうかの差である．金属を手に持って摩擦すると，金属はよく電気を伝えるために，発生した電気は金属から手へ逃げてしまう．コハクの場合には，それが電気を伝えないために摩擦電気が保持されるのである．金属も，電気が外に逃げ出さないように絶縁すれば，帯電させることができる．電気を伝える物質を**導体**(conductor)，伝えない物質を**不導体**または**絶縁体**(insulator)という．金属はよい導体であり，ガラスやプラスチックなどは絶縁体である．液体では，食塩水などの電解質溶液は導体だが，純粋な水や油類は絶縁体である．

もちろん，絶縁体といっても電気をまったく伝えないわけではない．しかし，よい導体とよい絶縁体とではその差は非常に大きい．物質の電気の通し易さを表わすものが電気伝導度(5-3 節)であるが，金属の伝導度を 1 とすると，ガラスなどのそれは 10^{-20} 以下に過ぎない．

今日では，物質の電気を伝える機構はよく知られている．金属の原子は，そのもっとも外側に数個の比較的緩く束縛された電子をもっている．金属原子が結合して金属の固体になると，これらの電子は個々の原子から離れて固体全体を動き回るようになる．金属が電気を伝えるのはこれらの電子によるもので，それは電気伝導の担い手であるという意味で**伝導電子**(conduction electron)と呼ばれる．絶縁体では，ほとんどすべての電子が各原子に強く束縛されていて動くことができない．絶縁体がわずかでも電気を伝えるのは，なにかの具合で原子を離れる電子が少しはあるからである．金属の場合，伝導電子の数は原子 1 個当り 1 個としても，1 cm^3 中に 10^{23} 個も存在する．これらの電子が電気を伝える働きをするのだから，絶縁体に比べて伝導度が 10^{20} 倍もあることは理解できよう．

4-2　導体のまわりの静電場

導体が帯電したとき，あるいは導体が他の電荷のつくる静電場の中に置かれたとき，その周辺の静電場がどのようになるかを考えてみよう．

第1に，電荷の分布や電場が時間的に変動しない状態では，導体内部の電場は0になることがわかる．もしも電場が0でなければ，伝導電子がその電場による力を受けて動き出し，導体中の電荷分布が変化する．電子の移動は導体内部の電場が消えるまで続くから，結局，最終的には内部の電場を0にするような電荷分布に達して，変動が止まるのである．このとき，マクロに見れば導体の内部には電荷が存在しない．なぜなら，導体内部にガウスの法則(3.9)を適用すると，$\boldsymbol{E}=0$ だから明らかに左辺は0で，導体内部では電荷密度が0であることがわかる．

内部には電荷が存在しえないから，導体が帯電したときその電荷は表面に分布する．これは，導体が外部の電荷のつくる静電場の中に置かれたときも同じで，その電場に引かれて電子が移動し，その結果，外部電荷のつくる電場をちょうど打ち消すような正負の電荷分布が導体の表面に生じる．

ところで，私たちがここで問題にしているのは，マクロに見た電場や電荷である．1-1節でも述べたように，ミクロに見れば正の電荷は原子の中心の原子核に集中し，負の電荷をもつ電子がそのまわりに広がっている．したがって，電荷はいたるところで完全に打ち消されているわけではない．個々の電子がミクロに感じる電場は，金属の内部でも決して0ではない．しかし，原子の大きさ 10^{-10} m に比べてずっと広い領域にわたって平均すれば，正負の電荷はちょうど打ち消しあい，電子を1方向に動かす働きはしないのである．電荷が表面に分布するというときも，電荷は幾何学的な意味での表面にあるのではない．ミクロに見れば，表面電荷が生じたところには，表面から 10^{-10} m 程度の厚みで電子の密度が平均の値からずれている領域ができている．しかし，この厚みはマクロに見れば0に等しく，電荷は‘表面’に分布すると見なして構わないことになる.

導体の内部で電場が0であることは，ポテンシャルと電場との関係(2.34)を見ればわかるように，導体内部ではいたるところポテンシャルが一定であることを意味する．したがって，導体の表面でもポテンシャルは一定である．このことから直ちに，導体の外側の電場は導体の表面に垂直であることが結論できる．なぜなら，2-7節で示したように，電場は等ポテンシャル面に垂直であり，導体の表面は1つの等ポテンシャル面になっているからである.

たとえば，帯電していない導体球を一様な静電場の中に置いた場合を考えてみよう．導体内の伝導電子は電場に引かれて一方の側に動き，その結果導体の表面には図4-1のように正負の電荷が生じる．この電荷が導体の内部ではもとの一様な電場を打ち消し，また外部では電場を導体表面に垂直にする.

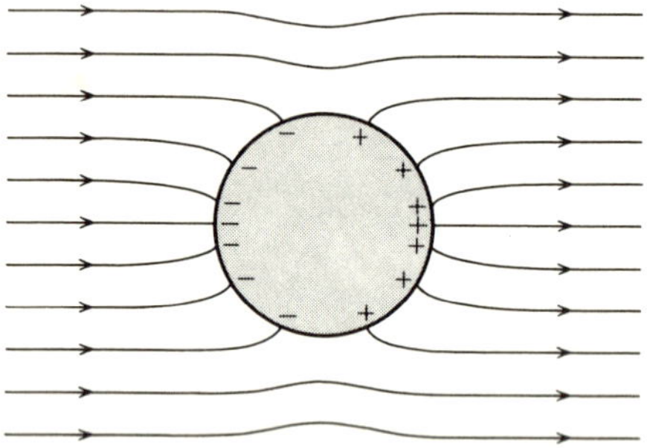

図4-1 一様な静電場の中に導体球をおく.

導体表面での電場の強さと導体表面の電荷密度との間には簡単な関係がある．導体表面の1カ所に図4-2のように小さな領域を仕切る．その面積ΔSが十分小さければ，この表面の一部を平面と見なせる．そこで，この領域を含み，導体表面と底面が平行で側面が垂直な柱状の立体を考え，この立体の表面を閉曲面Sとして，ガウスの法則(2.17)を適用する．導体表面のこの位置での電荷の面密度をσとすると，閉曲面Sの内部に含まれる電荷は$\sigma\Delta S$である．電場の積分は，導体の内部では電場が0だから，閉曲面Sのうち導体の外に出た部分だけを考えればよい．また，電場は導体表面に垂直だから，表面に垂直な側面の部分では$\boldsymbol{E}\cdot\boldsymbol{n}=0$になる．結局，積分が残るのは導体の外の柱の底面部分だ

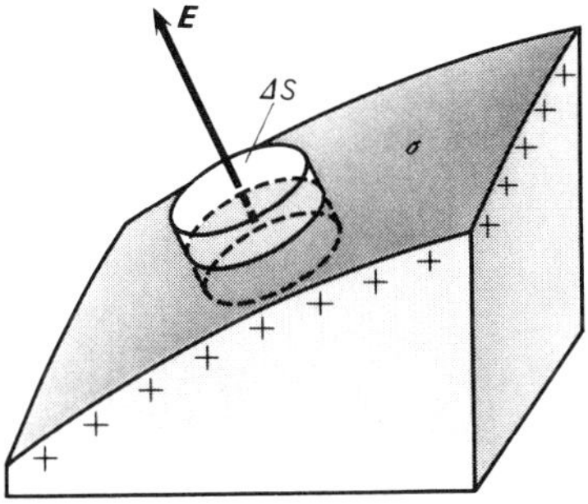

図 4-2　導体の表面にガウスの法則を適用する．

けで，そこで電場は面に垂直である．したがって，電場の強さを E(ただし，電場が導体から外に向いているとき $E>0$，内に向いているとき $E<0$ にとる)とすると，

$$\int_S \{\boldsymbol{E}(\boldsymbol{r})\cdot\boldsymbol{n}(\boldsymbol{r})\}dS = E\Delta S$$

したがって，ガウスの法則は

$$E\Delta S = \frac{1}{\varepsilon_0}\sigma\Delta S$$

となり，電場の強さとして

$$\boxed{E = \frac{\sigma}{\varepsilon_0}} \tag{4.1}$$

が得られる．ベクトルとして表わすと，導体表面の点 $\boldsymbol{r}$ における電場を $\boldsymbol{E}(\boldsymbol{r})$，電荷密度を $\sigma(\boldsymbol{r})$，表面に垂直な外向きの単位ベクトルを $\boldsymbol{n}(\boldsymbol{r})$ とすれば，

$$\boxed{\boldsymbol{E}(\boldsymbol{r}) = \frac{1}{\varepsilon_0}\sigma(\boldsymbol{r})\boldsymbol{n}(\boldsymbol{r})} \tag{4.2}$$

となる．

問　　題

1. 地球の表面付近には，下向きに平均 100 V･m^{-1} の電場が生じているという．地球全体には何クーロンの電荷があると考えられるか．ただし，地球は半径 6400 km の導体

球であるとする(127ページのコーヒー・ブレイク「空中電気」参照).

2. 図のように，導体球殻Aの中心に点電荷 q_1 をおき，q_1 から距離 r の位置に点電荷 q_2 をおく．r が球殻の外径に比べて十分大きいとき，A, q_1, q_2 にはどのような力がはたらくか.

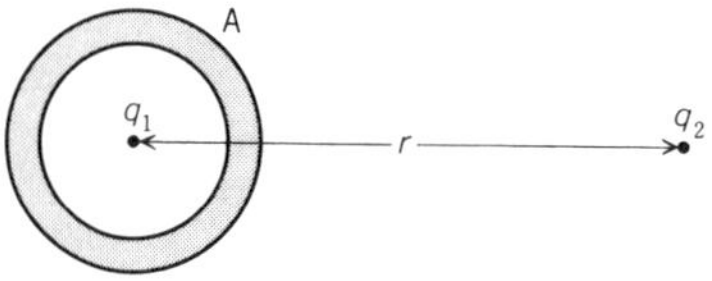

問題 2

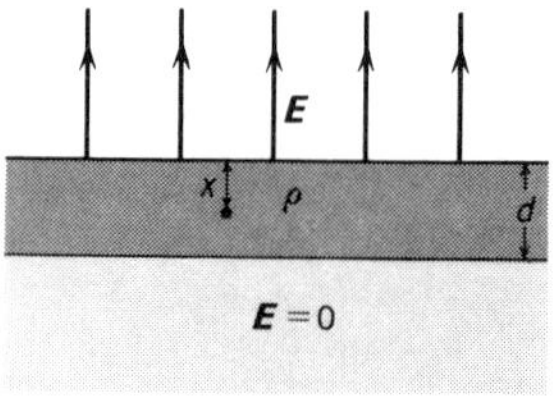

問題 3

3. 導体の平らな表面に電荷が一様な面密度 σ で分布している．この電荷が図のように導体内部の厚さ d の領域に，一様な密度 $\rho(=\sigma/d)$ で分布しているものと見なし，つぎの問に答えよ.

(1) 表面からの距離が x の導体内部の点における電場の強さ $E(x)$ を求めよ．(3-2節の問題2の結果を参照).

(2) 表面電荷にはたらく力は，単位面積当り

$$f = \int_0^d \rho E(x) dx$$

で与えられる．問(1)の結果を用いて f を計算し，

$$f = \frac{1}{2} E\sigma \tag{1}$$

となることを示せ．ただし，E は導体表面における電場の強さ $E(0)$ である.

(1)式の結果は，導体表面における電荷の分布の仕方によらず成り立つことも証明できる.

4-3 境界値問題

電荷の分布が与えられたとき，それによって生じる電場を求めるには，与えられた電荷密度 $\rho(\boldsymbol{r})$ についてポアソンの方程式(3.27)を解けばよい．あるいは，ポアソンの方程式の解はクーロンの法則の与えるものと同じになるから，もとに帰って(2.27)の積分を実行しさえすればよい．しかし，導体がある場合には，導体表面にどのような電荷分布が生じるかは，あらかじめわかっていることで

はない．したがって，(2.27)の積分を実行して電場を求めるというわけにはいかないのである．

導体についてわかっていることは，導体の内部では電場が0だから，導体の表面は等ポテンシャル面になることである．したがって，導体があるときに電場を求める問題では，導体表面でポテンシャルがある一定の値をとるという境界条件のもとで，ポアソンの方程式を解かなければならない．このような問題を**境界値問題**(boundary value problem)という．導体表面の電荷分布は，問題を解いて得られた電場から(4.1)の関係により求められる．

3-5節でポアソンの方程式の解の性質を検討したとき，私たちはそれを全空間で考えていた．したがって，そこでは境界条件は無限遠でのみ課せられることになる．導体があるときは，その内部では$\boldsymbol{E}=0$となることがわかっているから，ポアソンの方程式を解くべき領域は導体の外の空間である．導体の表面は，その注目する領域の境界と考えられる．このように境界条件は少し複雑になるが，3-5節で得た一般的な結論がここでも成り立つことは明らかであろう．すなわち，「与えられた境界条件のもとでポアソンの方程式の解はただ1つしか存在しない．」

静電場の重要な性質の1つに，重ね合わせの原理があった．すなわち，電荷分布$\rho_1(\boldsymbol{r})$があるときの静電場を$\boldsymbol{E}_1(\boldsymbol{r})$，$\rho_2(\boldsymbol{r})$があるときのそれを$\boldsymbol{E}_2(\boldsymbol{r})$とすれば，$\rho_1(\boldsymbol{r})$と$\rho_2(\boldsymbol{r})$が同時にあるときの静電場は$\boldsymbol{E}_1(\boldsymbol{r})+\boldsymbol{E}_2(\boldsymbol{r})$になる．同様な重ね合わせの原理は，境界値問題でも成り立つ．それはつぎのように表わされる．図4-3のように，真空中に導体1,2が置かれている．いま，無限遠のポテンシャルを0として，導体1のポテンシャルをϕ_1，導体2のポテンシャルを0にし

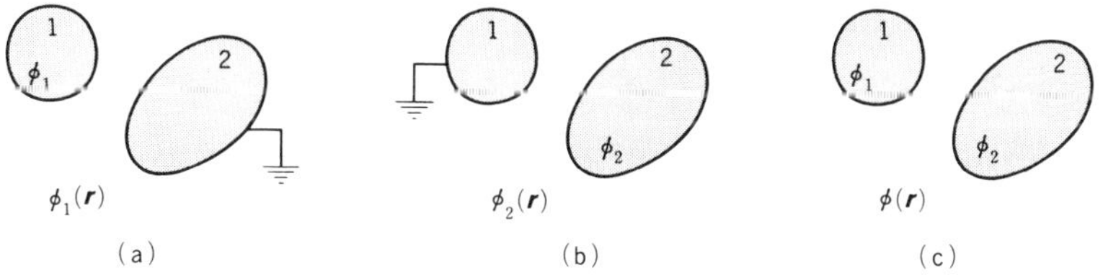

図4-3 境界値問題と重ね合わせの原理．

たとき(図(a)), 境界値問題を解いて得られるポテンシャルを $\phi_1(\boldsymbol{r})$ とする．同様に，導体2のポテンシャルを ϕ_2, 導体1のポテンシャルを0にしたとき(図(b))の解を $\phi_2(\boldsymbol{r})$ とする．そのとき，導体1,2のポテンシャルをそれぞれ ϕ_1, ϕ_2 にしたとき(図(c))の境界値問題の解は

$$\phi(\boldsymbol{r}) = \phi_1(\boldsymbol{r})+\phi_2(\boldsymbol{r}) \tag{4.3}$$

で与えられる.

このことはつぎのようにして証明される．まず，$\phi_1(\boldsymbol{r})$ と $\phi_2(\boldsymbol{r})$ はともに真空中でラプラスの方程式を満たしているから，

$$\begin{aligned}\nabla^2\phi(\boldsymbol{r}) &= \nabla^2[\phi_1(\boldsymbol{r})+\phi_2(\boldsymbol{r})] \\ &= \nabla^2\phi_1(\boldsymbol{r})+\nabla^2\phi_2(\boldsymbol{r}) \\ &= 0\end{aligned}$$

となり，$\phi(\boldsymbol{r})$ もまたラプラスの方程式を満たす．また境界条件は，導体1の上で $\phi_1(\boldsymbol{r})=\phi_1$, $\phi_2(\boldsymbol{r})=0$ だから，$\phi(\boldsymbol{r})=\phi_1$ となる．同様に，導体2の上では $\phi_1(\boldsymbol{r})=0$, $\phi_2(\boldsymbol{r})=\phi_2$ であり，$\phi(\boldsymbol{r})=\phi_2$ の境界条件も満たされている．このように，(4.3)のポテンシャルはラプラスの方程式と与えられた境界条件を満たしていることがわかる．上で述べたように境界値問題の解は1つしか存在しないから，これが求める解になっているのである．導体が3個以上ある場合も，重ね合わせの原理は同じように成り立つ．

境界値問題を解くことは，単純に積分を実行することとは違って，いつでもできるとは限らない．むしろ，きちんと答が得られるのは特別な場合に限られる．しかし，答は1つしかないことがわかっているから，なんらかの方法でポアソンの方程式と与えられた境界条件とを満たすポテンシャルが見つかれば，それが求める解だということになる．

簡単な例として，図4-4のように帯電した導体球による電場を求めてみよう．球の半径を R とし，球の中心を原点に選んだとき，ポテンシャル

$$\phi(\boldsymbol{r}) = \frac{a}{|\boldsymbol{r}|} \tag{4.4}$$

が球外の真空領域 ($|\boldsymbol{r}|>R$) でラプラスの方程式を満たすことは，3-4節の例題

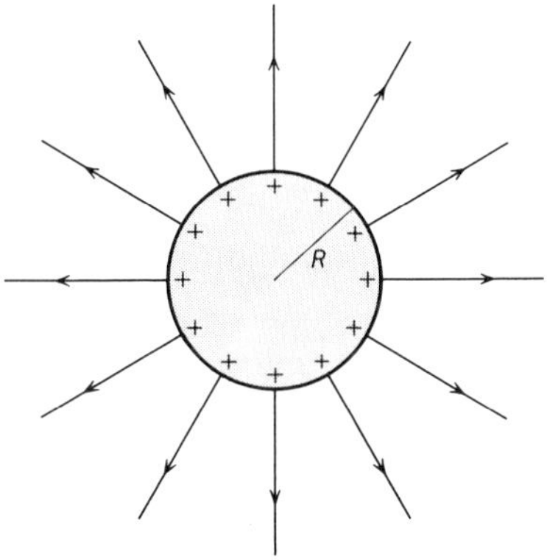

図 4-4 帯電した導体球による電場.

1 で見た. このポテンシャルは原点 $|\boldsymbol{r}|=0$ では無限大になり, 方程式を満たさないが, その点は金属の内部にあり, 注目している領域の外にあるから, 気にする必要はない. 球の表面 $|\boldsymbol{r}|=R$ では

$$\phi(\boldsymbol{r}) = \frac{a}{R} = 一定$$

となって, 境界条件を満たすことができる. 導体球のポテンシャルが ϕ_0 と与えられているとすれば, 定数 a は

$$\phi(\boldsymbol{r}) = \phi_0 \qquad (|\boldsymbol{r}|=R) \tag{4.5}$$

とおいて,

$$a = \phi_0 R$$

ととればよいことがわかる. 導体球の外でラプラスの方程式を満たすポテンシャルは, (4.4)式以外にも無数にあるが, その中で(4.5)式の境界条件を満たすものはこれしかない. こうして, 求めるポテンシャルが

$$\phi(\boldsymbol{r}) = \phi_0 \frac{R}{|\boldsymbol{r}|} \tag{4.6}$$

と得られる. 電場は

$$\boldsymbol{E}(\boldsymbol{r}) = \frac{\phi_0 R \boldsymbol{r}}{|\boldsymbol{r}|^3} \tag{4.7}$$

となる.

導体表面の電荷分布を求めるには, (4.1)式を用いればよい. 導体表面にお

ける電場の強さは，(4.7)式で $|\boldsymbol{r}|=R$ とおいて

$$E = \frac{\phi_0}{R}$$

となるから，面密度として

$$\sigma = \varepsilon_0 E = \frac{\varepsilon_0 \phi_0}{R} \tag{4.8}$$

を得る．導体の全電荷は

$$q = 4\pi R^2 \sigma = 4\pi\varepsilon_0 R\phi_0 \tag{4.9}$$

となる．

この例は非常に単純だから，結果はこのような議論によるまでもなく得られる．(4.7),(4.9)式により電場を全電荷 q で表わすと，

$$\boldsymbol{E}(\boldsymbol{r}) = \frac{q\boldsymbol{r}}{4\pi\varepsilon_0|\boldsymbol{r}|^3}$$

となり，球の中心に点電荷がある場合の電場と一致する．対称性からいって，金属球の電荷が球の表面に一様に分布することは明らかであろう．そのような電荷分布による電場が，球の中心に点電荷がある場合と同じになることは，2-5節の例題2で示した．

4-4 導体のまわりの静電場の例

前節で考えた例は易しすぎて，その答を得るためだけであれば，あらためて論じるまでもなかった．しかし，導体がある場合に電場を求めるときの考え方は，そこで示した通りである．この節では，それほど単純でない例題を考えてみる．

例題1 広い平らな導体の表面から距離 a の位置に点電荷 q が置かれている．このとき生じる電場，および導体表面に誘起される電荷密度を求めよ．

［解］ 図4-5のように，導体がないものとして，かわりに導体表面を平面鏡に見たてたときの点電荷 q の像の位置に，$-q$ の点電荷を置いたとする．2個の点電荷 $\pm q$ が導体の外の領域につくる電場を考えてみよう．$-q$ の点電荷は

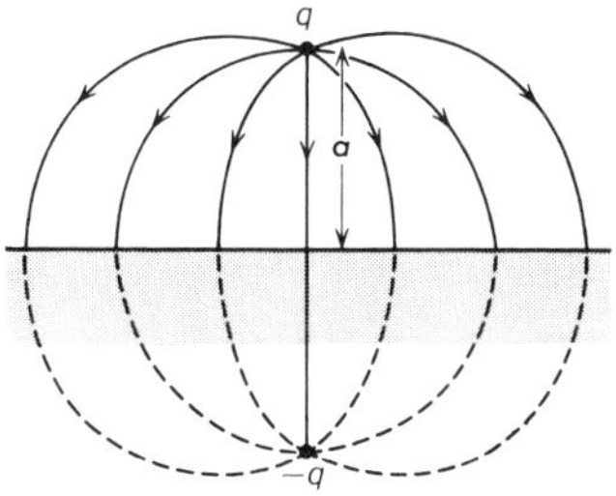

図 4-5　平らな導体の表面近くにおかれた点電荷による電場(鏡像法).

この領域外にあるから，領域内での静電場の方程式には関係していない．したがって，この電場が求める電場と同じ方程式を満たすことは明らかである．つぎに，導体表面におけるポテンシャルを求めると，表面上の点は2個の点電荷 $\pm q$ から等距離にあるから，2個の点電荷のおのおのによるポテンシャルは，大きさが等しく符号が逆である．したがって，表面上のどこでも，2個の点電荷によるポテンシャルは打ち消しあって0になる．すなわち，この電場は導体表面上でポテンシャルが一定という境界条件を満たしている．したがって，導体の外の領域では，2個の点電荷 $\pm q$ のつくる電場が求めるものになる．もちろん，導体内部では電場は0で，点電荷 $\pm q$ のつくる電場は意味がない．

これを式で表わすとつぎのようになる．導体表面上に x, y 軸，面に垂直に z 軸をとり，$z>0$ を導体の外，$z<0$ を導体内部とする．点電荷 q の位置を $(0, 0, a)$ とすれば，その‘鏡像’$-q$ の位置は $(0, 0, -a)$ である．したがって，点 (x, y, z) $(z>0)$ におけるポテンシャルは(2.26)式により

$$\phi(x, y, z) = \frac{q}{4\pi\varepsilon_0}\left\{\frac{1}{[x^2+y^2+(z-a)^2]^{1/2}} - \frac{1}{[x^2+y^2+(z+a)^2]^{1/2}}\right\}$$

となる．このポテンシャルが表面上，すなわち $z=0$ で $\phi=0$ となることは明らかである．電場は，たとえばその z 成分を求めると

$$E_z(x, y, z) = -\frac{\partial\phi(x, y, z)}{\partial z}$$

$$= \frac{q}{4\pi\varepsilon_0}\left\{\frac{z-a}{[x^2+y^2+(z-a)^2]^{3/2}} - \frac{z+a}{[x^2+y^2+(z+a)^2]^{3/2}}\right\}$$

となる．とくに導体表面 $z=0$ では

$$E_z(x, y, 0) = -\frac{q}{2\pi\varepsilon_0}\frac{a}{(x^2+y^2+a^2)^{3/2}}$$

となる．表面上の点 (x, y) における電荷密度は，(4.1)式により

$$\sigma(x, y) = \varepsilon_0 E_z(x, y, 0)$$

$$= -\frac{q}{2\pi}\frac{a}{(x^2+y^2+a^2)^{3/2}}$$

と得られる．電場は図 4-5 に示したようになる． ▌

この例題でとった方法は，導体面を鏡に見たてたときの点電荷の像の位置に仮想的な点電荷を考えることによって，境界条件を満たすように電場を決めるというもので，**鏡像法**(method of images)と呼ばれている．もちろん鏡像の電荷は実在するわけではない．点電荷 q に引かれて生じた導体表面の電荷分布が，導体の外から見ると鏡像の位置にある $-q$ の点電荷と同じに見えるのである．

例題 2 一様な静電場 $\boldsymbol{E}_0$ の中に帯電していない導体球をおいたとき，静電場はどのように変わるか．

［解］ 一様な静電場 $\boldsymbol{E}_0$ のポテンシャルは，(2.35)式のように

$$\phi_0(\boldsymbol{r}) = -\boldsymbol{E}_0\cdot\boldsymbol{r}$$

と書かれる．この電場により導体表面には図 4-1 のような電荷分布が誘起される．$\phi_0(\boldsymbol{r})$ にこの電荷分布によって生じるポテンシャル $\phi'(\boldsymbol{r})$ を重ね合わせて，導体表面 $|\boldsymbol{r}|=R$ で $\phi(\boldsymbol{r})=\phi_0(\boldsymbol{r})+\phi'(\boldsymbol{r})=$一定，となるようにすればよい．ここでも，鏡像法と同じように表面の電荷分布を導体内部においた別の電荷分布に置き換えることを考える．2-9 節で見たように((2.50)式)，電気双極子によるポテンシャルは，双極子モーメントを $\boldsymbol{p}$ として

$$\phi_1(\boldsymbol{r}) = \frac{1}{4\pi\varepsilon_0}\frac{\boldsymbol{p}\cdot\boldsymbol{r}}{|\boldsymbol{r}|^3}$$

で与えられる．このポテンシャルは $|\boldsymbol{r}|=R$ の球面上では $\phi_0(\boldsymbol{r})$ と同じ方向依存性をもつ．導体球の中心にモーメント $\boldsymbol{p}$ の電気双極子があるとすれば，球面上 $|\boldsymbol{r}|=R$ におけるポテンシャルは

$$\phi(\boldsymbol{r}) = -\boldsymbol{E}_0\cdot\boldsymbol{r}+\frac{1}{4\pi\varepsilon_0}\frac{\boldsymbol{p}\cdot\boldsymbol{r}}{R^3} = \left(-\boldsymbol{E}_0+\frac{\boldsymbol{p}}{4\pi\varepsilon_0 R^3}\right)\cdot\boldsymbol{r}$$

となる．導体球のポテンシャルを0とすれば，双極子モーメントを

$$\boldsymbol{p} = 4\pi\varepsilon_0 R^3\boldsymbol{E}_0$$

と選ぶことにより，球面上で$\phi(\boldsymbol{r})=0$の境界条件を満たすことができる．したがって，求めるポテンシャルは

$$\begin{aligned}\phi(\boldsymbol{r}) &= -\boldsymbol{E}_0\cdot\boldsymbol{r}+\frac{\boldsymbol{p}\cdot\boldsymbol{r}}{4\pi\varepsilon_0|\boldsymbol{r}|^3}\\ &= -\left(1-\frac{R^3}{|\boldsymbol{r}|^3}\right)\boldsymbol{E}_0\cdot\boldsymbol{r} \qquad (4.10)\end{aligned}$$

となる．電場は，一様な電場$\boldsymbol{E}_0$と電気双極子モーメント$\boldsymbol{p}$による電場との重ね合わせになる．▌

問　題

1. 例題2において，導体球の表面に生じた電荷分布をそのまま固定して，外の一様な電場のもとを取り去ったとすれば，導体球の内外の電場はどのようになるか．

2. 例題1において，点電荷を導体表面からの距離がaの位置から無限遠まで引き離すために要する仕事を求めよ．

3. 無限に広い平らな導体面に平行な直線(導体面からの距離a)上に，電荷が線密度λで一様に分布している．導体面上の電場の強さ，および電荷密度を求めよ．

4-5 電気容量

(4.9)式からわかるように，半径Rの孤立した導体球に電荷qを与えると，導体球のポテンシャルは無限遠のポテンシャルを0として

$$\phi = \frac{q}{4\pi\varepsilon_0 R} \qquad (4.11)$$

となる．ポテンシャルは与えた電荷に比例して増大する．球が大きければ，大きな電荷qを与えてもポテンシャルの高まりが小さくて済む．電荷のいれものとしての容量が大きくなる，といってもよい．

導体球に限らず，一般に孤立した導体に蓄えられる電荷は，その導体のポテンシャル ϕ に比例する．導体のポテンシャルが ϕ_0 という境界条件のもとでラプラスの方程式を解いて得られるポテンシャルを $\phi(\boldsymbol{r})$ とすると，境界条件を ϕ_0 から $2\phi_0$ に変えたとき解が $2\phi(\boldsymbol{r})$ になることは明らかであろう．したがって電場も，それと(4.1)の関係にある導体上の電荷も2倍になる．このように静電場の問題ではすべてに比例関係(重ね合わせの原理)が成り立つから，導体がどんな形をしていても q は ϕ に比例する．その比例係数を孤立導体の**電気容量**(capacitance)という．すなわち，電荷 q とポテンシャル ϕ との関係は，電気容量 C を用いて

$$\boxed{q = C\phi} \tag{4.12}$$

となる．導体球の場合は，(4.11)式により

$$C = 4\pi\varepsilon_0 R \tag{4.13}$$

である．

MKSA 単位系における電気容量の単位は，1クーロン(C)の電荷を与えたときのポテンシャルが1ボルト(V)のとき，その導体の電気容量を1ファラッド(F)と呼ぶ．すなわち，単位の関係は

$$\boxed{1\,\mathrm{F} = 1\,\mathrm{C}\cdot\mathrm{V}^{-1}} \tag{4.14}$$

である．ε_0 は(1.5)式のように非常に小さな値であるから，半径 1 m の導体球でもその電気容量は 1.1×10^{-10} F にすぎない．半径 6400 km の地球ですら，その容量は 0.001 F に満たないのである．これはもともとクーロンという電荷の単位が，静電気の単位としては大きすぎることによるもので，電気容量の単位 1 F も実用的に見て大きすぎる．そこで通常は

$$\begin{aligned} &1\,\mu\mathrm{F}(\text{マイクロファラッド}) = 10^{-6}\,\mathrm{F} \\ &1\,\mathrm{pF}(\text{ピコファラッド}) = 10^{-12}\,\mathrm{F} \end{aligned} \tag{4.15}$$

が用いられる．

導体に電荷を与えると静電エネルギーが増加する．そのエネルギーは(2.48)

式から求められる．(2.48)の積分を1つの導体上で行なうとき，ポテンシャルは導体の上で一定値をとるから，積分の前に出すことができて，

$$\frac{1}{2}\int \rho(\boldsymbol{r})\phi(\boldsymbol{r})dV = \frac{1}{2}\phi\int \rho(\boldsymbol{r})dV$$

となる．右辺の積分は導体上の全電荷を与える．したがって，導体が1個だけあるときの静電エネルギーは

$$U = \frac{1}{2}q\phi \tag{4.16}$$

となる．導体が多数あるときも同じことで，各導体ごとに積分していけばよい．たとえば，導体が2個ある場合に，各導体の電荷を q_1, q_2，ポテンシャルを ϕ_1，ϕ_2 とすれば，静電エネルギーは

$$U = \frac{1}{2}(q_1\phi_1 + q_2\phi_2) \tag{4.17}$$

となる．(4.16)式は電気容量 C を使って表わすと，

$$\boxed{U = \frac{1}{2}C\phi^2 = \frac{1}{2C}q^2} \tag{4.18}$$

となる．

導体が2個以上あると，それを帯電させたとき互いに影響を及ぼしあう．たとえば図4-3のように，導体1,2があるとしよう．導体1のポテンシャルを ϕ_1，導体2のポテンシャルを0としたときのポテンシャル $\phi_1(\boldsymbol{r})$ は，導体が1個の場合と同じように ϕ_1 に比例する．したがって，$\phi_1(\boldsymbol{r})$ の勾配として与えられる電場も，電場と(4.1)の関係にある導体上の電荷も ϕ_1 に比例する．すなわち，導体1,2の電荷を q_1, q_2 とすれば，

$$q_1 = C_{11}\phi_1, \qquad q_2 = C_{21}\phi_1 \tag{4.19}$$

となる．導体2でポテンシャルは0なのに電荷が生じるのは，導体1の影響である．導体2のポテンシャルを0に保つには，図4-3(a)のように接地しておかなければならない．このとき，たとえば導体1を正に帯電させると，それに引かれて接地から導体2へ負の電荷が移動し，導体2は負に帯電する．

逆に，導体1のポテンシャルを0，導体2のポテンシャルをϕ_2にしたとき，導体1,2の電荷はϕ_2に比例する．すなわち，

$$q_1 = C_{12}\phi_2, \qquad q_2 = C_{22}\phi_2 \tag{4.20}$$

最後に，導体1,2のポテンシャルをそれぞれϕ_1, ϕ_2としたときはどうなるであろうか．4-3節で見たように，このときのポテンシャルは(4.3)式のように$\phi_1(\boldsymbol{r})$と$\phi_2(\boldsymbol{r})$との重ね合わせになるから，導体に蓄えられる電荷も個々の場合の(4.19)式と(4.20)式との和になる．すなわち

$$\boxed{\begin{aligned} q_1 &= C_{11}\phi_1 + C_{12}\phi_2 \\ q_2 &= C_{21}\phi_1 + C_{22}\phi_2 \end{aligned}} \tag{4.21}$$

この関係は，孤立導体の場合の(4.12)式を一般化したものといえる．係数C_{11}, C_{12}, C_{21}, C_{22}を**電気容量係数**(capacitance coefficient)と呼ぶ．これは孤立導体の電気容量Cの一般化である．(4.21)式は行列を使って

$$\begin{pmatrix} q_1 \\ q_2 \end{pmatrix} = \begin{pmatrix} C_{11} & C_{12} \\ C_{21} & C_{22} \end{pmatrix} \begin{pmatrix} \phi_1 \\ \phi_2 \end{pmatrix} \tag{4.22}$$

と書くこともできる．同じような関係は，導体が3個以上ある場合にも成り立つ．

(4.21)式の係数C_{11}, C_{12}, C_{21}, C_{22}は，導体の形や相互の位置関係で決まる．この係数には，導体の形などとは無関係に，

$$\boxed{C_{12} = C_{21}} \tag{4.23}$$

の関係が一般的に成り立つ．これは，2つの導体の形が図4-3のように不釣り合いであっても成り立つもので，決して自明なことではない．この関係を電気容量係数の**相反定理**(reciprocity theorem)と呼ぶ．

相反定理(4.23)を証明するには，つぎのように導体が帯電したときのエネルギーを求めてみればよい．導体のエネルギーは，(4.17)式により

$$\begin{aligned} U &= \frac{1}{2}(q_1\phi_1 + q_2\phi_2) \\ &= \frac{1}{2}\{C_{11}\phi_1{}^2 + (C_{12}+C_{21})\phi_1\phi_2 + C_{22}\phi_2{}^2\} \end{aligned} \tag{4.24}$$

と表わされる．これを電荷 q_1, q_2 で表わすには，孤立導体の場合と違って少し計算を要する．まず，(4.21)式を ϕ_1, ϕ_2 について解くと

$$\phi_1 = \frac{C_{22}q_1 - C_{12}q_2}{C_{11}C_{22} - C_{12}C_{21}}$$
$$\phi_2 = \frac{C_{11}q_2 - C_{21}q_1}{C_{11}C_{22} - C_{12}C_{21}} \tag{4.25}$$

となる．これを(4.24)の第1式に代入して

$$U = \frac{1}{2(C_{11}C_{22} - C_{12}C_{21})}\{C_{22}q_1{}^2 - (C_{12} + C_{21})q_1q_2 + C_{11}q_2{}^2\} \tag{4.26}$$

が得られる．

ここで，導体1の電荷を q_1 から微小量 δq_1 だけ変えて $q_1 + \delta q_1$ にしたときのエネルギーの変化高を求めてみる．それは(4.26)式により，δq_1 の1次までの近似で

$$\delta U = \frac{\partial U(q_1, q_2)}{\partial q_1}\delta q_1$$
$$= \frac{1}{2(C_{11}C_{22} - C_{12}C_{21})}\{2C_{22}q_1 - (C_{12} + C_{21})q_2\}\delta q_1 \tag{4.27}$$

となる．ところで，このエネルギーの変化は，ポテンシャルが0の無限遠からポテンシャルが ϕ_1 の導体1の上まで，電荷 δq_1 を運ぶために要する仕事に等しいはずである．それは，δq_1 の1次までで

$$\delta U = \phi_1 \delta q_1$$

になる．運ぶ電荷 δq_1 が小さければ，それによるポテンシャルの変化はエネルギーに $(\delta q_1)^2$ に比例した小さな寄与しか与えないので，ここでは落としてある．ϕ_1 に(4.25)の表式を用いると

$$\delta U = \frac{1}{C_{11}C_{22} - C_{12}C_{21}}(C_{22}q_1 - C_{12}q_2)\delta q_1 \tag{4.28}$$

となる．

2つの結果(4.27)式と(4.28)式は，q_2 に比例する項が違っている．しかし，どちらの計算も正しいから，2つの表式は同じものでなければならない．そのためには，(4.23)の相反定理の成り立つことが要請されるのである．

問　題

1. ともに半径 R の2個の導体球を，十分間隔を離しておいてある．はじめ1個の導体球に電荷 Q を与え，そののちに導体球の間を導線で接続した．接続の前後における静電エネルギーを求めよ．エネルギーの差はどうなったと考えられるか．

2. 図のように，半径 R_1 の導体球と内径 R_2，外径 R_3 の導体球殻とを，中心を一致させておいた．電気容量係数を求め，相反定理(4.23)が成り立つことを示せ．

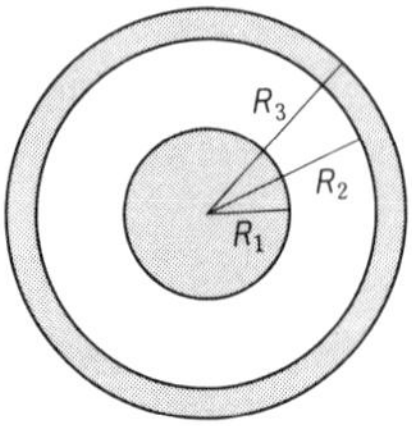

問題2

4-6　コンデンサー

図4-6のように，2個の導体を近づけておき，$\pm q$ の電荷を与えたとしよう．このとき，両導体の電荷は互いに引きあい，導体の表面に図のように分布するであろう．こうすれば，各導体の電荷は互いに相手の導体のポテンシャルを低く抑える働きをする．そのため，導体のポテンシャルを高めずに多量の電荷を蓄えることができるようになる．このような工夫で電荷を蓄えるためにつくられた装置を**コンデンサー**(condenser)という．

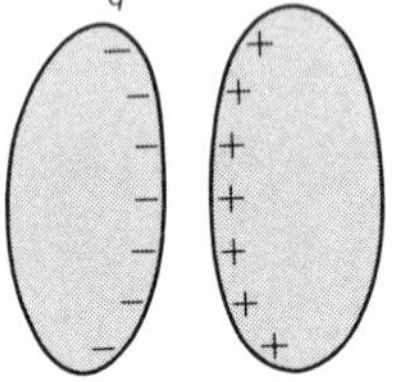

図4-6　2個の導体を近づけて置くと，電気容量を大きくできる．

一方の導体から他方の導体へ電荷 q を移動させ，2個の導体を $\pm q$ に帯電させると，各導体のポテンシャルは(4.25)式で $q_1=q$，$q_2=-q$ とおき ($C_{21}=C_{12}$ とおく)，

$$\phi_1 = \frac{C_{22}+C_{12}}{C_{11}C_{22}-C_{12}{}^2}q$$

$$\phi_2 = -\frac{C_{11}+C_{12}}{C_{11}C_{22}-C_{12}{}^2}q$$

となる．したがって両導体間のポテンシャルの差(電位差)は

$$\begin{aligned}\varDelta\phi &= \phi_1-\phi_2 \\ &= \frac{C_{11}+C_{22}+2C_{12}}{C_{11}C_{22}-C_{12}{}^2}q\end{aligned}$$

となる．そこで，係数の逆数を

$$C = \frac{C_{11}C_{22}-C_{12}{}^2}{C_{11}+C_{22}+2C_{12}} \tag{4.29}$$

とおけば，電荷と電位差との関係は

$$\boxed{q = C\varDelta\phi} \tag{4.30}$$

となる．Cをこのコンデンサーの電気容量という．

例題1 図4-7のように，2枚の平らな導体板を平行に並べたコンデンサーを，平行板コンデンサーという．導体板の面積をA，板の間隔をdとして，平行板コンデンサーの電気容量を求めよ．

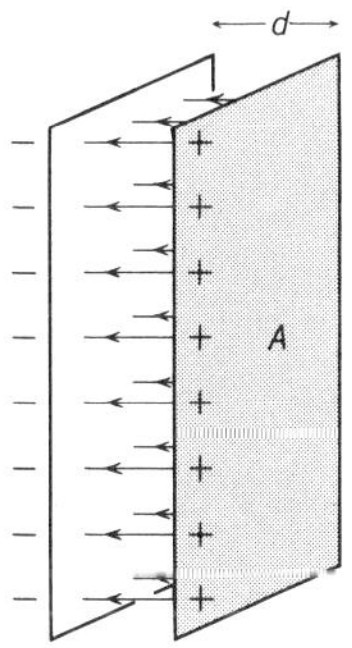

図4-7 平行板コンデンサー．

［解］ 間隔に比べて導体板が十分に広ければ，端のことは無視して導体板は無限に広がっていると見なして構わない．したがって，$\pm q$の電荷を導体板に与えたとき，それは板上に一様な密度$\sigma=\pm q/A$で分布すると考えられる．導

体面上の電場は導体面に垂直で，その強さは(4.1)式により

$$E=\frac{\sigma}{\varepsilon_0}=\frac{q}{\varepsilon_0 A}$$

である．この電場は2枚の導体板ではさまれた空間では，場所によらず一様である．したがって，導体板間の電位差は(2.24)式により

$$\varDelta\phi=\int_2^1(\boldsymbol{E}\cdot\boldsymbol{t})ds=Ed$$

$$=\frac{d}{\varepsilon_0 A}q$$

となる．したがって，(4.30)式の定義により，電気容量は

$$C=\frac{\varepsilon_0 A}{d} \tag{4.31}$$

と得られる．▮

問　　題

1. 前節の問題2のように，半径 R_1 の導体球と内径 R_2 の導体球殻とを中心を一致させて配置したコンデンサーの電気容量を求めよ．

2. 面積 A の3枚の導体板 a, b, c を，図のように間隔 d_1, d_2 をおいて平行に並べた．導体板 a, c を導線で接続し，導体板 b に電荷 Q を与えたとき，導体板の間に生じる電場を求めよ．

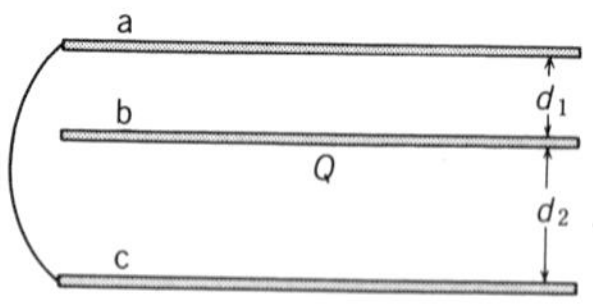

問題 2

4-7　静電場のエネルギー

コンデンサーの両極板に $\pm q$ の電荷を与えたとき，静電エネルギーは

$$U=\frac{1}{2}(q\phi_1-q\phi_2)$$

$$=\frac{1}{2}q\varDelta\phi$$

となる．電気容量を用いて書くと

$$\boxed{U = \frac{1}{2}C\Delta\phi^2 = \frac{1}{2C}q^2} \tag{4.32}$$

と表わされる．電荷 q を負の極板から正の極板へ運ぶには，外からこれだけの仕事をしなければならない．そのエネルギーはコンデンサーに蓄えられる．

前に2-8節では，静電エネルギーを電荷の間にはたらくクーロン力による位置のエネルギーと見なした．これは遠隔作用の立場からの見方というべきであろう．近接作用の立場では，電荷によって真空に一種のひずみが生じ，電荷の間にはたらく力もそのひずみがもとになると考えている．弾性体では，たとえば縮んだバネは伸びるときに仕事をするから，ひずんだ状態ではそこに弾性のエネルギーが蓄えられている．これと同じように，真空がひずんで電場が生じたとき，電場そのものにエネルギーが蓄えられると見るべきではなかろうか．(4.32)式のようなコンデンサーのエネルギーも，極板間の真空に生じた静電場のエネルギーと解釈すべきであろう．

平行板コンデンサーの場合，電場は両極板の間にのみ生じている．(4.32)式の電気容量 C に(4.31)式を代入して書き直すと，コンデンサーのエネルギーは

$$U = \frac{d}{2\varepsilon_0 A}q^2 = \frac{1}{2}\varepsilon_0\left(\frac{q}{\varepsilon_0 A}\right)^2 Ad$$

となる．ここで，$q/\varepsilon_0 A$ は極板間に生じている電場の強さ E であり，$V=Ad$ は極板間の電場が生じている領域の体積である．したがって，

$$U = \frac{1}{2}\varepsilon_0 E^2\cdot V \tag{4.33}$$

と書くことができる．極板間の電場は一様だから，電場のエネルギーも一様に分布していると見るべきであろう．したがって，(4.33)式により単位体積当りの静電場のエネルギーは

$$\boxed{u_{\mathrm{e}} = \frac{U}{V} = \frac{1}{2}\varepsilon_0 E^2} \tag{4.34}$$

と表わされることがわかる．

例題1　電荷 q をもつ半径 R の導体球の静電エネルギーは，(4.13), (4.18)

式により

$$U = \frac{q^2}{8\pi\varepsilon_0 R}$$

となる．このエネルギーが，導体の外に(4.34)式の密度で分布する静電場のエネルギーと見なしうることを示せ．

［解］ 導体の外の中心から距離 r の点における電場の強さは

$$E(r) = \frac{q}{4\pi\varepsilon_0 r^2}$$

である．したがって，電場のエネルギーの密度 $u(r)$ は(4.34)式により

$$u(r) = \frac{1}{2}\varepsilon_0\left(\frac{q}{4\pi\varepsilon_0 r^2}\right)^2 = \frac{q^2}{32\pi^2\varepsilon_0 r^4}$$

これを導体の外，$r>R$ の領域で積分して，電場のエネルギーは

$$U = \int_R^\infty u(r)\cdot 4\pi r^2 dr = \frac{q^2}{8\pi\varepsilon_0}\int_R^\infty \frac{dr}{r^2}$$

$$= \frac{q^2}{8\pi\varepsilon_0 R}$$

となり，上の表式に一致する．▮

この節では，静電エネルギーが空間に(4.34)式の密度で分布する静電場のエネルギーと見なしうることを，2つの特別な場合について確かめた．このことは，もっと一般的に示すこともできる．それには，静電エネルギーの表式(2.48)において，電荷密度 $\rho(\boldsymbol{r})$ とポテンシャル $\phi(\boldsymbol{r})$ を電場で表わし，積分を書きかえればよい．そうすることによって，積分はエネルギー密度 u_e を全空間で積分したものになる．ここでは証明の詳細には立ち入らない．

問　題

1. 4-6節の問題1で考察した同心球のコンデンサーに蓄えられるエネルギーについて，公式(4.32)による値と，導体間の空間の静電場のエネルギーとして計算したものとが一致することを示せ．

2. 4-4節の問題2で求めた，点電荷を平らな導体面から引き離すのに要する仕事は，点電荷とその鏡像を2個の点電荷と見なしたときの静電エネルギーと一致しない．その

差を，静電エネルギーを静電場のエネルギーとして見る立場から説明せよ．

3. 導体板の面積 A，間隔 d の平行板コンデンサーに電荷 $\pm Q$ を与えたとき導体板の引きあう力 F を，つぎの 2 つの方法で求め，両者が一致することを示せ．

(1)　導体板の間隔を微小距離 $\varDelta d$ だけ引き離すには，外から $F\varDelta d$ の仕事をしなければならない．この仕事はコンデンサーに蓄えられているエネルギーの増し高 $\varDelta U$ に等しい．

(2)　4-2 節の問題 3 で示したところによると，導体板にはたらく力は単位面積当り $E\sigma/2$ である．ただし E は導体板の間に生じる電場の強さ，σ は導体板上の電荷の面密度である．

5

定常電流の性質

電池の発明によって，いつまでも同じ強さで流れる電流，定常電流が得られるようになった．電流が流れているときにも，電荷は保存される．このことから，定常電流の電流密度について，静電場におけるガウスの法則に似た関係が成り立つことがわかる．また，電流の強さは，電荷に加わる電場の力と，物質が電荷の運動を押し止める力とのバランスで決まり，電場に比例する(オームの法則)．

5-1　電流

電荷は導体の中を自由に動くことができるから，導体を電場の中に置くと，電荷が電場に引かれて移動する．この電荷の移動を**電流**(electric current)という．たとえば，充電したコンデンサーの両極を導線でつなぐと，導線を正の極板から負の極板に向かって電流が流れる．金属の場合，実際に移動するのは負の電荷をもつ電子で，コンデンサーの正の極は電子が不足した状態にあり，負の極は電子が過剰な状態にある．両極を金属の線でつなぐと，負の極の余分な電子が正の極に向かって金属中を移動する．この電子の流れを，私たちは正の極から負の極に向かって流れる電流と見るのである．

この場合には，両極の電荷が中和して消えると電流も消える．電流が流れるのはほんの一瞬のことで，このような実験では電流の性質をくわしく調べることはできない．いつまでも同じ強さで流れ続ける電流を得ることに最初に成功したのは，ボルタ(A. Volta)による電池の発明によるものであった．

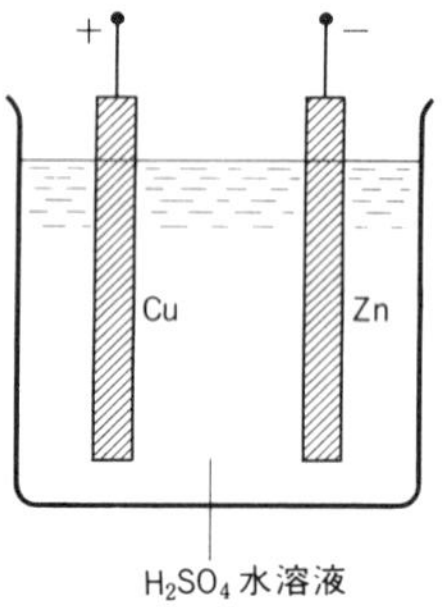

図 5-1　ボルタの電池．

電池は図 5-1 のように酸や塩の水溶液に 2 種類の金属を浸したものである．こうすると両金属の間に一定の電位差が生じ，その間を導線でつなぐと一定の強さの電流が流れる．電池の両極間に生じる電位差を，電池の**起電力**(electromotive force)という．起電力の発生は，クーロン力などの電気的な原理だけでは説明できない．金属の原子には正のイオンになって酸に溶け出す傾向があり，

Coffee Break

空中電気

地表には，場所によっても異なり時間的にも変動するが，平均すると 100 $\mathrm{V \cdot m^{-1}}$ の程度の電場が下向きに生じている．これは地球が負に帯電していることを示す．空気は宇宙線の作用によりイオン化していて，ある程度は電流を通し，全くの絶縁体ではない．したがって，この電場に引かれて，空中から地球に向かって電流が流れこむ．電流の大きさは地表全体で 1000 A にも達するから，このままでは間もなく地球上の負の電荷は消えてしまう．地球がいつも負に帯電しているのは，負の電荷を地球に供給しているもとがあるからである．

負の電荷の供給源は雷である．地上で熱せられたしめった空気が上昇気流になると，そこに雷雲が発達する．上昇した空気が上空で冷えると，空気中の水蒸気が氷になり，成長した氷の粒は空気中のイオンと衝突しながら雷雲の中を下降する．雷雲の中のこうした複雑な運動の結果，雲の下の部分には負の電荷，上の部分には正の電荷がたまってくる．発達した雷雲では，雲と地表との電位差は 10^8 V にも達する．生じる強い電場によって空気の絶縁が破壊され，落雷するのである．落雷のときに流れる電流は，最高 10000 A にもなり，1 回の落雷で運ばれる電荷は 20 C の程度である．

このように，空中と地表の間には，落雷による強い上向きの電流と，それをちょうど打ち消す静かな下向きの定常電流とが絶えず流れている．この電流をつくり出しているもとが，太陽のエネルギーであることはいうまでもない．

その結果酸につけた金属は負に帯電して，金属と酸の間に電位差が生じる．これを**接触電位差**(contact potential difference)という．接触電位差は金属の種類によって異なるので，2種類の金属を酸につけると，その金属間に電位差が生じることになる．

電池の両極を導線でつないだときに起こる現象が電荷の流れであることは，はじめから明らかだったわけではない．そのことを電気的な力，化学作用，磁気作用などのあらゆる面から決定的に確かめたのはファラデーであった．

電流の強さは，単位時間に流れる電荷の量として定義される．その測定にはつぎの章で述べる電流の磁気作用が利用される．単位としても，1-3節で触れたように電流の単位アンペア(A)が基本になり，電荷の単位クーロン(C)は1Aの電流によって1秒間に運ばれる電荷の量として定義されている．

もっと直接的な測定を行なうには，電気分解を利用すればよい．水を電気分解すると陰極には水素ガス H_2 が発生するが，これは H^+ イオンとして陰極に運ばれたものである．1個の H^+ イオンの電荷は電気素量(1.1)に等しく，また1モルの物質に含まれる原子の数は 6.02×10^{23} 個である．したがって，1モルの H^+ イオンによって運ばれる電荷の量は

$$1.602\times10^{-19}\times6.02\times10^{23} = 9.64\times10^{4}\ \mathrm{C}$$

になる．この電荷の量を1ファラデーという．そこで，ある強さの電流によって水を電気分解したとき，t 秒間に n モルの水素ガスが発生したとすれば，そのときの電流の強さ I は

$$I = 9.64\times10^{4}\times2n/t \quad (\mathrm{A})$$

となる．

5-2 定常電流と電荷の保存

強さが時間的に変わることなく流れ続ける電流を**定常電流**(stationary current)という．1本の導線を定常電流が流れているとき，その強さは導線上のどの点で見ても等しくなければならない．かりに，たとえば図5-2(a)のA点と

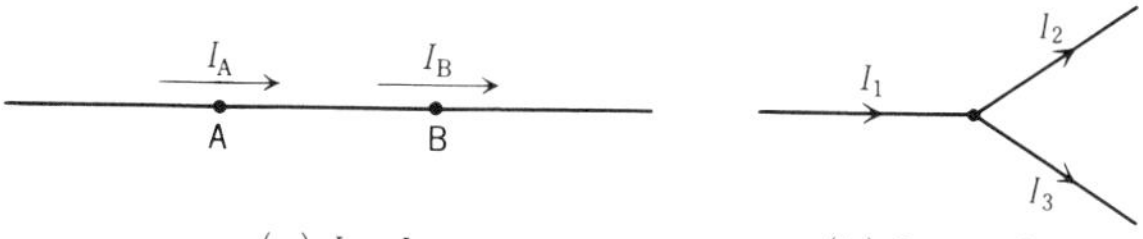

(a) $I_A = I_B$　　(b) $I_1 = I_2 + I_3$

図 5-2　導線を流れる定常電流.

B 点で測った電流の強さが等しくなく，$I_A > I_B$ であったとしたらどうなるであろうか．そのとき 2 点 AB 間の導線には，毎秒 A 点から流れ込む電荷の方が B 点から流れ出す電荷より多いことになる．電荷の量は保存されていて消失することはないから，差額の分の電荷は AB の領域にたまる一方である．これではこの領域のポテンシャルが上昇し，定常電流が流れ続けることはできない．導線が分かれている点でも，その分岐点に流れこむ電流と流れ出す電流とは等しい．たとえば図 5-2(b)の場合には

$$I_1 = I_2 + I_3$$

となる．あるいは，

$$(-I_1) + I_2 + I_3 = 0$$

と書いてもよい．分岐点から流れ出す電流を I_i と書き，流れこむ電流は負にとるものと約束すれば，一般に

$$\sum_i I_i = 0 \tag{5.1}$$

が成り立つ．

これと同じ関係は，広がりをもつ導体中を流れる定常電流についても成り立つ．導体の中で伝導電子の集団は一種の流体と見なしてよい．電流はその流体に生じる流れである．導体中の 1 点 $\boldsymbol{r}$ におけるこの電子流体の流速を $\boldsymbol{v}(\boldsymbol{r})$ としよう．図 5-3 のように，$\boldsymbol{v}(\boldsymbol{r})$ に垂直に微小な面積 ΔS をとり，Δt を微小な時

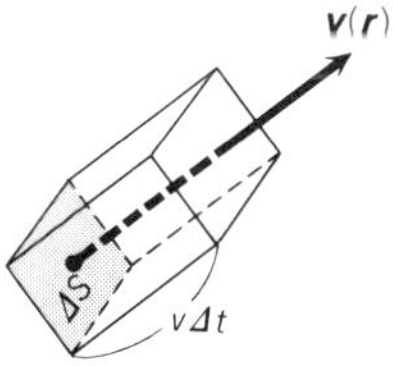

図 5-3　底面積 ΔS，高さ $v\Delta t$ の筒状立体内の電子が，時間 Δt の間に断面積 ΔS を通過する．

間として底面 ΔS, 高さ $v\Delta t$ $(v\equiv|\boldsymbol{v}(\boldsymbol{r})|)$ の微小な筒状の立体をつくる．こうすると，この立体中に含まれている電子は，Δt の間にすべて微小面積 ΔS を通過したことになる．電子の数密度を n とすれば，電子 1 個の電荷は $-e$, 立体の体積は $v\Delta t\Delta S$ だから，通過した電荷の量は

$$n(-e)v\Delta t\Delta S$$

となる．単位時間に単位面積を通過する電荷の量として**電流密度**(current density) i を定義すれば，上の電荷の量を $\Delta t\Delta S$ で割って

$$i = -nev$$

を得る．方向をもつベクトル量として表わすと，

$$\boldsymbol{i}(\boldsymbol{r}) = -ne\boldsymbol{v}(\boldsymbol{r}) \tag{5.2}$$

となる．

2-10 節で私たちは流体の定常的な流れと静電場とが似た性質をもつことを見た．たとえば，静電場のガウスの法則に当る(2.54)式では，左辺の面積分は閉曲面 S から流れ出す流体の量に当っている．(5.2)の関係からわかるように，電子の流れである電流にもこれと同じ性質がある．すなわち，導体中に任意の閉曲面 S をつくると，面に垂直な外向きの単位ベクトルを $\boldsymbol{n}(\boldsymbol{r})$ として，面積分

$$\int_S \{\boldsymbol{i}(\boldsymbol{r})\cdot\boldsymbol{n}(\boldsymbol{r})\}dS$$

はこの閉曲面 S から単位時間に流れ出す電荷の量を表わす．電荷は保存するから，閉曲面の内部に電流の湧き口も吸込み口もないときには，曲面内に含まれる電荷は単位時間にこれだけ減少する．しかし，電荷の分布が時間的に変動すると，導体中のポテンシャルも変化し，電流は定常的ではなくなる．したがって，定常電流の場合にはこの流出する電荷の総量は 0 でなければならない．すなわち

$$\boxed{\int_S \{\boldsymbol{i}(\boldsymbol{r})\cdot\boldsymbol{n}(\boldsymbol{r})\}dS = 0} \tag{5.3}$$

が成り立つ．

この関係は静電場のガウスの法則(2.14)と同じ形をしている．そこで，ガウ

スの法則が(3.9)式のように微分形に書き直されたのと同じように，この関係も微分形にすることができる．電流の湧き出している電極以外の点で

$$\boxed{\nabla\cdot\boldsymbol{i}(\boldsymbol{r})=0} \tag{5.4}$$

となることは明らかであろう．(5.3),(5.4)式が定常電流における電荷の保存則である．

問　　題

1. 2極真空管では，図のように陰極をヒーターで熱し，陰極からとび出した熱電子を，電極間にかけた電位差で陽極に引いて電流を流す．電子は陰極からしか出ないから，電流は陽極から陰極に向かって流れ，逆には流れない(整流作用)．電極はともに面積 A の平面で，電極の間隔は d とする．また，熱電子は陰極から単位時間に n 個の割合いで，初速0でとび出すとする．電極間に電位差 $\Delta\phi$ をかけたとき，電子の速さは陰極からの距離とともにどのように変わるか．また，電子の電荷密度はどうなるか．ただし，電子の密度は十分薄く，それによって生じる電場は無視できるとする．

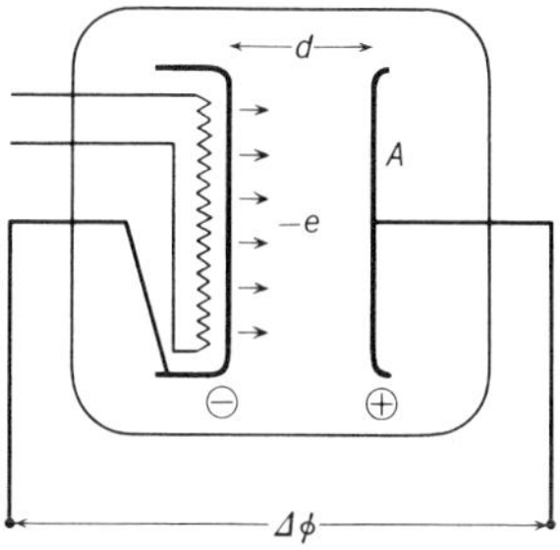

問題 1

5-3 オームの法則

1本の導線の両端に電位差 $\Delta\phi$ をかけたとき，導線に流れる電流の強さを I とする．電位差があまり高くなければ，電流は電位差に比例し

$$\boxed{I=\frac{\Delta\phi}{R}} \tag{5.5}$$

となる．これを**オームの法則**(Ohm's law)という．係数の R は導線の性質によるもので，電流の流れにくさを示す．これを**電気抵抗**(resistance)という．電流，電位差の単位をそれぞれアンペア(A)，ボルト(V)にとったとき，電気抵抗の単位はオーム(Ω)である．

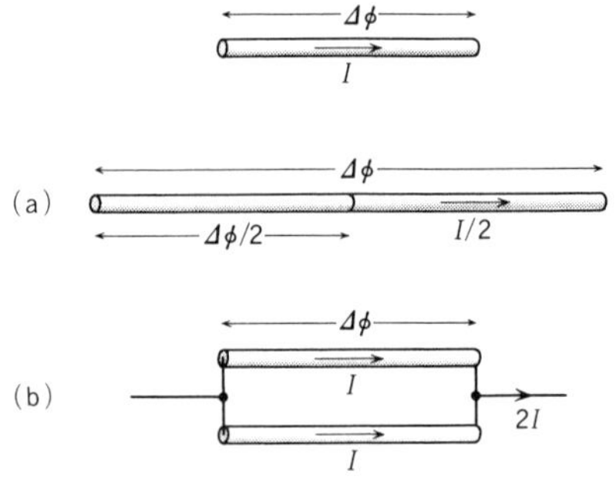

図 5-4 同じ導線を2本つないだとき，流れる電流は(a)では半分，(b)では2倍になる．

図5-4(a)のように，同じ導線を2本つないで，その両端に電位差 $\Delta\phi$ をかけたとしよう．このとき，おのおのの導線には $\Delta\phi/2$ ずつの電位差がかかる．したがって，流れる電流は(5.5)式の値の半分になる．これは，抵抗が2倍になったものと理解してもよい．つぎに，同じ導線2本を図5-4(b)のように並べて，両端に電位差 $\Delta\phi$ をかける．このときには各導線に $\Delta\phi$ の電位差がかかり，I ずつの電流が流れるから，全体に流れる電流は2倍になる．導線を2本束ねることにより，電気抵抗が1/2になったと考えられる．

このことを一般化すれば，均質な導線の電気抵抗は長さ l に比例し，断面積 S に反比例することがわかる．すなわち

$$R = \rho\frac{l}{S} \tag{5.6}$$

である．ρ はその導線の物質の種類やその温度などの条件による係数で，**抵抗率**(resistivity)という．抵抗率の逆数

$$\sigma = \frac{1}{\rho} \tag{5.7}$$

は**電気伝導度**(conductivity)と呼ばれ，その物質の電流の流れやすさを表わす．若干の物質についてその電気伝導度を表5-1に示した．金属の電気伝導度がその他の物質に比べて桁違いに大きいことに注目したい．

表5-1 種々の物質の電気伝導度

	物質	温度(°C)	伝導度($\Omega^{-1}\cdot m^{-1}$)
導体	アルミニウム	20	3.6×10^7
	水銀	0	0.11×10^7
	スズ	20	0.88×10^7
	銅	20	5.8×10^7
	鉄	20	1.0×10^7
絶縁体	ナイロン	室温	$10^{-10} \sim 10^{-13}$
	天然ゴム	室温	$10^{-13} \sim 10^{-15}$
	石英ガラス	室温	$< 10^{-15}$

(5.6)式と(5.7)式を用いて(5.5)の関係を書き直すと，

$$\frac{I}{S} = \sigma \frac{\Delta\phi}{l}$$

となる．左辺は単位断面積当りの電流，すなわち電流密度である．右辺の$\Delta\phi/l$は導体中の電場の強さになる．したがって，オームの法則(5.5)は電流密度iと電場Eとの関係として

$$i = \sigma E \tag{5.8}$$

と書くこともできる．

これまでは均一な導線に一様な電場がかかっている場合を考えたが，(5.8)の関係はもっと一般に成り立つ．導体中で電場が場所によって異なる場合にも，各点での電流密度$\boldsymbol{i}(\boldsymbol{r})$と電場$\boldsymbol{E}(\boldsymbol{r})$との間に

$$\boxed{\boldsymbol{i}(\boldsymbol{r}) = \sigma \boldsymbol{E}(\boldsymbol{r})} \tag{5.9}$$

の関係が成り立つ．これが局所的な関係として表わされたオームの法則である．

じつをいうと，金属結晶などのように方向性のある物質では，電流は電場と平行に流れるとは限らない．(5.9)式は電解質溶液や多結晶の金属のような方向性のない物質で成り立つ関係である．また電流が電場に比例するという関係

も，いつも厳密に成り立つのではない．ふつう，電場が強くなるとともに，比例関係からはずれてくる．オームの法則は，電場があまり強くないときに成り立つ近似的な関係なのである．これまで静電場の問題で見てきたいろいろな比例関係は，重ね合わせの原理に基づく厳密な関係であった．物質の性質として成り立つオームの法則は，それと区別しなければならない．

問　　題

1. 直径 0.2 mm の銅線に 5 A の電流が流れているとき，銅線中の電場の強さはいくらか．

2. 図のように，電気伝導度の異なる 2 種の金属が平面で接している．境界面に垂直に密度 $\boldsymbol{i}$ の定常電流が流れているとき，境界面に電荷が生じていることを示し，その面密度を求めよ．

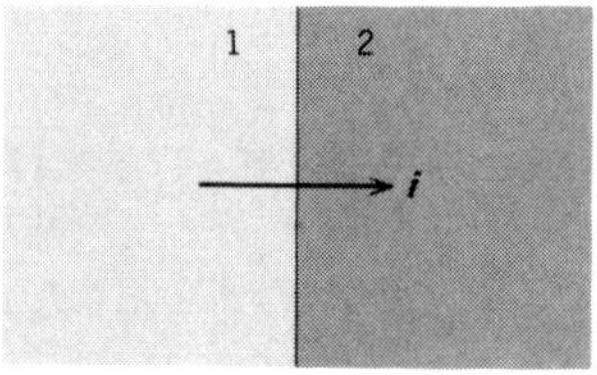

問題 2

3. 太さの一様な針金がある．

(1)　この針金を 2 倍に引き伸ばしたとき，電気抵抗は何倍になるか．

(2)　長さと平均の太さを変えずに，太さを不均一にした場合，抵抗はどう変わるか．針金の平均の断面積を A，各点の断面積の平均値 A からのずれを $\varDelta A$ としたとき，$\varDelta A$ が A に比べて十分小さいとして，太さの不均一な針金の抵抗をずれの 2 乗平均 $\langle(\varDelta A)^2\rangle$ で表わせ．

5-4　導体中の電流の分布

電場は時間的に変動しない限り，導体の中でも保存力であることに変わりはない．したがって，(2.23)の関係

$$\int_C \{\boldsymbol{E}(\boldsymbol{r})\cdot\boldsymbol{t}(\boldsymbol{r})\}ds = 0$$

は導体の内部でも成り立つ．この関係は微分形で表わすと $\nabla\times\boldsymbol{E}(\boldsymbol{r})=0$ ((3.20)式)となるから，導体中の定常電流の分布を決める基本法則は，(5.4)，(5.9)式と合わせて，微分形で

$$\nabla\cdot\boldsymbol{i}(\boldsymbol{r}) = 0$$
$$\nabla\times\boldsymbol{E}(\boldsymbol{r}) = 0 \tag{5.10}$$
$$\boldsymbol{i}(\boldsymbol{r}) = \sigma\boldsymbol{E}(\boldsymbol{r})$$

と表わされる.

たとえば，図5-5のように水槽に電解質溶液を満たし，その中に電極を差しこんで電流を流したとしよう．電極の金属の電気伝導度が電解質溶液のそれに比べてずっと高ければ，各電極の上ではポテンシャルは一定であると見てよい．電解質溶液中の電流分布を求めるには，この境界条件のもとで，(5.10)の方程式を解けばよい.

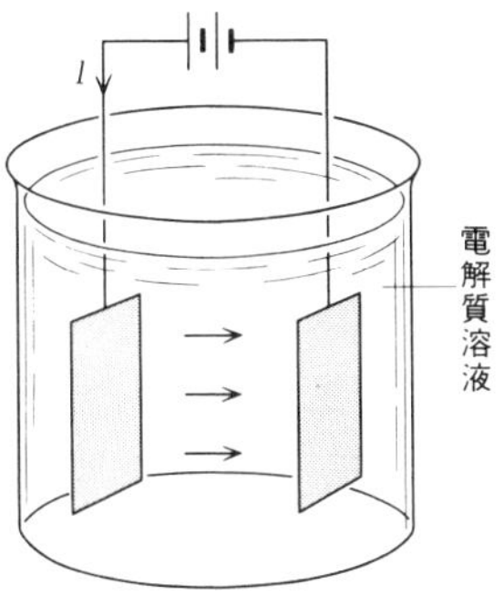

図 5-5 電解質溶液中に電極を差しこんで電流を流す.

電荷の存在しない真空中での静電場の基本法則は，電束密度 $\boldsymbol{D}(\boldsymbol{r})=\varepsilon_0\boldsymbol{E}(\boldsymbol{r})$ を用いて表わすと，

$$\nabla\cdot\boldsymbol{D}(\boldsymbol{r}) = 0$$
$$\nabla\times\boldsymbol{E}(\boldsymbol{r}) = 0 \tag{5.11}$$
$$\boldsymbol{D}(\boldsymbol{r}) = \varepsilon_0\boldsymbol{E}(\boldsymbol{r})$$

となる．導体があるときには，「導体表面でポテンシャル一定」が境界条件になる．このように，電極と導体，電流と電束密度を対応させると，導体中の電流分布を決める問題と静電場の問題とは全く同じ形をしている．両者で境界条件を同じにすれば，生じる電場も同じになる.

正確にいえば，電流は導体の外へ流れ出すことができないから，導体表面では電流も電場も面に平行になる．このような境界条件は静電場の場合にはない

から，両者は完全に対応しあうわけではない．しかし，表面から遠い導体の内部では，表面の影響は小さく無視してよい．

実際に真空中の静電場を測定することは難しいが，電解質溶液に電流を流して各点のポテンシャルを測ることはそう難しくない．そこで，電解質溶液の実験を静電場を決めるためのモデル実験として利用することができる．

例題 1　図 5-6 のように，内径と外径がそれぞれ R_1, R_2，高さが L の金属製の筒状容器に，電気伝導度 σ の電解質溶液を満たす．内外の側面を正負の電極にして電流を流したときの電気抵抗を求めよ．

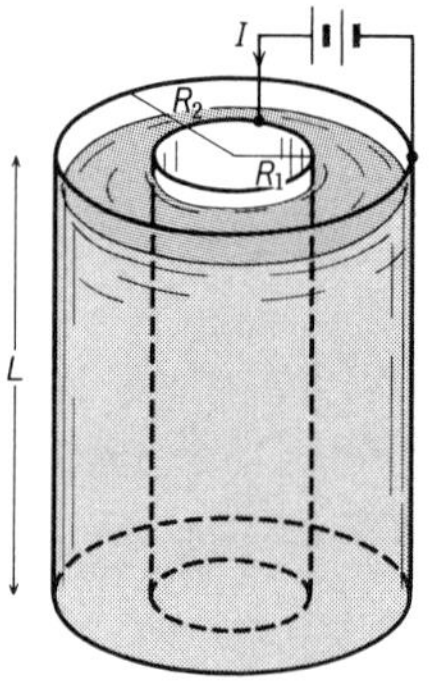

図 5-6　筒状の導体容器に満たした電解質溶液の電気抵抗．

［解］　電流が放射状に流れ，その密度は中心からの距離 r のみの関数になることは明らかであろう．そこで，電流密度を $i(r)$ とすると，半径 $r\,(R_1<r<R_2)$ の円筒の側面を貫く電流は $2\pi rL\cdot i(r)$ となり，それは全電流 I に等しい．

$$2\pi rL\cdot i(r) = I, \qquad \text{ゆえに} \quad i(r) = \frac{I}{2\pi Lr}$$

中心からの距離 r の点における電場の強さを $E(r)$ とすれば，

$$E(r) = \frac{i(r)}{\sigma} = \frac{I}{2\pi L\sigma r}$$

となる．したがって，電極間の電位差は

$$\Delta\phi = \int_{R_1}^{R_2} E(r)dr = \frac{I}{2\pi L\sigma}\int_{R_1}^{R_2}\frac{dr}{r}$$

$$= \frac{I}{2\pi L\sigma}\log\left(\frac{R_2}{R_1}\right)$$

電気抵抗 R は

$$R = \frac{\Delta\phi}{I} = \frac{1}{2\pi L\sigma}\log\left(\frac{R_2}{R_1}\right)$$

と得られる. ∎

問　　題

1. 図のように厚さの一様な金属箔を長方形に切りとって平らに張り，その上の2ヵ所に電極をつなぐ．電極間に定常電流を流しながら，箔の上の各点でポテンシャルを測定したとき，得られる等ポテンシャル線の大体の様子を描け．長方形の大きさに比べて電極間の距離を短くした場合，電極付近の電場の様子は静電場の問題でいえばどのような場合に相当するか．

2. 図のように，電気伝導度 σ の電解質溶液中に，小さな2個の導体球(半径 a)を中心間の距離を十分離してつるす．導体球間に電位差 $\Delta\phi$ をかけたとき流れる電流を求めよ．ただし，球の液面からの距離は2球間の距離 R に比べて十分大きく，また導体球，導線の抵抗は無視できるとする．

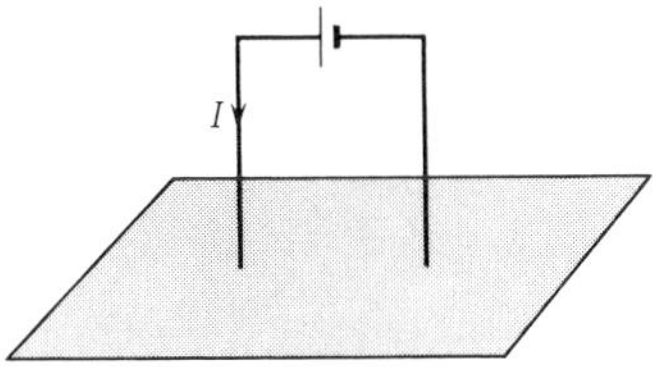

問題 1

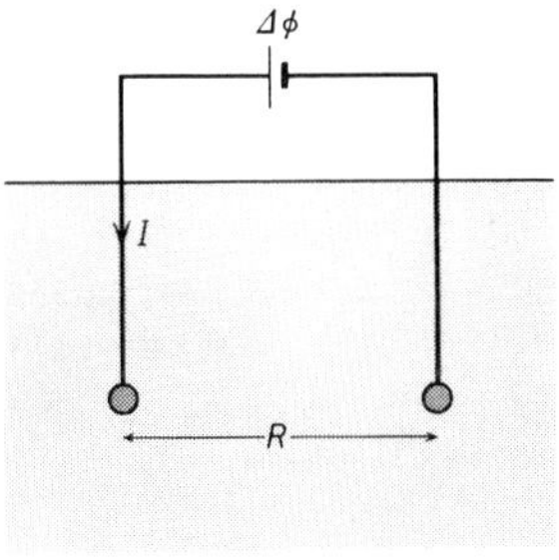

問題 2

5-5 電気伝導のミクロな機構

金属中を流れる電流を担っているものは，各原子から離れて金属全体を自由に動き回りうる状態にある伝導電子であった．金属に電場 $\boldsymbol{E}$ がかかると，こ

れらの電子には $-e\boldsymbol{E}$ の力がはたらく．したがって，電子の質量を m，速度を $\boldsymbol{v}$ とすれば，運動方程式は

$$m\frac{d\boldsymbol{v}}{dt} = -e\boldsymbol{E} \tag{5.12}$$

となり，電子は加速度 $-e\boldsymbol{E}/m$ の等加速度運動を始める．

もしも，金属中の電子の運動が全く自由で，電場以外の力はなにもはたらかないとすれば，はじめ($t=0$)電子は静止していたとして，電子の速度は

$$\boldsymbol{v} = -\frac{e\boldsymbol{E}}{m}t$$

となり，速さは時間とともに増大する．電子の数密度を n とすれば，電流密度は(5.2)式で与えられるから

$$\boldsymbol{i} = \frac{ne^2}{m}\boldsymbol{E}t \tag{5.13}$$

となる．電流もまた増大しつづけ，時間的に変化しない定常電流にはならない．

実際の金属ではこのようなことは起きない．金属中では，電子の運動が原子によって邪魔されるからである．それはちょうど空気中を落下する物体に空気の摩擦抵抗がはたらき，物体の運動が等加速度運動にならないのに似ている．金属中の電子にはたらく‘摩擦力’$\boldsymbol{f}$ が，空気の場合と同じように電子の速度に比例し，電子の運動に逆向きにはたらくとすれば，$\boldsymbol{f}=-\alpha\boldsymbol{v}$ とおいて運動方程式は

$$m\frac{d\boldsymbol{v}}{dt} = -e\boldsymbol{E}-\alpha\boldsymbol{v} \tag{5.14}$$

となる．このときには摩擦力が電場による力 $-e\boldsymbol{E}$ とつり合うと，電子は等速運動をすることになる．そのときの電子の速度は，$d\boldsymbol{v}/dt=0$ から，

$$\boldsymbol{v} = \frac{-e}{\alpha}\boldsymbol{E}$$

したがって，電流密度は

$$\boldsymbol{i} = \frac{ne^2}{\alpha}\boldsymbol{E}$$

となって電場に比例する．これがオームの法則である．電気伝導度は，$\alpha=m/\tau$

とおくと

$$\boxed{\sigma = \frac{ne^2\tau}{m}} \tag{5.15}$$

と表わされる．ここで，τ は時間の次元をもつ定数である．電場で加速された電子が，時間 2τ ごとに原子に衝突して速度が 0 に戻ったとすると，平均の電

Coffee Break

金属電子論

19 世紀の末，真空放電の現象から電子が発見されると間もなく，金属の性質をその内部を自由に動き回る電子の存在によって説明しようという試みが，ドルーデ(P. Drude)，ローレンツ(H. A. Lorentz)らによってなされた．この理論は，金属の電気伝導，熱伝導がいずれもこれらの電子によるとして，両者の間にみられる関係を説明することに成功した．しかし，電子がニュートン力学の法則にしたがって運動すると考えると，いろいろな矛盾に遭遇する．たとえば，金属の中で電子はイオン配列の狭い隙き間を運動するから，頻繁にイオンに衝突すると見なければならない．他方，金属の電気伝導度の実験結果からすると，場合によって電子はイオン間隔の数千倍もの距離をなにも衝突せずに自由に運動しているように見える．この矛盾の解決は，量子力学がミクロな粒子のしたがう力学法則として成立することにより，はじめてなされた．

量子力学によると，電子は金属の中を一種の波として運動する．電子の波の伝播は，イオンが規則正しい配列をしている限り，それに邪魔されないのである．電子の自由な運動を妨げ電気抵抗の原因になるのは，イオンの存在そのものでなく，イオン配列の乱れであると考えられる．金属の示す高い電気伝導度は，量子力学に基づく電子論によってはじめて説明できる．

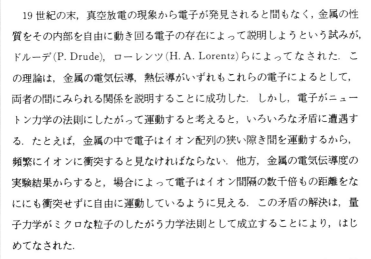

流は(5.13)式で $t=\tau$ と置いたものになり，(5.15)の電気伝導度が得られる．このように考えると，τ には電子が原子に衝突する平均の時間間隔という意味があることがわかる．

じつは，金属中の伝導電子は電場がはたらいていないときにも動き回っている．ただし，運動の向きはいろいろで，平均すれば電子の速度は0になり，電子全体としての流れは生じていない．この節の議論で見ている電子の速度 $\boldsymbol{v}$ は，正しくは電子全体の平均の速度である．金属の中では平均速度 $\boldsymbol{v}$ に対して，(5.14)の運動方程式が成り立つと考えられる．

電子は電場から $-e\boldsymbol{E}$ の力を受けながら，時間 Δt の間に $\boldsymbol{v}\Delta t$ だけ動く．したがって，この間に電場は電子に対して

$$\Delta W = -e\boldsymbol{E}\cdot\boldsymbol{v}\Delta t$$

の仕事をすることになる．電子はこれだけの仕事を受けながら等速運動をつづけ，運動エネルギーは増加しない．仕事は，摩擦によってそのまま熱的なエネルギーに変換されるのである．ミクロな機構としては，加速された電子が原子に衝突し，原子の熱運動のエネルギーを増大させている．現象的には熱の発生が見られる．電熱器のニクロム線が電流で熱せられるのはその一例である．単位時間に，単位体積中で発生する熱は

$$J = \frac{n\Delta W}{\Delta t} = -ne\boldsymbol{E}\cdot\boldsymbol{v} = \boldsymbol{E}\cdot\boldsymbol{i} \tag{5.16}$$

となる．電気伝導度を用いて

$$J = \sigma|\boldsymbol{E}|^2 = \frac{1}{\sigma}|\boldsymbol{i}|^2 \tag{5.17}$$

と表わしてもよい．これを**ジュール熱**(Joule heat)という．電場を $\mathrm{V\cdot m^{-1}}$，電流をAで表わすと，J の単位はMKS単位系でのエネルギーの単位，ジュール(J)になる．

電流による熱の発生の実験は，はじめジュール(J. P. Joule)によってなされた(1840年)．この実験によって，ジュールは電気的なエネルギーが熱的なエネルギーに変換される量的な関係を見出し，エネルギー保存則の確立に貢献した

のである.

問　題

1. 表 5-1 に示した銅の電気伝導度の値から，銅の伝導電子の平均自由時間 τ を見積れ．ただし，銅の原子量は 63.5，密度は $8.93\ \mathrm{g\cdot cm^{-3}}$，銅の伝導電子数は原子 1 個当り 1 個である.

2. 5-3 節の問題 1 において，銅線中の電子の平均の速さはどれほどか.

[補足]　定常電流が流れている導線中の電場

導線に定常電流が流れている場合，導線が一様(同じ導体でつくられていて，断面積も一定，以下ではとくに断らない限りこのことを仮定する)だとすれば，電流密度のベクトルは向きが導線に平行で，大きさは一定である．したがってオームの法則(5.9)により，導線中の電場も向きは導線に平行で，大きさは一定である.

導線が電池の両極につながれているとすれば，この電場をつくっているおおもとは電池の両極に生じた正負の電荷であろう．しかし，正負の点電荷のつくる電場は図 2-7(b)のようで，導線が電気力線に沿って張られた特別な場合でない限り，電場と導線の向きは一致しない．またこの特別な場合でも電場の大きさは一定でない.

導線に向きが導線と平行でない電場が加わったとしたら，なにが起こるだろうか．まず導線の内部にオームの法則(5.9)により，電場に平行な電流密度が生じる．しかし，電流は導線の表面に妨げられ，表面に電荷が生じることになる．この電荷のつくる電場がもとの電場に加わり，新しい電場とそれによる電流密度は変化する．この変化は電流密度が導線に平行にならない限り続くから，時間変化のない定常電流の状態では電場の向きは表面に生じた電荷の助けによって導線に平行になる.

電場が導線に平行であっても大きさが空間的に一定でないとすれば，電流密度も一定でない．この場合には，電流の向きに沿って電流密度が増大する流域には負の電荷が，減少する流域には正の電荷が生じる．生じた電荷は電場の増大，減少を小さくする働きをする．最終的に導線の内部に生じた電荷の助けによって，導線内部の電場の大きさが一定の状態が実現する．

同様のことは導線が一様でない場合にも起こる．たとえば，電気伝導度のよい導体でできた導線Ａと，同じ太さの電気伝導度のわるい導体でできた導線Ｂが直列につながっていて，ここにＡからＢへ定常電流が流れているとしよう．電流密度はＡとＢで等しい．しかし，式(5.9)から電場の強さはＡで小さくＢで大きい．この場合はＡとＢの境界面に正の電荷が生じ，これによって電場が不連続になる(5-3節問題2参照)．

このような導線に定常電流が流れている場合の電場の状況は，静電場中に孤立導体を置いた場合(4.2節)に似ている．静電場中の孤立導体では内部の電場は0でなければならない．この場合は，それによって生じる導体内部の電場が外部電場をちょうど打ち消すように電荷が表面に生じ，これによって導体内部で電場0の状態が実現している．定常電流が流れている導線の場合は，導線の表面や内部に電荷が生じ，この電荷による電場が電池による電場に加わることによって，導線内部の電場をちょうど定常電流を維持するものにしている．ただし，導線の外の電場を求める必要がある場合でない限り，電荷の分布を知る必要はない．導線に流れる電流は電池の両極間の電位差で決まり，電荷はかかわらないからである(5.3節)．

静電場の問題では，電荷の大きさや位置が与えられていて，そこから種々の方法で電場を求めるのが普通である．しかし，導体がかかわる場合には，電荷は導体内で自由に位置を変えることができ，導体内に正負の等量の電荷が発生することも可能である．ここではむしろ得られる電場に必要な性質が与えられていて，電荷の大きさや分布はそこから決められることになる．

6

電流と静磁場

電流はまわりに磁場をつくり，また，磁場中を流れる電流には力がはたらく．このように，電流と磁場の間には密接な関係がある．静電場が静止した電荷の作用であるのに対し，静磁場は定常電流の作用であるといってよい．近接作用の立場から静磁場の性質を調べると，静電場のガウスの法則と渦なしの法則に似た微分形の法則が得られる．しかし，両者の間には重要な違いがある．磁場には電荷に相当する磁荷が存在しないため，ガウスの法則の右辺はつねにゼロになる．また，磁場は電流のまわりに渦を巻いて生じるので，渦なしの法則は成り立たない．

6-1 磁石と静磁場

人間がはじめて知った磁石は磁鉄鉱(Fe_3O_4)である．磁石が鉄を引きつける現象は，電気の引力と同様ギリシアの時代から知られていた．磁石の英語 magnet は，古代に磁鉄鉱の産地であった小アジアのマグネシア(Magnesia)という地名に由来するといわれる．磁針が南北を指すことははじめ中国で発見されたもので，その後ヨーロッパに伝わり，古くから羅針盤として使われている．

磁石にはN極とS極があり，同じ極の間には斥力，異なる極の間には引力がはたらく．磁石が鉄を引きつけるのも，鉄が磁石の影響で一時的に磁石になるからで，磁石の間にはたらく力として理解できる．磁石の間の力も，電気の力と同様に空間を隔てて及ぼし合う．このように，磁石の力と電気の力とはいろいろな点で非常によく似ているので，磁石の場合にも磁荷というものを考え，磁石の力を磁荷の間にはたらく力とする見方が生まれた．すなわち，N極には正の磁荷が，S極には負の磁荷があり，電荷の場合と同様に同符号の磁荷の間には斥力，異符号の磁荷の間には引力がはたらくとするのである．

この磁荷の間にはたらく力についてもクーロンの法則が成り立つことは，クーロンによって確かめられた．距離 R を隔てて置かれた磁荷 $q_{\mathrm{m}}, q_{\mathrm{m}}'$ の間にはたらく力を F とすれば，

$$F \propto \frac{q_{\mathrm{m}} q_{\mathrm{m}}'}{R^2} \tag{6.1}$$

が成り立つ．正の F は斥力を，負の F は引力を表わす．

このように磁気の力と電気の力とはよく似た性質をもつが，両者の間には本質的な違いがある．それは，磁荷というものは，正または負の磁荷が単独に存在することがない点である．1本の磁石のN極とS極には，それぞれ $q_{\mathrm{m}}, -q_{\mathrm{m}}$ の磁荷があると考えられるから，磁石全体のもつ磁荷は0である．この棒磁石を図6-1のように2つに切ると，N極側の正の磁荷とS極側の負の磁荷とに分かれそうなものだが，そうはならない．図のように切り口がN極とS極にな

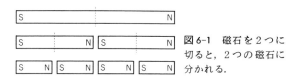

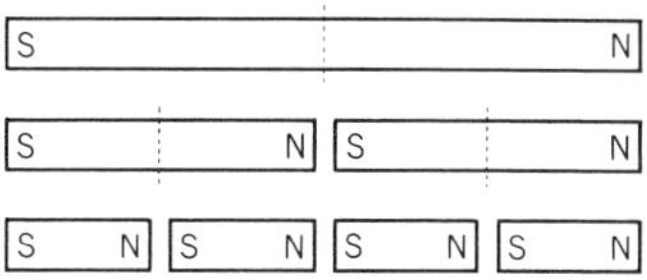

図 6-1　磁石を2つに切ると，2つの磁石に分かれる．

り，切り離された2本の磁石のもつ磁荷は，やはりそれぞれ0のままである．これは何回も繰り返し切っても同じことで，磁石を切り刻むと，小さな磁石に分かれる．結局，磁石を構成しているものは小さな磁石なのである．小さな磁石は，短い棒の両端に正負の磁荷がついたようなもので，その構造は電気双極子に似ている．このように短い間隔をおいて並んだ正負の磁荷の対を，**磁気双極子**(magnetic dipole)という．

近接作用の立場では，磁石の間にはたらく力も，まわりの空間に変化が生じ，それによって伝えられると考える．磁石の場合，この空間の変化を**磁場**(magnetic field)といい，とくに，時間的に変動しない場合には，**静磁場**(magnetostatic field)と呼ぶ．この章で私たちはその磁場の性質を調べるのであるが，今度は電場の場合のように，クーロンの法則(6.1)から出発するわけにはいかない．なぜなら，磁場の場合には磁荷というものが存在しないからである．あとで見るように，磁場の本質はじつは電流，すなわち運動する電荷の作用なのである．磁石を構成する磁気双極子も，その実体は一種の回転電流と考えられる．そこで，磁石のことはあと回しにして，まず電流との関係から磁場の問題を考えることにしよう．

6-2　磁場中の電流にはたらく力

電気現象と磁気現象とは，大昔にそれが発見されて以来，長い間，互いによく似てはいるが関連のない別の現象であると考えられてきた．それがエールステッド(H. Oersted)による電流の磁気作用の発見(1820年)によって，その間にじつは密接なつながりがあることが明らかになったのである．彼は針金に電流を流すと，そばに置いた磁針がふれることを見出した．この発見に注目したアンペール(A. Ampère)はすぐに実験を始め，電流の間にも力がはたらくことを発見した．ここでは，歴史的な順序とは逆になるが，電流にはたらく力のことから話を始めたい．

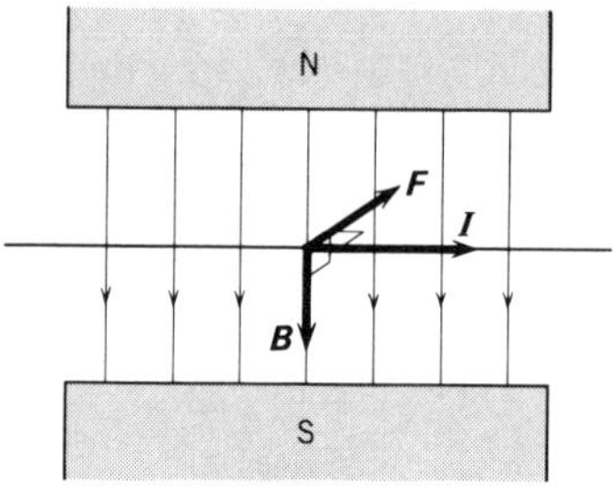

図 6-2 静磁場中の電流にはたらく力.

図6-2のように，磁石のN極とS極を向かい合わせて平行に置くと，その間には平行板コンデンサーの場合と同じように，一様な静磁場ができる．その中に細い針金をまっすぐに張って定常電流を流す．こうすると，針金には電流の強さと磁場の強さに比例した力がはたらくことがわかる．力の向きは，図のように電流の向きにも磁場の向きにも垂直である．針金の向きをいろいろに変えてみると，力は針金と磁場とを垂直にしたときもっとも強く，一般には針金と磁場とのなす角をθとして，$\sin\theta$に比例する．電流の強さをIとすると，針金の長さΔsの部分にはたらく力ΔFは

$$\Delta F = IB\sin\theta\cdot\Delta s \tag{6.2}$$

と表わされる．ここで，Bは磁場の強さを表わす量である．電流の向き，磁場の向きとはたらく力の向きとの関係は図6-3のようで，これはちょうど図1-10のベクトル積の関係に等しい．そこで，力のベクトルを$\Delta\boldsymbol{F}$とすれば，磁場のベクトルを$\boldsymbol{B}$，電流の向きの単位ベクトルを$\boldsymbol{t}$として

$$\boxed{\Delta\boldsymbol{F} = I(\boldsymbol{t}\times\boldsymbol{B})\Delta s} \tag{6.3}$$

となる．

上では，磁場が場所によらず一様であり，電流の向きも一定である場合を考えた．一般には，磁場のベクトル$\boldsymbol{B}$も電流の向き$\boldsymbol{t}$も場所に依存する．この

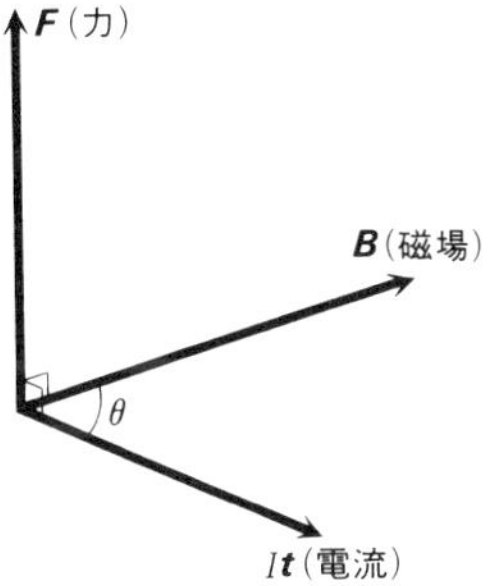

図 6-3　磁場中の電流にはたらく力.

ような場合にも，電流が流れる針金の上の位置 $\boldsymbol{r}$ に長さ Δs の微小部分をとれば，その短い区間では磁場のベクトルも電流の向きもほぼ一定で，それぞれ $\boldsymbol{B}(\boldsymbol{r})$, $\boldsymbol{t}(\boldsymbol{r})$ であると見てよい．したがって，この電流の微小部分にはたらく力 $\Delta\boldsymbol{F}(\boldsymbol{r})$ は，(6.3)式と同じように

$$\boxed{\Delta\boldsymbol{F}(\boldsymbol{r}) = I\{\boldsymbol{t}(\boldsymbol{r})\times\boldsymbol{B}(\boldsymbol{r})\}\Delta s} \tag{6.4}$$

で与えられる．

電荷に力がはたらく場合，私たちはそれを電荷のある位置の空間に一種の変化，すなわち電場が生じているためと考えた．位置 $\boldsymbol{r}$ におかれた電荷 q にはたらく力は，電場 $\boldsymbol{E}(\boldsymbol{r})$ によって

$$\boldsymbol{F} = q\boldsymbol{E}(\boldsymbol{r}) \tag{6.5}$$

と表わされる((2.3)式)．この式は電場のベクトル $\boldsymbol{E}$ の定義であり，またその測定手段を与えている．それと同じように，電流に力がはたらく場合にも，電流の流れている空間にベクトル $\boldsymbol{B}(\boldsymbol{r})$ で表わされる変化，すなわち磁場が生じていると見るのである．電場の場合の(6.5)式に対応して，(6.4)の関係が磁場のベクトル $\boldsymbol{B}(\boldsymbol{r})$ の定義を与える．ここで定義されたベクトル $\boldsymbol{B}(\boldsymbol{r})$ を，**磁束密度**(magnetic flux density)と呼ぶ．

磁束密度の単位も(6.4)の関係で決められる．MKSA 単位系では，力の単位がニュートン(N)，電流の単位がアンペア(A)で，このとき磁束密度の単位はテスラ(tesla, T)と呼ばれる．すなわち，電流に垂直に磁場をかけて 1 A の電流の1m当りにはたらく力が1Nになるとき，その磁束密度が1Tになる．地球磁場は10^{-4} Tの程度，いま実験室でつくることのできる静磁場が最大20Tの程度である．

例題1　1辺の長さがaの正方形の回路に，強さIの定常電流が流れている．この回路を図6-4のように一様な静磁場$\boldsymbol{B}$の中に置くとき，回路にはどのような力がはたらくか．

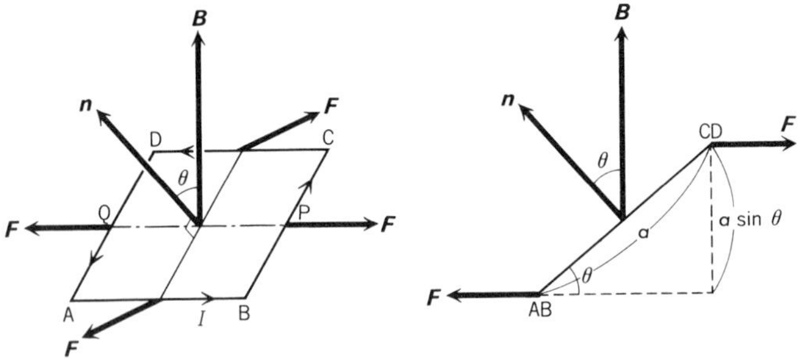

図6-4　磁場中においた正方形の回路にはたらく力．右は真横から見た図．

［解］　図のように正方形をABCDとすれば，辺BCと辺DAとでは電流の向きが逆なので，2辺にはたらく力は大きさが等しく向きが逆になる．力の作用線は正方形の面内にあって，2つの力はちょうど打ち消しあう．同様に辺ABと辺CDにはたらく力も，大きさが等しく向きが逆になる．しかし，この場合には作用線がずれているので，回路には軸PQのまわりに偶力がはたらく．

辺AB, CD上で電流と磁場はたがいに垂直だから，はたらく力の大きさは

$$F = IBa$$

になる．図のように，回路の面の法線と磁場の向きとのなす角をθとすれば，力の作用線の間の距離は$a \sin\theta$になるから，偶力のモーメントの大きさは

$$N = Fa\sin\theta = ISB\sin\theta \qquad (S{=}a^2)$$

となる．Sは回路の面積である．モーメントの向きは，軸PQの方向になる．軸はちょうど回路の法線ベクトル$\boldsymbol{n}$と磁束密度$\boldsymbol{B}$とのベクトル積の方向を向いているから，上の結果はベクトルの形で

$$\boldsymbol{N} = IS\boldsymbol{n}\times\boldsymbol{B} \tag{6.6}$$

と書くことができる. ▌

例題1では回路が正方形の特別の場合を考えたが, この結果は一般の形をした平面の回路についても成り立つ. S をその回路が囲む面の面積にとればよい. また, 磁場が一様でない場合も, 回路が十分に小さければ, $\boldsymbol{B}$ を回路が置かれた位置の磁束密度 $\boldsymbol{B}(\boldsymbol{r})$ にとれば, 回路にはたらく偶力のモーメントは(6.6)式で与えられる.

(6.6)の関係が, 静電場の中におかれた電気双極子にはたらく力のモーメントの式(2.9)と同じ形をしていることに注意したい. このことは, 磁場中の回転電流が電場中の電気双極子と同じように振舞うことを示す. それは, 回転電流が前節で述べた磁気双極子と似た性質をもつことを示唆している.

問　題

1. 図のように, 幅5 cmの長方形の回路に0.8 Aの電流を流し, 一様な磁場中に, 回路の面を磁場に垂直にしてなかばまで挿入したところ, 回路は磁場の中に0.02 Nの力で引かれた. 磁場(磁束密度)は何Tか.

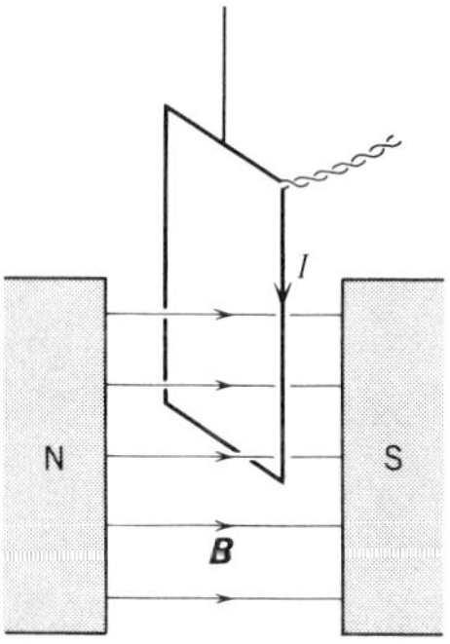

問題1

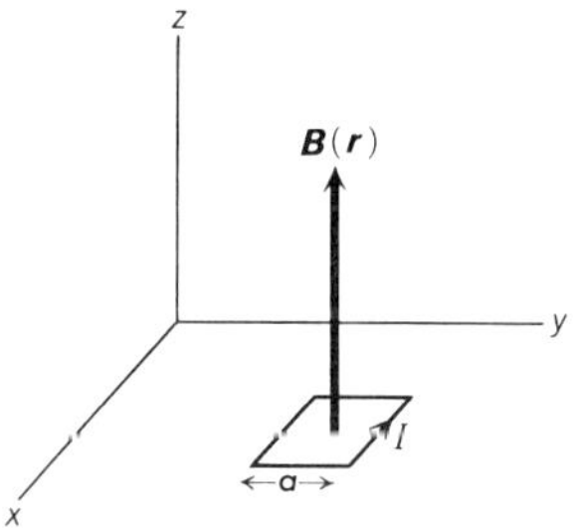

問題2

2. 図のように, 1辺 a の小さな正方形の回路に電流 I が流れ, 回路の面に垂直な磁場(磁束密度 $\boldsymbol{B}$)がかかっている. 磁束密度の大きさが面内で空間的に変化している場合, 回路には

$$F_x = Ia^2\frac{\partial B_z}{\partial x},\qquad F_y = Ia^2\frac{\partial B_z}{\partial y},\qquad F_z = 0$$

の力がはたらくことを示せ．ただし，x, y 軸は回路の面内に，正方形の2辺に平行に選んだ．また，微分係数は回路の中心における値をとる．

6-3　運動する荷電粒子にはたらく力

前節では電流を太さのない線の上を流れるものとした．しかし，実際の針金には太さがある．そこで断面積を A とすれば，$i=I/A$ が電流密度を表わす．したがって，磁場が針金の断面上で一定と見なすことができるときには，(6.4)式は電流密度を使って

$$\Delta \boldsymbol{F} = iA\boldsymbol{t}\times\boldsymbol{B}\Delta s$$

と書き直される．$i\boldsymbol{t}$ は電流密度のベクトル $\boldsymbol{i}$ になる．この式の両辺を体積 $A\Delta s$ で割ると，左辺は $\Delta\boldsymbol{F}/A\Delta s$ となり，電流の単位体積当りにはたらく力になる．これを $\boldsymbol{f}$ とすれば

$$\boxed{\boldsymbol{f} = \boldsymbol{i}\times\boldsymbol{B}} \tag{6.7}$$

の関係が導かれる．

金属中を流れる電流は，伝導電子の数密度を n，電子の平均速度を $\boldsymbol{v}$ として，$\boldsymbol{i}=-ne\boldsymbol{v}$((5.2)式)と表わされた．この関係を使うと(6.7)式は

$$\boldsymbol{f} = -ne\boldsymbol{v}\times\boldsymbol{B}$$

となる．この式は，速度 $\boldsymbol{v}$ で運動する1個の電子に，$-e\boldsymbol{v}\times\boldsymbol{B}$ の力がはたらくものとして理解することができる．

もっと一般には，電荷 q をもつ粒子が磁場 $\boldsymbol{B}$ の中を速度 $\boldsymbol{v}$ で運動しているとき，粒子にはたらく力は

$$\boxed{\boldsymbol{F} = q\boldsymbol{v}\times\boldsymbol{B}} \tag{6.8}$$

となる．これを**ローレンツの力**(Lorentz's force)という．

磁場中の電流にはたらく力も，そのもとは運動する荷電粒子にはたらくロー

レンツの力である．その意味で，(6.8)式は(6.4)式よりも基本的な関係である．この式を，電場 $\boldsymbol{E}$ の定義式である(6.5)式と並ぶ，磁束密度 $\boldsymbol{B}$ の定義式と見てもよい．真空中に電荷を静止させておいたときにはなにも力がはたらかず，速度 $\boldsymbol{v}$ で動かすと力 $\boldsymbol{F}$ が作用するとき，そこに(6.8)式で定義される磁束密度 $\boldsymbol{B}$ が生じていると見なすのである．

電場 $\boldsymbol{E}$ と磁束密度 $\boldsymbol{B}$ が同時にあるとき，運動する荷電粒子にはたらく力は

$$\boxed{\boldsymbol{F} = q\boldsymbol{E}+q\boldsymbol{v}\times\boldsymbol{B}} \tag{6.9}$$

となる．この運動する粒子と一緒に動きながら粒子を観測したらどうなるだろうか．運動する観測者からは，粒子は静止して見える．しかし，粒子にはたらく力は同じものが観測されるはずである．したがって，この観測者には同じ力 $\boldsymbol{F}$ が粒子に電場から作用しているように見えるわけで，彼は粒子のところに電場

$$\boldsymbol{E}' = \boldsymbol{E}+\boldsymbol{v}\times\boldsymbol{B} \tag{6.10}$$

が生じていると思うだろう．このことは，電場といい磁場といっても 2 つは別の物ではなく，(6.10)式のように観測の仕方によって相互に変換されるものであることを示している．運動する座標系から現象がどのように見えるかという問題は，相対性理論によって解答が与えられる．

ローレンツの力はいつも粒子が運動する向きに垂直に作用することに注意したい．したがって，力と粒子の変位とのスカラー積は 0 だから，電場と違って磁場は荷電粒子に対して仕事をしない．荷電粒子が磁場の中を動いても速さは変わらず，運動エネルギーは変化しない．

例題 1　一様な磁場の中を磁場に垂直に動く荷電粒子はどのような運動をするか．

［解］　力学で見たように，いつも運動する向きに垂直に力がはたらくとき，粒子は図 6-5 のように円運動を行なう．粒子の速さを v，磁束密度の大きさを B とすれば，粒子の速度はいつも磁場に垂直だから，ローレンツの力は大きさが qvB になる．粒子の質量を m，円運動の半径を R とすれば，遠心力は

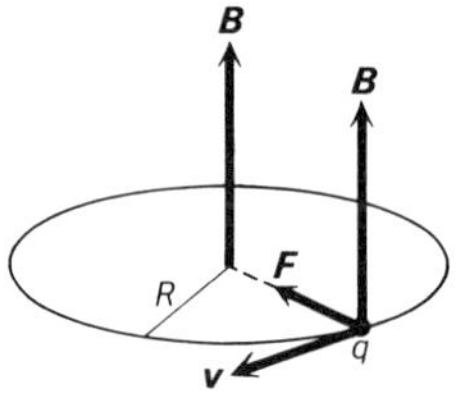

図 6-5　一様な磁場中の荷電粒子の運動.

mv^2/R となるので,

Coffee Break

加速器

陽子, 中性子などの素粒子は互いに強い力を及ぼしあっている. この力の性質を調べるには, 他の素粒子を強い力で衝突させてみるのがよい. そのような実験を行なうために, 素粒子を高速に加速する装置が加速器である.

電子や陽子などの荷電粒子を加速するには電場をかければよい. しかし, 粒子をまっすぐ走らせて加速しようと思えば, まっすぐな長い装置が必要になる. そこで, ふつうは電子に強い磁場をかけて円運動をさせる方法がとられる. 円運動の道筋に, 電子のすすむ向きに電場をかけておけば, 電子は円運動をしながら繰り返し電場の中を通過し, そのたびに加速をうけてだんだんに高速になるのである. 6.3 節の例題 1 で見たように磁場を強くするほど円運動の半径が小さくなるから, 装置は小さくてすむ. しかし, 荷電粒子が円運動を行なうと, 粒子は電磁波を放射してエネルギーを失うが, 失うエネルギーは円運動の半径が小さいほど大きい. また, 磁場の強さにも限度がある. 粒子を高速にしようと思えば, 円運動の半径を大きくしなければならず, それだけ装置は大型になる. 現在日本にある最大の加速器は電子と陽電子を 30 GeV (1 GeV = 10^9 eV) まで加速できるものだが, 粒子を回転させる輪の直径は約 1 km にも達する.

$$\frac{mv^2}{R} = qvB \qquad \therefore \quad R = \frac{mv}{qB}$$

回転の角速度を ω とすれば，$\omega = v/R$ だから，

$$\omega = \frac{qB}{m}$$

となり，これは粒子の速度によらない．▌

問　　題

1. 金属中の電子は，$10^6\ \mathrm{m \cdot s^{-1}}$ の程度の高速でいろいろな向きに動きまわっている．金属に磁場をかけたとき，電子の行なう回転運動の半径を電子の平均間隔(約 10^{-10} m)より小さくするには，どの程度の強さの磁場をかければよいか．

2. 図のように，導体に電流を流しながら電流に垂直に磁場をかけると，電流，磁場の両者に垂直な向きに電場が生じる．この現象をホール効果という．これは，運動する電子が磁場によるローレンツの力を受けて横にずれ，その結果導体の左右の側面に正負の電荷が生じるためと考えられる．電流密度を i，磁束密度を B とすれば，ホール効果によって生じる電場の強さ E は

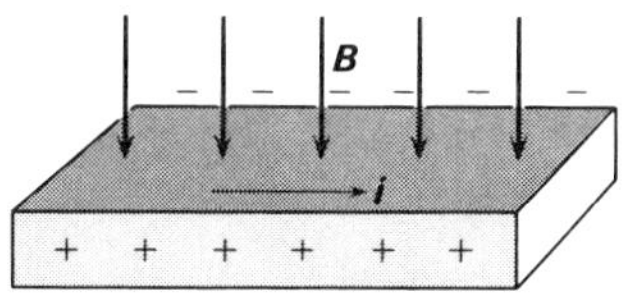

問題 2

$$E = \frac{iB}{ne}$$

で与えられることを示せ．ただし，n は伝導電子の密度，$-e$ は電子の電荷である．

6-4 電流のつくる磁場

これまでは磁場が電流に作用する力の性質を調べてきたが，その磁場をつくるものもまた電流である．磁場は磁石によってもつくられるが，9章で見るように磁石の性質も物質の中に一種の電流が流れているものとして理解できる．

電流がその周囲に磁場をつくることは，はじめエールステッドによって発見されたが，その磁場の性質を詳しく調べたのはビオ(J. Biot)とサバール(F. Savart)であった．まっすぐに張った針金に定常電流を流すと，図6-6のように

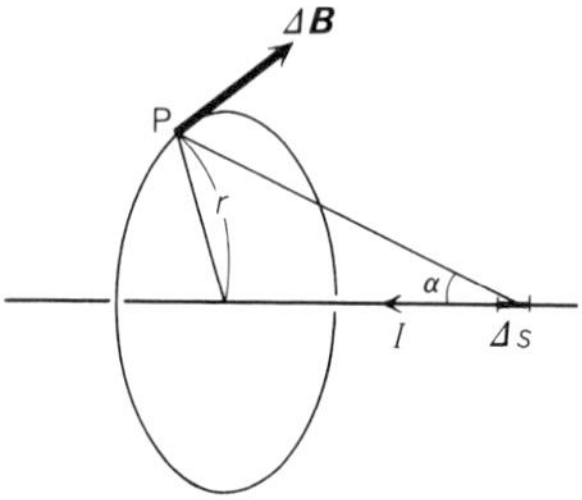

図 6-6　直線電流のつくる磁場.

電流のまわりを回転するように磁場が生じる．磁場の向きは，電流の向きを右ネジの進む向きとしたとき，ネジの回転する向きになる．磁束密度の大きさは，電流の強さに比例し，電流からの距離に反比例する．すなわち，電流の強さを I とすれば，電流からの距離 r の点 P における磁束密度の大きさ $B(r)$ は，比例係数を $\mu_0/2\pi$ と書いて

$$\boxed{B(r) = \frac{\mu_0}{2\pi}\frac{I}{r}} \tag{6.11}$$

となる．μ_0 は電流や磁束密度の単位のとり方によって決まる定数である．MKSA 単位系で μ_0 がどうなるかは，6-6 節で述べる．磁場が電流に比例することは，電場の場合と同じように，ここでも重ね合わせの原理が成り立つことを示している．

例題 1　図 6-7 のように，距離 R を隔てて張った 2 本の針金にそれぞれ強さ I, I' の定常電流を流したとき，針金の間にはたらく力を求めよ．

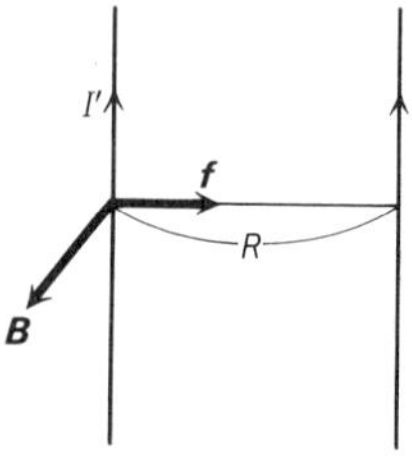

図 6-7　平行に流れる直線電流の間にはたらく力.

［解］　強さ I の電流がもう 1 本の針金の位置につくる磁場は，(6.11)式で $r=R$ とおいて得られる．電流 I' はこの磁場に垂直だから，この電流に作用する力は，(6.3)式により単位長さ当り

地球の磁場

地球の中心部分，地表から約3000 kmの深さから下の部分は地球のコアと呼ばれ，そこは鉄を主成分にした液体状態の金属でできていると考えられる．地球の磁場をつくっているものは，このコアの液体金属中を流れている電流である．しかし，単に回転電流が流れているだけであれば，それは抵抗によって消失するだろう．磁場が大昔から存在しつづけていることは，コアで回転電流を維持する機構がはたらいていることを示す．

地球の自転に引きずられて，コアの液体金属も回転運動をする．同時に，コアの中心部分になにか熱源(放射性元素？)があると，水を下から熱したときのように対流が生じる．磁場の中でこのような導体の運動が起こると，発電機の原理で起電力が生じ電流が流れる．この電流によって生じる磁場がはじめの磁場と同じ向きであれば，もちつもたれつの関係が成立して，電流と磁場が維持されることになる．コアが一種の発電機になっているという意味で，これを地磁気のダイナモ理論という．

大昔の地球磁場の様子を，岩石に含まれている磁石から知ることができる．地中の物質が高温の状態から冷えて岩石ができるとき，その中に磁石があると地球磁場の向きに磁化が生じる．岩石がいったん冷えてしまうと，磁化の向きは固定されて，地球磁場が変わっても岩石の磁化の向きは変わらない．このような岩石の磁気の研究から，地質時代に地球磁場の向きが逆転し，南北がなんども入れかわっていることが明らかになった．ダイナモ理論によると，地球の磁気双極子は南北2つの向きをとりうることがわかっている．しかし，向きの逆転がなぜ，どのようにして起きたかなど，地磁気の問題はまだわからないことも多い．

$$f=\frac{\mu_0}{2\pi}\frac{II'}{R} \tag{6.12}$$

となる．図からわかるように，力の向きはIとI'が同じ向きのとき引力，逆向きのとき斥力になる．▮

電流の流れる回路が直線以外の形をしている場合には，どのような磁場が生じるであろうか．それを見るために，直線電流を短い小部分に分割し，(6.11)式の磁場は各小部分によってつくられる磁場の重ね合わせであると考えてみよう．(6.11)式は，2–2節の例題2で求めた直線上に分布する電荷によってつくられる静電場の表式(2.12)と同じ形をしている．ただし，ベクトルの向きは静電場が直線から放射状に生じているのに対し，静磁場は直線のまわりを回転している．静電場の場合，直線を長さ$\varDelta s$の小部分に分割すると，その1つの小部分に分布する電荷によってつくられる電場は，直線に垂直な成分が

$$\varDelta E=\frac{1}{4\pi\varepsilon_0}\frac{\sin\alpha}{R^2}\lambda\varDelta s$$

となる．ただし，Rは小部分$\varDelta s$と電場を見ている点Pとの距離(図2–6のAP$=\sqrt{r^2+s^2}$)，αは$\varDelta s$とPを結ぶ線と電荷が分布する直線とのなす角(図2–6の$\angle$OAP$=\pi/2-\theta$)である．(2.12)式の結果は，それをすべての小部分について加え合わせることにより得られる．このことから類推して，磁場(6.11)式の場合にも長さ$\varDelta s$の小部分に流れる電流(これを**電流素片**と呼ぶ)がP点に

$$\varDelta B=\frac{\mu_0}{4\pi}\frac{\sin\alpha}{R^2}I\varDelta s \tag{6.13}$$

の磁束密度をつくると考えればよいことがわかる．これをすべての小部分について加え合わせることにより，(6.11)式の結果が得られる．

この電流素片のつくる磁場の向きは，図6–6のように電流素片とP点を結ぶ向きと，電流の向きとの両者に垂直である．P点の位置ベクトルを$\boldsymbol{r}$，電流素片の位置ベクトルを$\boldsymbol{r}'$，$\boldsymbol{r}'$における電流の向きを表わす単位ベクトルを$\boldsymbol{t}(\boldsymbol{r}')$とすれば，磁場の向きはベクトル積

$$\boldsymbol{t}(\boldsymbol{r}')\times(\boldsymbol{r}-\boldsymbol{r}')$$

と一致する．またこのベクトル積の大きさは

$$|\boldsymbol{t}\times(\boldsymbol{r}-\boldsymbol{r}')| = |\boldsymbol{r}-\boldsymbol{r}'|\sin\alpha$$

になるから，(6.13)式の磁束密度は，その向きまで含めてベクトルで表わすと，

$$\boxed{\Delta\boldsymbol{B}(\boldsymbol{r}) = \frac{\mu_0}{4\pi}\cdot\frac{I\boldsymbol{t}(\boldsymbol{r}')\times(\boldsymbol{r}-\boldsymbol{r}')}{|\boldsymbol{r}-\boldsymbol{r}'|^3}\Delta s} \tag{6.14}$$

となる．これを**ビオ-サバールの法則**(Biot–Savart's law)という．電流が密度 $\boldsymbol{i}(\boldsymbol{r})$ で広がりをもって流れているときには，$\boldsymbol{r}'$ の位置の体積 $\Delta V'$ 中の電流は $\boldsymbol{i}(\boldsymbol{r}')\Delta V'$ となり，その電流が $\boldsymbol{r}$ の位置につくる磁束密度は

$$\boxed{\Delta\boldsymbol{B}(\boldsymbol{r}) = \frac{\mu_0}{4\pi}\frac{\boldsymbol{i}(\boldsymbol{r}')\times(\boldsymbol{r}-\boldsymbol{r}')}{|\boldsymbol{r}-\boldsymbol{r}'|^3}\Delta V'} \tag{6.15}$$

と表わされる．

電流が細い導線でつくられた任意の形の回路を流れているとき，その電流のつくる磁束密度を求めるには，重ね合わせの原理により電流素片からの寄与(6.14)をその回路全体にわたって加え合わせればよい．和は線積分で表わされるから，位置 $\boldsymbol{r}$ における磁束密度は

$$\boxed{\boldsymbol{B}(\boldsymbol{r}) = \frac{\mu_0 I}{4\pi}\int_C \frac{\boldsymbol{t}(\boldsymbol{r}')\times(\boldsymbol{r}-\boldsymbol{r}')}{|\boldsymbol{r}-\boldsymbol{r}'|^3}ds} \tag{6.16}$$

となる．ただし，$\int_C ds$ は回路をひと回りする積分を表わす．回路が多数あるときには，各回路からの寄与の和になる．電流が広がりをもって流れているときには，(6.15)を加え合わせて

$$\boxed{\boldsymbol{B}(\boldsymbol{r}) = \frac{\mu_0}{4\pi}\int \frac{\boldsymbol{i}(\boldsymbol{r}')\times(\boldsymbol{r}-\boldsymbol{r}')}{|\boldsymbol{r}-\boldsymbol{r}'|^3}dV'} \tag{6.17}$$

と表わされる．

例題2 図6-8のように，半径 a の円形の回路を強さ I の定常電流が流れている．この電流が，円の中心Oを通り円の面に垂直な直線 l 上につくる磁場を求めよ．

［解］ 円の中心から r の距離にある l 上の点Pの磁場を求める．まず，回路

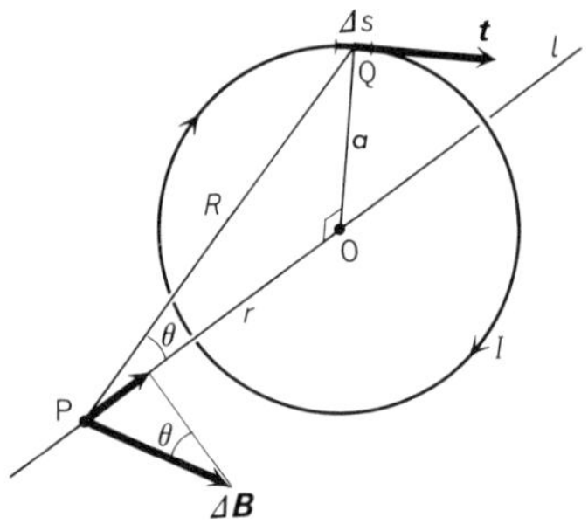

図 6-8　円形回路に流れる電流のつくる磁場.

上の点 Q にある電流素片 $I\Delta s$ のつくる磁場 $\boldsymbol{\Delta B}$ を考える. Q における電流の向き $\boldsymbol{t}$ と PQ を結ぶ方向とは, Q の位置によらずつねに垂直である. したがって, PQ の距離を R とすれば, $\boldsymbol{\Delta B}$ の大きさは(6.14)式により

$$\Delta B = \frac{\mu_0}{4\pi}\frac{I\Delta s}{R^2}$$

となる. $\boldsymbol{\Delta B}$ の直線 l に垂直な成分は, Q が円周上をひと回りするとき, 向きを 360° 変化させる. したがって円周上の電流からの寄与がちょうど打ち消しあう. l に平行な成分は, PQ と l とのなす角を θ とすれば, 図により

$$\Delta B \sin\theta = \frac{\mu_0}{4\pi}\frac{I\Delta s}{R^2}\sin\theta$$

となる. この値は Q の位置によらない. したがって, 回路の電流全体からの寄与は, Δs を円周 $2\pi a$ においたものになる. ここで,

$$\sin\theta = \frac{a}{R}, \qquad R = (r^2+a^2)^{1/2}$$

だから,

$$B(r) = \frac{\mu_0}{2\pi}\frac{IS}{(r^2+a^2)^{3/2}} \qquad (S{=}\pi a^2) \tag{6.18}$$

が得られる. 磁場の向きは直線 l に平行で, 図のように電流の回転を右ネジの回転としたときのネジの進む向きになる. ▌

問 題

1. 地球磁場は，磁場の北極の上では真下を向き，その強さは磁束密度で約 5×10^{-5} T である．この磁場が赤道面上の深さ 3000 km のところ(コアの表面，155 ページのコーヒー・ブレイク「地球の磁場」参照)を流れる円形の回転電流によるものとすれば，その電流の強さは何アンペアか．地球の半径は約 6400 km である．

2. 図のように，導線を一定の割合で円筒形に巻いた長いコイル(ソレノイド)に定常電流を流したとき，軸上に生じる磁場はソレノイドの両端 P では中央部 O での値のちょうど半分になる．このことを説明せよ．

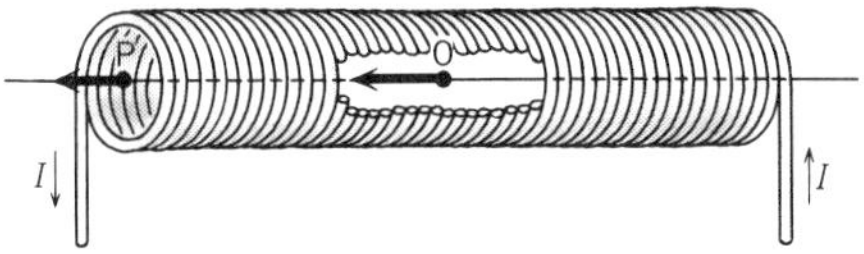

問題 2

3. 幅 a のうすい平らな導体板に強さ I の一様な電流が流れている．板の中心線を通り板に垂直な平面内における磁場を求めよ．計算では電流を直線電流の集りと見なし，各直線電流のつくる磁場((6.11)式)をすべて加え合わせればよい．

6-5 磁場と磁束密度

電場の場合，電場 $\boldsymbol{E}$ とそのもとになる電荷密度 ρ との関係に現われる定数 ε_0 を電場を表わすベクトルの方に吸収させて，電束密度

$$\boldsymbol{D} = \varepsilon_0 \boldsymbol{E} \tag{6.19}$$

を導入した．こうすることによって，ガウスの法則は(2.56)式もしくは(3.10)式のように，定数を含まない簡単な形に書き直されたわけである．これと同じことを磁場について行なうには，磁場とそのもとになる電流密度 $\boldsymbol{i}$ との関係を与えるビオ-サバールの法則(6.15)において，比例係数 μ_0 を磁場のベクトルの方へ移せばよい．すなわち，磁場を表わす補助的な量として

$$\boldsymbol{H} = \frac{1}{\mu_0}\boldsymbol{B} \tag{6.20}$$

を定義する．$\boldsymbol{H}$ を**磁場の強さ**と呼ぶ．$\boldsymbol{H}$ で表わせば，ビオ-サバールの法則は

$$\Delta \boldsymbol{H}(\boldsymbol{r}) = \frac{1}{4\pi}\frac{\boldsymbol{i}(\boldsymbol{r}')\times(\boldsymbol{r}-\boldsymbol{r}')}{|\boldsymbol{r}-\boldsymbol{r}'|^3}\Delta V' \tag{6.21}$$

となり，定数 μ_0 を含まない形になる．

(6.5),(6.8)式に示したように，$\boldsymbol{E}$ と $\boldsymbol{B}$ は場の中においた荷電粒子にはたらく力によって定義されている．それに対し $\boldsymbol{D}$ と $\boldsymbol{H}$ は，上で見たように，そのもとになる電荷密度，電流密度と関係している．このような観点からすると，電場における $\boldsymbol{E}$ と磁場における $\boldsymbol{B}$，電場における $\boldsymbol{D}$ と磁場における $\boldsymbol{H}$ とが，それぞれ似た性質をもつベクトルであると考えられる．$\boldsymbol{B}$ を磁束密度，$\boldsymbol{H}$ を磁場の強さとする名づけ方は，この対応関係には合わない．このくい違いは，はじめ磁場が磁荷の間にはたらく力に関して導入されたという歴史的な経緯によるものである．しかし，のちに得られる電磁場の基本法則の式の上では，形式的に $\boldsymbol{B}$ が $\boldsymbol{D}$ と，$\boldsymbol{H}$ が $\boldsymbol{E}$ と似た役割をしており，$\boldsymbol{E}$ と $\boldsymbol{H}$，$\boldsymbol{D}$ と $\boldsymbol{B}$ という対応も理由のないことではない．

6-6　電磁気の単位

6-4節の例題1で得た，平行に流れる定常電流の間に作用する力の表式(6.12)は，電流の強さと力との関係を与えている．電流以外の電磁気的な量は現われていない．したがって，この関係を使って電流の単位を定義することができる．MKS単位系では，力の単位はニュートン(N)，長さの単位はメートル(m)と決まっているから，あとは定数 μ_0 を定めることにより，電流の単位は決まる．MKSA単位系では，μ_0 の大きさを

$$\mu_0 = 4\pi\times10^{-7} \quad (\mathrm{N\cdot A^{-2}}) \tag{6.22}$$

と選び，電流の単位アンペア(A)が定義される．(6.12)式で，$I=I'$ とおき μ_0 をこの値におけば，

$$f = 2\times10^{-7}\frac{I^2}{R} \quad (\mathrm{N\cdot m^{-1}})$$

となる．すなわち，同じ強さの電流を1m隔てて平行に流したとき，電流の間に作用する力が1m当り 2×10^{-7} N になる場合に，その電流の強さが1Aになる．

電流の単位が決まれば，そのほかの電気的な量の単位も，それに合わせてつぎつぎに決めることができる．すでに述べたように，1Aの電流が1s間に運ぶ電荷として電荷の単位1Cが決まり，1Cの電荷を運ぶのに要する仕事が1Jになる電位差としてポテンシャルの単位1Vが決まる．電気抵抗など，そのほかの量についても同様である．

磁気の単位はどうなるだろうか．磁束密度の単位は，磁場に垂直に流れる1Aの電流の1m当りに作用する力が1Nになるときの値が1Tと定義された．磁場の強さ H は，(6.20)式により磁束密度と関係づけられる．直線電流のつくる磁場の表式(6.11)は，磁場の強さで表わすと

$$H(r) = \frac{I}{2\pi r}$$

となる．したがって，1Aの直線電流から $1/2\pi$ m隔てた点につくられる磁場の強さが $1\ \mathrm{A\cdot m^{-1}}$ になる．

このように，MKSA単位系では電流の間にはたらく力の法則が単位のとり方の基本に選ばれている．しかし，単位のとり方はこれに限らない．1-3節で述べたように，真空中の点電荷の間にはたらく力，すなわちクーロンの法則(1.2)を基本にする方法もある．この場合には比例係数 k を1にとる．この単位のとり方は，CGS単位系と組み合わせて使われ，**CGS静電単位系**と呼ばれる．CGS静電単位系における電荷の単位はe.s.u.と呼ばれ，クーロン(C)との関係は

$$1\,\mathrm{C} = 2.998\times10^{9}\ \mathrm{e.s.u.} \qquad (6.23)$$

である．MKSA 単位系がふつうに使われるようになる前は，CGS 静電単位系が広く使われていた．現在でも原子物理の本などで，この単位系が用いられている場合がある．

単位については，表紙裏にまとめた．

問題

1. つぎのおのおのの単位を，質量(kg)，長さ(m)，時間(秒，s)，電流(A)の単位で表わせ．

(a)電位差，(b)電場，(c)電束密度，(d)電気双極子モーメント，(e)電気抵抗，(f)磁束密度，(g)磁場の強さ．

6-7 磁気双極子

まず，ビオ-サバールの法則の応用として，つぎの例題を考えてみよう．

例題 1 1 辺 a の正方形の小さな回路に強さ I の定常電流が流れている．この電流が回路から十分離れた場所につくる磁場を求めよ．

［解］ 正方形の 4 辺の上を流れる電流をそれぞれ電流素片と見なし，そのおのおののつくる磁場に対して(6.14)式を用い，その和を求めればよい．適当に直交座標を選んで成分を計算してもよいが，ここではベクトル表式のまま計算することを試みる．

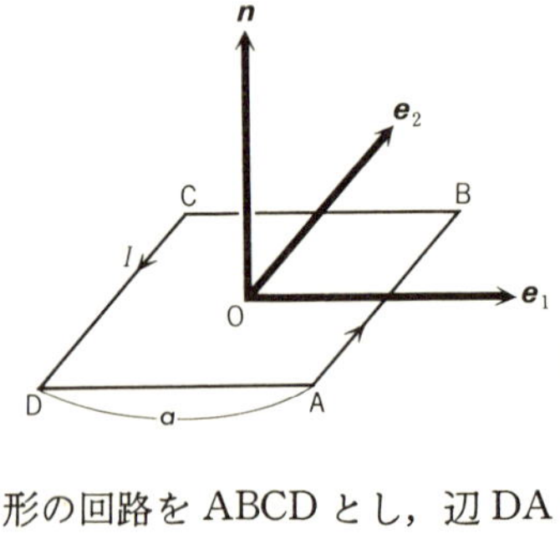

図 6-9 小さな正方形の回路．

図 6-9 のように正方形の回路を ABCD とし，辺 DA および AB に平行な単位ベクトルをそれぞれ $\boldsymbol{e}_1, \boldsymbol{e}_2$ とする．正方形の中心を原点に選べば，各電流素

片の位置ベクトル $\boldsymbol{r}'$ および電流の向き $\boldsymbol{t}$ は，それぞれつぎのようになる．

$$\text{AB}: \quad \boldsymbol{r}' = (a/2)\boldsymbol{e}_1, \qquad \boldsymbol{t} = \boldsymbol{e}_2$$

$$\text{BC}: \quad \boldsymbol{r}' = (a/2)\boldsymbol{e}_2, \qquad \boldsymbol{t} = -\boldsymbol{e}_1$$

$$\text{CD}: \quad \boldsymbol{r}' = -(a/2)\boldsymbol{e}_1, \qquad \boldsymbol{t} = -\boldsymbol{e}_2$$

$$\text{DA}: \quad \boldsymbol{r}' = -(a/2)\boldsymbol{e}_2, \qquad \boldsymbol{t} = \boldsymbol{e}_1$$

したがって各電流素片が点 $\boldsymbol{r}$ につくる磁場は

$$\text{AB}: \quad \frac{\mu_0 Ia}{4\pi}\frac{\boldsymbol{e}_2\times\{\boldsymbol{r}-(a/2)\boldsymbol{e}_1\}}{|\boldsymbol{r}-(a/2)\boldsymbol{e}_1|^3} \tag{1}$$

$$\text{BC}: \quad \frac{\mu_0 Ia}{4\pi}\frac{(-\boldsymbol{e}_1)\times\{\boldsymbol{r}-(a/2)\boldsymbol{e}_2\}}{|\boldsymbol{r}-(a/2)\boldsymbol{e}_2|^3} \tag{2}$$

$$\text{CD}: \quad \frac{\mu_0 Ia}{4\pi}\frac{(-\boldsymbol{e}_2)\times\{\boldsymbol{r}+(a/2)\boldsymbol{e}_1\}}{|\boldsymbol{r}+(a/2)\boldsymbol{e}_1|^3} \tag{3}$$

$$\text{DA}: \quad \frac{\mu_0 Ia}{4\pi}\frac{\boldsymbol{e}_1\times\{\boldsymbol{r}+(a/2)\boldsymbol{e}_2\}}{|\boldsymbol{r}+(a/2)\boldsymbol{e}_2|^3} \tag{4}$$

まず(1)の項を考える．ここで２点間の距離について(1.23)式の書き方を用いると，a の１次までの近似で

$$\begin{aligned}|\boldsymbol{r}-(a/2)\boldsymbol{e}_1|^2 &= (\boldsymbol{r}-(a/2)\boldsymbol{e}_1)\cdot(\boldsymbol{r}-(a/2)\boldsymbol{e}_1)\\ &\cong r^2-a(\boldsymbol{r}\cdot\boldsymbol{e}_1) \qquad (r=|\boldsymbol{r}|)\end{aligned}$$

となるから，

$$\begin{aligned}|\boldsymbol{r}-(a/2)\boldsymbol{e}_1|^{-3} &\cong \{r^2-a(\boldsymbol{r}\cdot\boldsymbol{e}_1)\}^{-3/2}\\ &= \frac{1}{r^3}\left\{1-\frac{a(\boldsymbol{r}\cdot\boldsymbol{e}_1)}{r^2}\right\}^{-3/2}\\ &\cong \frac{1}{r^3}\left\{1+\frac{3a}{2}\frac{\boldsymbol{r}\cdot\boldsymbol{e}_1}{r^2}\right\}\end{aligned}$$

となる．(2)～(4)の項も同じように計算できる．そこで４項の和を求めると，係数 $\mu_0 Ia/4\pi r^3$ を別にして a の１次までで

$$\boldsymbol{e}_2\times\left(\boldsymbol{r}-\frac{a}{2}\boldsymbol{e}_1\right)\left(1+\frac{3a}{2}\frac{\boldsymbol{r}\cdot\boldsymbol{e}_1}{r^2}\right)-\boldsymbol{e}_1\times\left(\boldsymbol{r}-\frac{a}{2}\boldsymbol{e}_2\right)\left(1+\frac{3a}{2}\frac{\boldsymbol{r}\cdot\boldsymbol{e}_2}{r^2}\right)$$

$$-\boldsymbol{e}_2\times\left(\boldsymbol{r}+\frac{a}{2}\boldsymbol{e}_1\right)\left(1-\frac{3a}{2}\frac{\boldsymbol{r}\cdot\boldsymbol{e}_1}{r^2}\right)+\boldsymbol{e}_1\times\left(\boldsymbol{r}+\frac{a}{2}\boldsymbol{e}_2\right)\left(1-\frac{3a}{2}\frac{\boldsymbol{r}\cdot\boldsymbol{e}_2}{r^2}\right)$$

$$\cong 2a(\boldsymbol{e}_1\times\boldsymbol{e}_2)+\frac{3a}{r^2}\{(\boldsymbol{r}\cdot\boldsymbol{e}_1)\boldsymbol{e}_2-(\boldsymbol{r}\cdot\boldsymbol{e}_2)\boldsymbol{e}_1\}\times\boldsymbol{r} \tag{5}$$

となる．第2項の{ }の中は，たとえば x 成分をつくると，

$$\begin{aligned}&(xe_{1x}+ye_{1y}+ze_{1z})e_{2x}-(xe_{2x}+ye_{2y}+ze_{2z})e_{1x}\\&\quad=(e_{1z}e_{2x}-e_{1x}e_{2z})z-(e_{1x}e_{2y}-e_{1y}e_{2x})y\\&\quad=(\boldsymbol{e}_1\times\boldsymbol{e}_2)_y z-(\boldsymbol{e}_1\times\boldsymbol{e}_2)_z y\\&\quad=\{(\boldsymbol{e}_1\times\boldsymbol{e}_2)\times\boldsymbol{r}\}_x\end{aligned}$$

y, z 成分についても同じような形になるから，この項は $(\boldsymbol{e}_1\times\boldsymbol{e}_2)\times\boldsymbol{r}$ に等しいことがわかる．したがって第2項の係数 $3a/r^2$ を除く部分は，図6-9のように回路の面に垂直な単位ベクトルを $\boldsymbol{e}_1\times\boldsymbol{e}_2=\boldsymbol{n}$ とおいて

$$(\boldsymbol{n}\times\boldsymbol{r})\times\boldsymbol{r}$$

と書かれる．つぎにこの x 成分を計算すると

$$\begin{aligned}&(\boldsymbol{n}\times\boldsymbol{r})_y z-(\boldsymbol{n}\times\boldsymbol{r})_z y\\&\quad=(n_z x-n_x z)z-(n_x y-n_y x)y\\&\quad=(n_x x+n_y y+n_z z)x-n_x(x^2+y^2+z^2)\\&\quad=\{(\boldsymbol{n}\cdot\boldsymbol{r})\boldsymbol{r}-\boldsymbol{n}r^2\}_x\end{aligned}$$

となり，y, z 成分も同じような形になる．したがってベクトルとして

$$(\boldsymbol{n}\times\boldsymbol{r})\times\boldsymbol{r}=(\boldsymbol{n}\cdot\boldsymbol{r})\boldsymbol{r}-\boldsymbol{n}r^2$$

の関係が成り立つ．この関係を使って，(5)式は

$$\begin{aligned}&2a\boldsymbol{n}+\frac{3a}{r^2}\{(\boldsymbol{n}\cdot\boldsymbol{r})\boldsymbol{r}-\boldsymbol{n}r^2\}\\&\quad=-a\boldsymbol{n}+\frac{3a}{r^2}(\boldsymbol{n}\cdot\boldsymbol{r})\boldsymbol{r}\end{aligned}$$

とまとめられる．したがって，点 $\boldsymbol{r}$ における磁束密度 $\boldsymbol{B}(\boldsymbol{r})$ は

$$\boldsymbol{B}(\boldsymbol{r})=-\frac{\mu_0 IS}{4\pi r^3}\left\{\boldsymbol{n}-\frac{3(\boldsymbol{n}\cdot\boldsymbol{r})\boldsymbol{r}}{r^2}\right\}\qquad(S=a^2) \tag{6.24}$$

と得られる．▌

この結果は，2-9節の問題2で得た電気双極子による電場の式と全く同じ形をしている．上では回路が正方形の特別の場合について計算したが，(6.24)式

の結果はSを回路の囲む面積にとれば，回路の形によらない．

6-2節の例題1で示したように，磁場中においた小さな回転電流にはたらく偶力のモーメントは

$$\boldsymbol{N} = I S \boldsymbol{n} \times \boldsymbol{B} \tag{6.25}$$

と与えられる((6.6)式)．これも，電場の中においた電気双極子にはたらく偶力のモーメント(2.9)と同じ形である．このように，回転電流は(6.24)式と(6.25)式との両面において，電場における電気双極子と同じ働きをしている．そこで，回転電流についてベクトル

$$\boxed{\boldsymbol{m} = \mu_0 I S \boldsymbol{n}} \tag{6.26}$$

を定義し，$\boldsymbol{m}$と磁場の強さ$\boldsymbol{H} = \mu_0{}^{-1}\boldsymbol{B}$を用いて(6.24),(6.25)式を書き直すと，

$$\boldsymbol{H}(\boldsymbol{r}) = -\frac{1}{4\pi\mu_0 r^3}\left\{\boldsymbol{m} - \frac{3(\boldsymbol{m}\cdot\boldsymbol{r})\boldsymbol{r}}{r^2}\right\} \tag{6.27}$$

$$\boldsymbol{N} = \boldsymbol{m} \times \boldsymbol{H} \tag{6.28}$$

となる．これらの式は，$\boldsymbol{m}$と$\boldsymbol{p}$，$\boldsymbol{H}$と$\boldsymbol{E}$，μ_0とε_0の対応で，電場における電気双極子の式と全く一致する．

6-1節で述べたように，磁荷の存在を仮定すれば，その間にはたらく力についてはクーロンの法則(6.1)が成り立つ．そこで，その比例係数を電荷の場合にまねて$(4\pi\mu_0)^{-1}$とおき，

$$F = \frac{q_{\mathrm{m}} q_{\mathrm{m}}{}'}{4\pi\mu_0 R^2} \tag{6.29}$$

と書く．さらに，磁荷にはたらく力が

$$\boldsymbol{F} = q_{\mathrm{m}} \boldsymbol{H} \tag{6.30}$$

となるように磁場$\boldsymbol{H}$を定義し，正負の磁荷の対として磁気双極子を考えたとしよう．このようにすれば，電場の場合と全く同じ道筋をたどることによって，(6.27),(6.28)式の結果が得られることは明らかであろう．歴史的には，磁場の強さHはクーロンの法則(6.29)に基づいて，(6.30)式によって導入されたのである．実際には磁荷は存在しないのだから，(6.30)式は物理的に意味がない．また，磁気双極子を正負の磁荷の対と見ることも正しくなく，その本質は回転

電流であり，磁気双極子モーメントは(6.26)式によって定義される．モーメントの向きは，電流の回転を右ネジの回転としたときの，ネジの進む方向である．

磁荷は仮想的な量であるが，その単位はクーロンの法則(6.29)によって決められる．μ_0 を(6.22)式で与え，力 F の単位をニュートン(N)，長さ R の単位をメートル(m)にしたときの磁荷の単位をウェーバー(Wb)という．この単位を使うと磁気モーメントの単位は Wb·m になる．なお，磁気モーメントを(6.26)の係数 μ_0 を除いて定義することがある．そのときの単位は $\mathrm{J{\cdot}T^{-1}}$ になる．表紙裏の表中の電子や陽子の磁気モーメントは，μ_0 を除いて定義されている．

一般の形をした大きな回路に定常電流が流れているときにも，その働きを磁気双極子に置き換えて考えることができる．図 6-10 のように，回路を縁にした曲面を考え，その上に針金の網を張ったとしよう．その網の目の１つ１つに強さ I の回転電流を流したとする．このとき，網の針金にはすべて互いに逆向きの電流が組で流れることになるので，縁の上を除いて電流は打ち消しあう．すなわち，網の目を流れる回転電流の全体は，縁の回路を流れる電流と等価である．一方，上で見たように，個々の網の目の回転電流は，網の目に垂直に向いた磁気双極子と見なすことができる．したがって，回路に流れる電流の働きは，回路を縁にした曲面上に分布する磁気双極子，いわば磁気双極子の膜と等価になることがわかる．曲面の形は，回路を縁にするものでさえあれば，どのようなものでもよい．

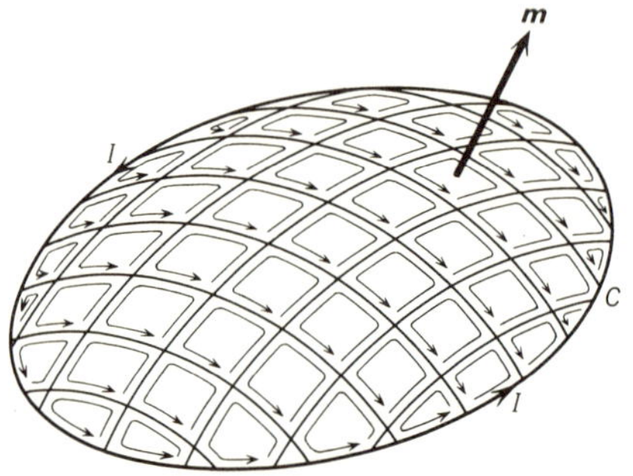

図 6-10 縁の回路 C に流れる電流は，網の目に流れる回転電流と等価である．

問　題

1. 地球のもつ磁気双極子モーメントの大きさはいくらか．6-4節の問題1の結果を用いて計算せよ．

2. 水素原子では電子が陽子のまわりを回転しているという．電子の運動を半径 a の円運動とするとき，その磁気双極子モーメントを求めよ．$a=0.5$ Å (1 Å $=10^{-10}$ m) のとき，その大きさはいくらか．

6-8 アンペールの法則

電流の分布が与えられたとき，それによって生じる静磁場はビオ－サバールの法則(6.16)または(6.17)により計算されることがわかった．この法則は $\boldsymbol{r}'$ の位置に流れている電流が，空間を越えて $\boldsymbol{r}$ の位置に静磁場をつくるという形になっており，電場の場合でいえば，クーロンの法則に当っている．近接作用の立場では，静電場の場合にガウスの法則と渦なしの法則を導いたように，このような考え方から離れて磁場そのものの性質を明らかにしなければならない．

静磁場はそれが電流によってつくられる場合にも，曲面上に分布した磁気双極子のつくる磁場と同じになることが，前節の議論で示された．磁気双極子から離れたところで見る限り，磁場は電気双極子の集団がつくる電場と全く同じ性質を示す．まず，遊離した磁荷は存在しないから，磁束密度 $\boldsymbol{B}(\boldsymbol{r})$ に対してガウスの法則をつくると，右辺はつねに0になり，任意の閉曲面 S に対して

$$\boxed{\int_S \{\boldsymbol{B}(\boldsymbol{r})\cdot\boldsymbol{n}(\boldsymbol{r})\}\,dS = 0} \tag{6.31}$$

が成り立つ．閉曲面の内部に電流が流れていても，この関係は変わらない．これに対応する微分形の法則は次のようになる．

$$\boxed{\nabla\cdot\boldsymbol{B}(\boldsymbol{r}) = 0} \tag{6.32}$$

静電場について成り立つ

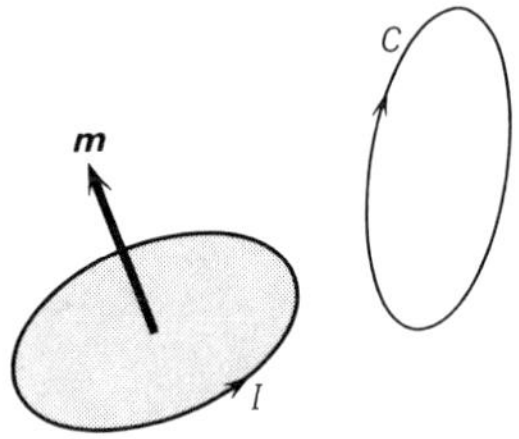

図 6-11　電流の回路と積分経路．電流は磁気双極子の膜に置き換えられる．

$$\int_C \{\boldsymbol{E}(\boldsymbol{r})\cdot \boldsymbol{t}(\boldsymbol{r})\}ds = 0$$

に相当する関係は，静磁場の場合どうなるだろうか．図 6-11 のように電流の流れている回路が，任意に選んだ閉じた経路 C から離れているときには，電流を，回路で囲まれた曲面上に分布する磁気双極子に置き換えることができるから，経路の上の磁場の性質は電気双極子による静電場と変わりがない．したがって，この場合には磁束密度 $\boldsymbol{B}(\boldsymbol{r})$ についても

$$\int_C \{\boldsymbol{B}(\boldsymbol{r})\cdot \boldsymbol{t}(\boldsymbol{r})\}ds = 0 \tag{6.33}$$

が成り立つことは明らかであろう．この関係は，経路が磁気双極子の上を通らない限り成り立つ．たとえば，電流の回路と積分経路との位置関係が図 6-12(a)のような場合でもよい．図 6-10 のように回路を縁にした曲面をつくるとき，曲面をふくらませれば，磁気双極子はすべて経路から離れたところに分布させることができるからである．

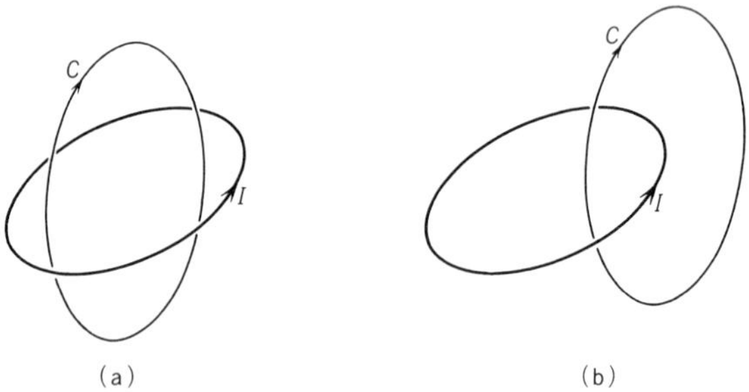

図 6-12　電流の回路と積分経路．

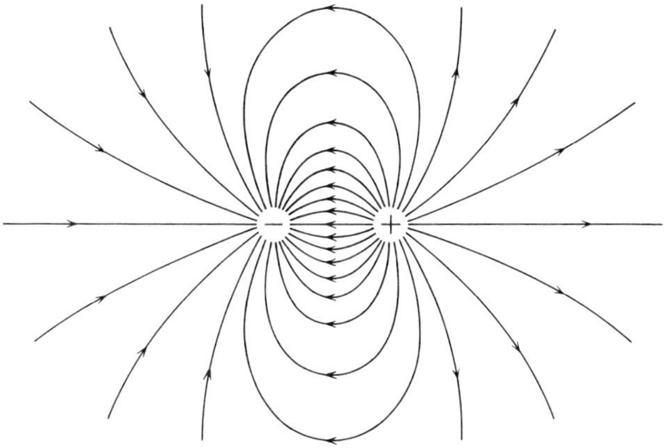

(a)

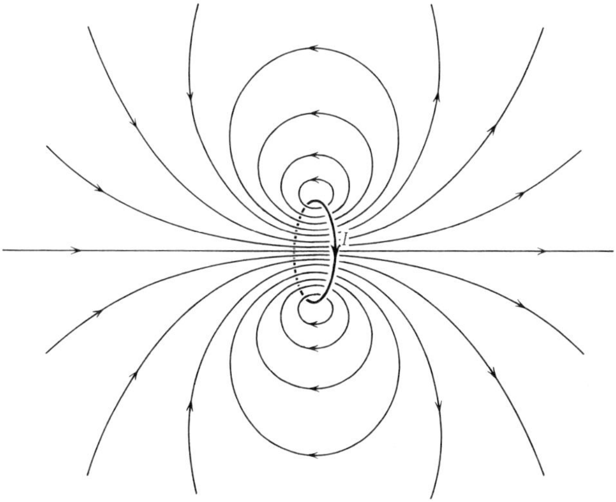

(b)

図 6-13　正負の点電荷の対がつくる電場(a)と，小さな回転電流のつくる磁場(b)　遠方では同じ形になるが，近くでの振舞いは異なる．

ところが，電流回路と積分経路の2つの輪が，図6-12(b)のように鎖状に嚙みあっているときにはそうはいかない．この場合には，回路を縁にした曲面をどのような形につくっても，経路は必ずその曲面を貫くことになる．電流を曲面上に分布した磁気双極子に置き換えたとき，積分経路はその双極子の上を通りぬける．電気双極子すなわち正負の電荷の対がつくる電場と，磁気双極子すなわち小さな閉じた回路に流れる回転電流がつくる磁場とは，図6-13に示したように遠方では同じ形をしているが，双極子の近くでの振舞いはまったく異なる．したがって，積分経路が図6-12(b)のような場合には，経路上での磁場の振舞いは電場とは異なると考えなければならない．

このような場合に積分がどうなるかを見るために，まず図6-14のように，経路が直線電流をとりまく半径Rの円の場合を考えよう．直線電流は閉じた回路とは異なるように見えるが，電流が無限遠方をひと回りして閉じていると考えれば，これも閉じた回路の一種である．遠方を回る電流がつくる磁場は無視してよい．なぜなら，距離Lの遠方の電流がつくる磁場は，ビオ-サバールの法則(6.14)によってL^{-2}に比例し，遠方をひと回りする回路の長さはLに比例する．したがって，遠方を回る電流の磁場への寄与は$L^{-2}\times L=L^{-1}$に比例し，Lを無限大にすると0になる．直線電流を閉じた回路に流れる電流と見てよいことがこれでわかる．

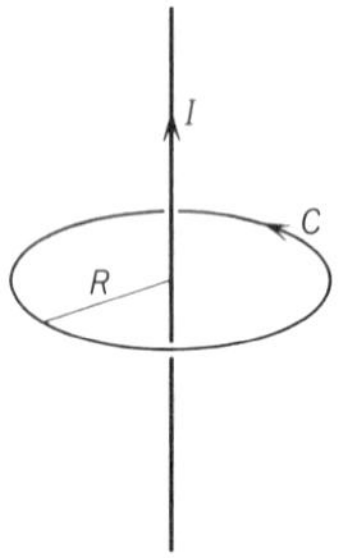

図6-14 直線電流のまわりをとりまく経路C.

図6-14の経路については，積分は容易に計算できる．直線電流のつくる磁束密度は(6.11)式で与えられ，その向きはいつも経路に沿っている．したがって，$\boldsymbol{B}(\boldsymbol{r})\cdot\boldsymbol{t}(\boldsymbol{r})$は経路上で一定の値$\mu_0 I/2\pi R$をとり，積分は

$$\int_C \{\boldsymbol{B}(\boldsymbol{r})\cdot\boldsymbol{t}(\boldsymbol{r})\}ds = \frac{\mu_0 I}{2\pi R}\times 2\pi R = \mu_0 I \tag{6.34}$$

となる．ただし，これは電流の向きを右ネジの進む向きとしたとき，経路の向きがネジの回転の向きになっている場合で，経路の向きが逆のときは $-\mu_0 I$ になる．

図 6-12(b)のように電流の回路と積分経路の形が一般の場合にも，じつは積分の値は(6.34)式になる．このことを示すには，つぎのような積分の性質に注目すればよい．

> 回路の形，積分経路の形を変えても，2つの輪の噛みあい方を変えない限り，積分の値は変わらない．

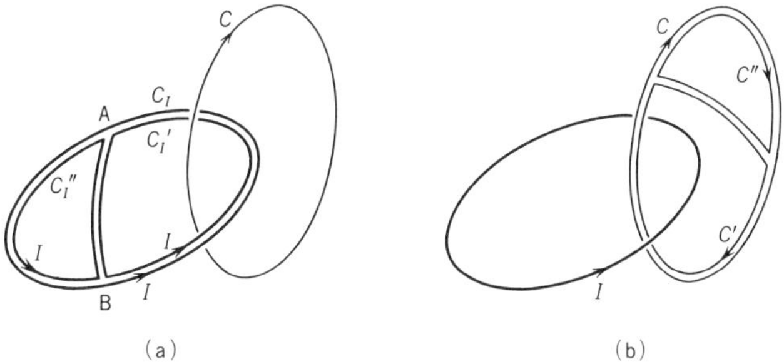

図 6-15 回路の形を C_I から C_I' に変えても，積分経路を C から C' に変えても，積分の値は変わらない．

まず，図 6-15(a)のように，回路 C_I に対して2つの回路 C_I', C_I'' を考えてみる．このとき2つの回路では，AB 間にちょうど逆向きに同じ強さの電流が流れている．2つの回路に流れる電流がつくる磁場のうち，AB 間の電流による分は打ち消しあう．したがって，回路 C_I の電流による磁束密度 $\boldsymbol{B}(\boldsymbol{r})$ は，回路 C_I' の電流による $\boldsymbol{B}'(\boldsymbol{r})$ と回路 C_I'' による $\boldsymbol{B}''(\boldsymbol{r})$ との和になる．すなわち

$$\boldsymbol{B}(\boldsymbol{r}) = \boldsymbol{B}'(\boldsymbol{r})+\boldsymbol{B}''(\boldsymbol{r})$$

線積分も

$$\int_C \{\boldsymbol{B}(\boldsymbol{r})\cdot\boldsymbol{t}(\boldsymbol{r})\}ds = \int_C \{\boldsymbol{B}'(\boldsymbol{r})\cdot\boldsymbol{t}(\boldsymbol{r})\}ds+\int_C \{\boldsymbol{B}''(\boldsymbol{r})\cdot\boldsymbol{t}(\boldsymbol{r})\}ds$$

となる．このうち回路 C_I'' は積分経路と嚙みあっていないから，第2項は，(6.33)式により0になる．したがって

$$\int_C \{\boldsymbol{B}(\boldsymbol{r})\cdot\boldsymbol{t}(\boldsymbol{r})\}ds = \int_C \{\boldsymbol{B}'(\boldsymbol{r})\cdot\boldsymbol{t}(\boldsymbol{r})\}ds$$

となり，回路を C_I から C_I' に縮めても積分の値は変わらない．もちろん，同じことは回路を C_I' から C_I に広げる場合にも成り立つ．このような操作を繰り返すことにより，積分経路との嚙みあい方を変えない限りどのようにでも回路の形を変えることができ，それによって積分の値は変わらないのである．積分の経路を図6-15(b)のように C から C' に変えても，積分の値は変わらない．このことも，経路 C'' 上の積分が0になることから，上と同じような論法で示すことができる．

このように積分の値は回路の形，経路の形によらないから，直線電流のまわりの円形経路という特別の場合に得た(6.34)式は，一般の場合に成り立つことがわかる．すなわち，

$$\int_C \{\boldsymbol{B}(\boldsymbol{r})\cdot\boldsymbol{t}(\boldsymbol{r})\}ds = \pm\mu_0 I \tag{6.35}$$

ただし，符号は電流の向き，経路の向きによって決まる．

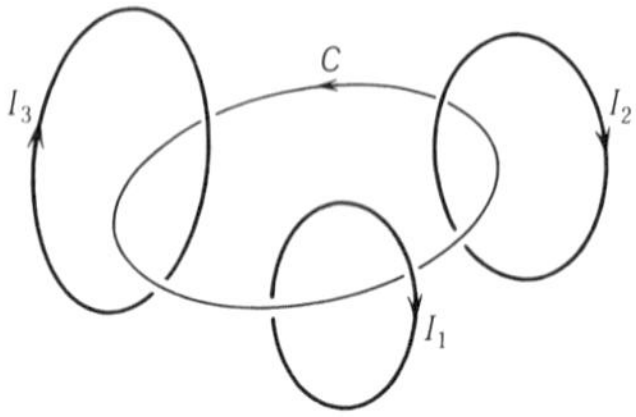

図6-16 電流回路と積分経路．回路が多数ある場合．

図6-16のように経路と嚙みあう電流回路がいくつもあるときは，(6.35)式の積分は各回路からの寄与の和になる．電流の符号は，図の場合 I_1 と I_2 は正，I_3 は負にとればよい．すなわち

$$\int_C \{\boldsymbol{B}(\boldsymbol{r})\cdot\boldsymbol{t}(\boldsymbol{r})\}ds = \mu_0(I_1+I_2-I_3)$$

この結果はつぎのように解釈し直すことができる．図6-17のように積分経

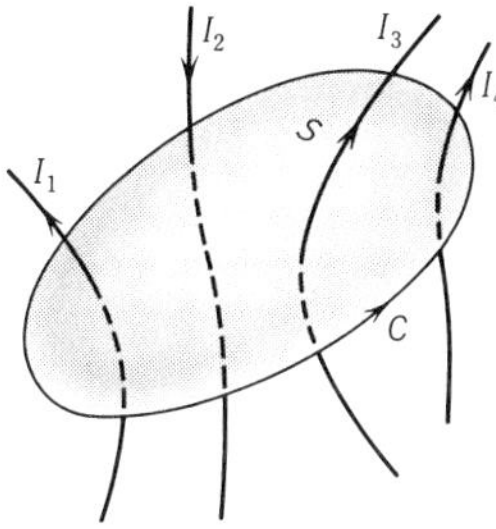

図 6-17　アンペールの法則．図に見える側を曲面の表と約束する．このとき，I_1, I_3, I_4 は正，I_2 は負として(6.36)式が成り立つ．

路 C を縁にした曲面 S を想定し，経路の向きを右ネジの回転としたときネジの進む側を曲面の表と約束する．このとき，曲面を貫く電流を $I_1, I_2, \cdots$ とし，その符号は裏から表に貫くものを正，表から裏に貫くものを負と定義する．こうすると，積分はこれらの曲面を貫く電流の和として表わされ，

$$\boxed{\int_C \{\boldsymbol{B}(\boldsymbol{r})\cdot\boldsymbol{t}(\boldsymbol{r})\}ds = \mu_0 \sum_i I_i} \qquad (6.36)$$

となる．経路と嚙みあわない回路の電流が曲面 S と交わっていたとしても，その電流は曲面を逆向きに2度貫くから，和の中に正と負で2回現われて打ち消しあい，積分の値に寄与しない．この関係を**アンペールの法則**(Ampère's law)という．

電流が細い導線の上ではなく，電流密度 $\boldsymbol{i}(\boldsymbol{r})$ で広がって流れているときにも，(6.36)式の右辺は曲面 S を貫く全電流になる．曲面を貫く全電流は，閉じた曲面の場合には(5.3)式の左辺のように表わされた．いまのように閉じていない曲面でも，積分を行なう領域が変わるだけで，表式は同じである．すなわち，この場合のアンペールの法則は

$$\boxed{\int_C \{\boldsymbol{B}(\boldsymbol{r})\cdot\boldsymbol{t}(\boldsymbol{r})\}ds = \mu_0 \int_S \{\boldsymbol{i}(\boldsymbol{r})\cdot\boldsymbol{n}(\boldsymbol{r})\}dS} \qquad (6.37)$$

となる．S は C を縁とした任意の曲面，$\boldsymbol{n}(\boldsymbol{r})$ はその法線ベクトルである．

磁場を近接作用の立場で見るには，アンペールの法則も微分形に書き換えなければならない．そのためには，3-3節で(3.20)式を導いたときと同じ手続き

をとればよい．アンペールの法則(6.37)を適用する経路 C として，点 $\boldsymbol{r}_0$ のまわりの微小な平面状の経路を選ぶ．経路が囲む面積を $\varDelta S$，平面の法線ベクトルを $\boldsymbol{n}$ とすれば，(6.37)式の左辺の積分は(3.19)式と同じように

$$[\nabla\times\boldsymbol{B}(\boldsymbol{r})]_{\boldsymbol{r}=\boldsymbol{r}_0}\cdot\boldsymbol{n}\varDelta S$$

となる．この微小面積を貫く電流は

$$\boldsymbol{i}(\boldsymbol{r}_0)\cdot\boldsymbol{n}\varDelta S$$

となるので，アンペールの法則は

$$[\nabla\times\boldsymbol{B}(\boldsymbol{r})]_{\boldsymbol{r}=\boldsymbol{r}_0}\cdot\boldsymbol{n}\varDelta S = \mu_0\boldsymbol{i}(\boldsymbol{r}_0)\cdot\boldsymbol{n}\varDelta S$$

となる．この関係は回路の位置 $\boldsymbol{r}_0$，向き $\boldsymbol{n}$ によらず成り立たなければならない．したがって，一般の点 $\boldsymbol{r}$ において

$$\boxed{\nabla\times\boldsymbol{B}(\boldsymbol{r}) = \mu_0\boldsymbol{i}(\boldsymbol{r})} \qquad (6.38)$$

が導かれる．これが微分形に書いたアンペールの法則である．(6.20)式で定義した磁場の強さのベクトル $\boldsymbol{H}(\boldsymbol{r})=\mu_0{}^{-1}\boldsymbol{B}(\boldsymbol{r})$ を使って表わすと

$$\boxed{\nabla\times\boldsymbol{H}(\boldsymbol{r}) = \boldsymbol{i}(\boldsymbol{r})} \qquad (6.39)$$

となる．

(6.32)式と，(6.38)または(6.39)式が，微分形で書いた静磁場の基本法則である．

問　題

1. 円形の回路を流れる強さ I の電流が軸上につくる磁場は(6.18)式で与えられる．この磁場を実際に積分することにより，軸上の線積分が

$$\int_{-\infty}^{\infty} B(r)dr = \mu_0 I$$

となることを示せ．

2. つぎのベクトル場 $\boldsymbol{B}$ は，真空中の磁場(磁束密度)を表わすと見なしうることを示し，電流密度を求めよ．ただし，A, A' は定数である．

(a)　$B_x = -A(x^2+y^2)y,\quad B_y = A(x^2+y^2)x,\quad B_z = A'$

$$(\text{b})\quad B_x = \begin{cases} A & (z>d) \\ A\dfrac{z}{d} & (d \geqq z \geqq -d), \\ -A & (z<-d) \end{cases} \qquad B_y = A', \qquad B_z = 0$$

6-9 アンペールの法則の応用

静磁場を求めるとき，ビオ-サバールの法則(6.16), (6.17)を使って積分を計算してもよいが，アンペールの法則(6.36)または(6.37)による方が，結果が簡単に得られる場合もある．

例題1 平面上を一定の向き，一定の強さで一様に流れる定常電流のつくる静磁場を求めよ．

［解］ 図6-18のように電流の流れる平面内に電流の向きに x 軸，それに垂直に y 軸，そして面に垂直に z 軸をとる．磁場が y 軸の方向を向き，その大きさが x, y 座標によらないことは，問題の状況から見て明らかである．そこで，磁束密度の大きさを $B(z)$ と書く．アンペールの法則を適用する経路として，長方形ABCDを，辺AB, CDを y 軸に平行，辺BC, DAを z 軸に平行にとる．点A, Bの z 座標を z_1，点C, Dのそれを z_2，辺の長さを $\overline{\mathrm{AB}}=\overline{\mathrm{CD}}=l$ とする．経路ABCDAに沿った積分

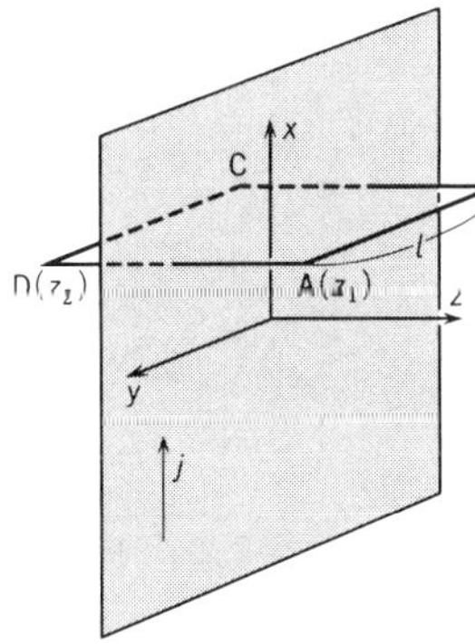

図6-18 平面上を一様に流れる電流のつくる磁場に，アンペールの法則を適用する．

$$\int_{\mathrm{ABCDA}} \{\boldsymbol{B}(\boldsymbol{r})\cdot\boldsymbol{t}(\boldsymbol{r})\}ds$$

を求めるとき，辺 BC および DA の上では磁場が経路に垂直なので，積分は 0 になる．辺 AB, CD 上の積分は，それぞれ $B(z_1)l$, $-B(z_2)l$ になるので

$$\int_{\mathrm{ABCDA}} \{\boldsymbol{B}(\boldsymbol{r})\cdot\boldsymbol{t}(\boldsymbol{r})\}ds = \{B(z_1)-B(z_2)\}l$$

が得られる．経路が電流の流れる平面と交差していないとき ($z_1>0$, $z_2>0$ または $z_1<0$, $z_2<0$) には，経路を貫く電流はない．したがって

$$\{B(z_1)-B(z_2)\}l = 0 \qquad \therefore \quad B(z_1) = B(z_2)$$

すなわち，磁場は平面の左右の空間でそれぞれ一定になり，z にも依存しない．

磁場が平面の両側で大きさが等しく，向きが逆になることも明らかであろう．すなわち

$$B(z) = \begin{cases} B & (z>0) \\ -B & (z<0) \end{cases}$$

となる．電流の面密度を j とすれば，長方形の経路が平面と交差しているとき，経路を貫く電流は jl となる．したがって，アンペールの法則は $z_1>0$, $z_2<0$ として

$$\{B(z_1)-B(z_2)\}l = 2Bl = \mu_0 jl$$

ゆえに

$$B = \frac{1}{2}\mu_0 j \tag{6.40}$$

が得られる．電流の流れている面では，磁束密度の面に平行な成分が不連続で，B から $-B$ にとんでいる．▌

例題 2　導線を単位長さ当り n 回の割合いで円筒形に巻いた長いコイルに，強さ I の定常電流を流したとき，生じる磁場を求めよ．

[解]　磁場はコイルの軸と平行に生じる．上の例題 1 と同じように考えると，コイルの内外で磁場はそれぞれ一定になることがわかる．コイルの外側でも，コイルの軸からの距離によらない一定の値になる．しかし，この場合には軸から無限に離れると磁場は 0 になるべきだから，コイルの外側での一定値は 0 に

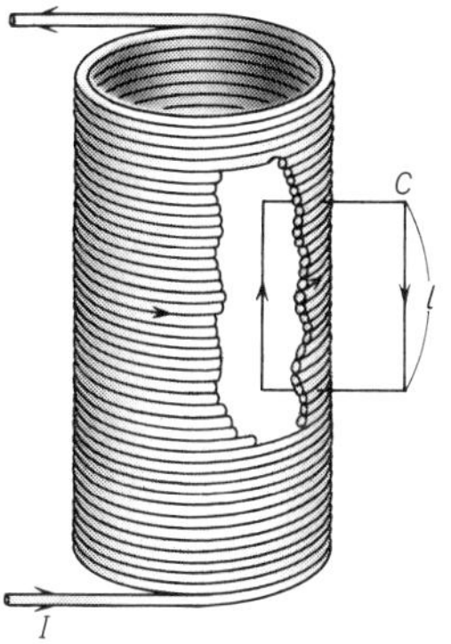

図 6-19　円筒形のコイルに流れる電流のつくる磁場．

なる．つぎに，長方形の積分経路を長さ l の辺をコイルの軸に平行にして，コイルの内外にまたがるようにとり，アンペールの法則を適用する．積分はコイルの中の軸に平行な辺の上でだけ残り，コイルの内部での磁束密度を B とすれば，その値は Bl になる．経路を貫く電流は nIl になるので，アンペールの法則は

$$Bl = \mu_0 nIl$$

となり，

$$B = \mu_0 nI \tag{6.41}$$

が得られる．▮

問　題

1. 半径 a の無限に長い円筒の側面に，円筒の軸に平行に一様な電流が流れている．対称性から，磁場は円筒を巻く向きに生じ，その強さは円筒の軸からの距離のみによることは明らかであろう．このことを用い，アンペールの法則(6.37)によって，円筒の内外に生じる磁場を求めよ．

2. 問題 1 と同じ形の円筒の内部に一様な電流が流れている場合に生じる磁場を，1 と同様な方法によって求めよ．

6-10　ベクトル・ポテンシャル

6-8節で示したように，静磁場の基本法則は微分形で書くと，2つの方程式

$$\nabla\cdot\boldsymbol{B}(\boldsymbol{r}) = 0 \tag{6.42}$$

$$\nabla\times\boldsymbol{B}(\boldsymbol{r}) = \mu_0\boldsymbol{i}(\boldsymbol{r}) \tag{6.43}$$

にまとめられる．電流の分布が与えられたときの静磁場は，この方程式を適当な境界条件のもとで解くことにより決められる．しかし，2つの方程式を同時に考えるのは，少々わずらわしい．静電場の基本法則がポアソンの方程式にまとめられたように，もっと簡単な形に書き直すことはできないだろうか．

静電場は静電ポテンシャル $\phi(\boldsymbol{r})$ を用いて，

$$\boldsymbol{E}(\boldsymbol{r}) = -\nabla\phi(\boldsymbol{r})$$

と表わすことができた．これは，電場が

$$\nabla\times\boldsymbol{E}(\boldsymbol{r}) = 0$$

という性質をもつことによっている．静電場を求めるとき，まずポテンシャルを求め，それから電場を計算する方が，直接電場を求めるよりやさしい場合が多い．

静磁場も，電流の流れていない真空中では

$$\nabla\times\boldsymbol{B}(\boldsymbol{r}) = 0 \tag{6.44}$$

が成り立つ．したがって，そのような領域では磁場に対するポテンシャル $\phi_{\mathrm{m}}(\boldsymbol{r})$ を導入し，磁場を

$$\boldsymbol{B}(\boldsymbol{r}) = -\nabla\phi_{\mathrm{m}}(\boldsymbol{r}) \tag{6.45}$$

と表わすことができる．しかし，このようにして導入したポテンシャルは，位置 $\boldsymbol{r}$ の関数として値がただ1つには決まらない．たとえば，図6-6のように直線電流が流れている場合を考えてみよう．このとき，磁力線(静電場の電気力線と同じように定義する)は電流のまわりを1周している．この磁力線に沿って $\phi_{\mathrm{m}}(\boldsymbol{r})$ の変化を見ると，磁場の向きにたどれば，(6.45)式からわかるように，ポテンシャルは減少する一方である．1周してもとの位置に戻ったとき，$\phi_{\mathrm{m}}(\boldsymbol{r})$

の値は最初の値より小さくなっていなければならない．2周，3周すれば値はますます小さくなる．同じ位置 $\boldsymbol{r}$ で，関数 $\phi_{\mathrm{m}}(\boldsymbol{r})$ は無限にたくさんの値をとることになる．

これでは，磁場に対してはポテンシャルを導入してもあまり便利でない．それに，静磁場では(6.44)式はどこでも成り立つわけではないから，別な工夫が必要になる．静磁場では電流のあるなしによらず，どこでも成り立つ関係は(6.44)式ではなく，(6.42)式である．したがって，静電場に対する静電ポテンシャルに相当するものを静磁場について導入するのであれば，(6.42)式を基にすべきであろう．

いま，$\boldsymbol{A}(\boldsymbol{r})$ というもう1つのベクトル場を考え，$\nabla\times\boldsymbol{A}(\boldsymbol{r})$ という量をつくると，

$$\nabla\cdot\{\nabla\times\boldsymbol{A}(\boldsymbol{r})\}=0 \tag{6.46}$$

という関係が，任意の $\boldsymbol{A}(\boldsymbol{r})$ について成り立つことに注目しよう．この関係は成分をとって計算することにより，容易に証明できる．すなわち

$$\begin{aligned}\nabla\cdot\{\nabla\times\boldsymbol{A}(\boldsymbol{r})\} &= \frac{\partial}{\partial x}(\nabla\times\boldsymbol{A})_x+\frac{\partial}{\partial y}(\nabla\times\boldsymbol{A})_y+\frac{\partial}{\partial z}(\nabla\times\boldsymbol{A})_z \\ &= \frac{\partial}{\partial x}\left(\frac{\partial A_z}{\partial y}-\frac{\partial A_y}{\partial z}\right)+\frac{\partial}{\partial y}\left(\frac{\partial A_x}{\partial z}-\frac{\partial A_z}{\partial x}\right)+\frac{\partial}{\partial z}\left(\frac{\partial A_y}{\partial x}-\frac{\partial A_x}{\partial y}\right) \\ &= \frac{\partial^2 A_z}{\partial x\partial y}-\frac{\partial^2 A_y}{\partial x\partial z}+\frac{\partial^2 A_x}{\partial y\partial z}-\frac{\partial^2 A_z}{\partial y\partial x}+\frac{\partial^2 A_y}{\partial z\partial x}-\frac{\partial^2 A_x}{\partial z\partial y} \\ &= 0\end{aligned}$$

となる．ここで，偏微分の順序を入れ換えたとき，

$$\frac{\partial^2 A_z}{\partial x\partial y}=\frac{\partial^2 A_z}{\partial y\partial x}$$

などの関係が成り立つことを使った．

そこで，静磁場がベクトル $\boldsymbol{A}(\boldsymbol{r})$ によって

$$\boxed{\boldsymbol{B}(\boldsymbol{r})=\nabla\times\boldsymbol{A}(\boldsymbol{r})} \tag{6.47}$$

と表わされるなら，この $\boldsymbol{B}(\boldsymbol{r})$ は(6.42)の関係を自動的に満たすことになる．

これは，静電ポテンシャルの勾配として表わされた電場 $\boldsymbol{E}(\boldsymbol{r})$ が，渦なしの関係を自動的に満たすのと似ている．$\boldsymbol{A}(\boldsymbol{r})$ を静磁場に対する**ベクトル・ポテンシャル**(vector potential)という．

静電ポテンシャルはそれに定数を足しても，定数の勾配は0だから電場は変わらない．したがって，静電ポテンシャルのとり方には定数だけの任意性が残されていた．これに似た事情はベクトル・ポテンシャルにもある．ここで，スカラーの関数 $\phi(\boldsymbol{r})$ の勾配として与えられるベクトル $\boldsymbol{E}(\boldsymbol{r})$ が自動的に渦なしの関係を満たすことに，もう一度注目したい．すなわち，$\chi(\boldsymbol{r})$ を任意のスカラーの関数として $\nabla\chi(\boldsymbol{r})$ というベクトルをつくると，

$$\nabla\times\{\nabla\chi(\boldsymbol{r})\} = 0 \tag{6.48}$$

の関係がいつでも成り立つ．そこで，ベクトル・ポテンシャル $\boldsymbol{A}(\boldsymbol{r})$ に対し，

$$\boldsymbol{A}'(\boldsymbol{r}) = \boldsymbol{A}(\boldsymbol{r})+\nabla\chi(\boldsymbol{r}) \tag{6.49}$$

という新しい関数をつくると，

$$\begin{aligned}\nabla\times\boldsymbol{A}'(\boldsymbol{r}) &= \nabla\times\{\boldsymbol{A}(\boldsymbol{r})+\nabla\chi(\boldsymbol{r})\}\\ &= \nabla\times\boldsymbol{A}(\boldsymbol{r})\end{aligned}$$

が成り立つ．すなわち，$\boldsymbol{A}'(\boldsymbol{r})$ もベクトル・ポテンシャルとして $\boldsymbol{A}(\boldsymbol{r})$ と同じ磁場 $\boldsymbol{B}(\boldsymbol{r})$ を表わすのである．ベクトル・ポテンシャルには(6.49)式のような書き換えの任意性が残されており，同じ静磁場がいろいろなベクトル・ポテンシャルで表わされることになる．

例題1 z 軸の方向を向いた一様な磁場 $\boldsymbol{B}=(0,0,B)$ は，ベクトル・ポテンシャル

$$\begin{aligned}\boldsymbol{A}_1(\boldsymbol{r}) &= (-By, 0, 0)\\ \boldsymbol{A}_2(\boldsymbol{r}) &= (0, Bx, 0)\\ \boldsymbol{A}_3(\boldsymbol{r}) &= \left(-\frac{1}{2}By,\ \frac{1}{2}Bx, 0\right)\end{aligned}$$

のいずれでも表わされることを示せ．また，これらのベクトル・ポテンシャルは(6.49)式で関係づけられることを示せ．

［解］ 実際に $\nabla\times\boldsymbol{A}_1(\boldsymbol{r})$ の各成分を計算すると，

$$\{\nabla\times\boldsymbol{A}_1(\boldsymbol{r})\}_x = \frac{\partial A_{1z}}{\partial y} - \frac{\partial A_{1y}}{\partial z} = 0$$

$$\{\nabla\times\boldsymbol{A}_1(\boldsymbol{r})\}_y = \frac{\partial A_{1x}}{\partial z} - \frac{\partial A_{1z}}{\partial x} = 0$$

$$\{\nabla\times\boldsymbol{A}_1(\boldsymbol{r})\}_z = \frac{\partial A_{1y}}{\partial x} - \frac{\partial A_{1x}}{\partial y} = -\frac{\partial}{\partial y}(-By) = B$$

$\boldsymbol{A}_2(\boldsymbol{r})$, $\boldsymbol{A}_3(\boldsymbol{r})$ についても,

$$\begin{cases} \{\nabla\times\boldsymbol{A}_2(\boldsymbol{r})\}_x = \{\nabla\times\boldsymbol{A}_2(\boldsymbol{r})\}_y = 0 \\ \{\nabla\times\boldsymbol{A}_2(\boldsymbol{r})\}_z = \dfrac{\partial}{\partial x}(Bx) = B \end{cases}$$

$$\begin{cases} \{\nabla\times\boldsymbol{A}_3(\boldsymbol{r})\}_x = \{\nabla\times\boldsymbol{A}_3(\boldsymbol{r})\}_y = 0 \\ \{\nabla\times\boldsymbol{A}_3(\boldsymbol{r})\}_z = \dfrac{\partial}{\partial x}\left(\dfrac{1}{2}Bx\right) - \dfrac{\partial}{\partial y}\left(-\dfrac{1}{2}By\right) = B \end{cases}$$

となり，どのベクトル・ポテンシャルも，同じ磁場 $\boldsymbol{B}=(0,0,B)$ を与えることがわかる.

つぎに，これらのベクトル・ポテンシャルの差をつくると，たとえば

$$\boldsymbol{A}_2(\boldsymbol{r}) - \boldsymbol{A}_1(\boldsymbol{r}) = (By, Bx, 0)$$

となる．そこで，関数

$$\chi(\boldsymbol{r}) = Bxy$$

を選ぶと,

$$\frac{\partial\chi(\boldsymbol{r})}{\partial x} = By, \qquad \frac{\partial\chi(\boldsymbol{r})}{\partial y} = Bx, \qquad \frac{\partial\chi(\boldsymbol{r})}{\partial z} = 0$$

となるので，$\boldsymbol{A}_2(\boldsymbol{r})$ と $\boldsymbol{A}_1(\boldsymbol{r})$ の差はこのスカラーの関数 $\chi(\boldsymbol{r})$ により，$\nabla\chi(\boldsymbol{r})$ と表わされる．すなわち

$$\boldsymbol{A}_2(\boldsymbol{r}) = \boldsymbol{A}_1(\boldsymbol{r}) + \nabla\chi(\boldsymbol{r})$$

の関係が成り立つ．$\boldsymbol{A}_3(\boldsymbol{r})$ と $\boldsymbol{A}_1(\boldsymbol{r})$ の差については，スカラーの関数として

$$\chi'(\boldsymbol{r}) = \frac{1}{2}Bxy$$

を選ぶと，同様の関係が成り立つ．▮

ベクトル・ポテンシャルにこのような任意性があって，それがユニークに決まらないことを，心許ないことのように感じるかも知れない．しかし，これは

ある点ではたいへん便利なことで，もっとも都合のいいようにベクトル・ポテンシャルを選ぶ自由度が残されていることになる.

ベクトル・ポテンシャルを求めるには，(6.47)式をアンペールの法則(6.43)に代入すればよい．このとき左辺は

$$\nabla\times\{\nabla\times\boldsymbol{A}(\boldsymbol{r})\} = -\nabla^2\boldsymbol{A}(\boldsymbol{r})+\nabla\{\nabla\cdot\boldsymbol{A}(\boldsymbol{r})\} \tag{6.50}$$

と書き換えられる．この式を証明するには，成分をとって計算してみればよい．x 成分は

$$\begin{aligned}\frac{\partial}{\partial y}(\nabla\times\boldsymbol{A})_z-\frac{\partial}{\partial z}(\nabla\times\boldsymbol{A})_y &= \frac{\partial}{\partial y}\left(\frac{\partial A_y}{\partial x}-\frac{\partial A_x}{\partial y}\right)-\frac{\partial}{\partial z}\left(\frac{\partial A_x}{\partial z}-\frac{\partial A_z}{\partial x}\right)\\ &= -\left(\frac{\partial^2 A_x}{\partial y^2}+\frac{\partial^2 A_x}{\partial z^2}\right)+\frac{\partial}{\partial x}\left(\frac{\partial A_y}{\partial y}+\frac{\partial A_z}{\partial z}\right)\\ &= -\left(\frac{\partial^2 A_x}{\partial x^2}+\frac{\partial^2 A_x}{\partial y^2}+\frac{\partial^2 A_x}{\partial z^2}\right)+\frac{\partial}{\partial x}\left(\frac{\partial A_x}{\partial x}+\frac{\partial A_y}{\partial y}+\frac{\partial A_z}{\partial z}\right)\\ &= -\nabla^2 A_x+\frac{\partial}{\partial x}(\nabla\cdot\boldsymbol{A})\end{aligned}$$

最後の式は，(6.50)式の右辺の x 成分にほかならない．y, z 成分についても同じような関係が得られるので，ベクトルとして(6.50)の関係が証明されたことになる.

(6.43)式の左辺が(6.50)式のようになるので，もしも $\boldsymbol{A}(\boldsymbol{r})$ が

$$\nabla\cdot\boldsymbol{A}(\boldsymbol{r}) = 0 \tag{6.51}$$

という性質をもつなら，第2項は消えてアンペールの法則は

$$\nabla^2\boldsymbol{A}(\boldsymbol{r}) = -\mu_0\boldsymbol{i}(\boldsymbol{r}) \tag{6.52}$$

となる．(6.52)式を解いて得られる $\boldsymbol{A}(\boldsymbol{r})$ が(6.51)式を満たすなら，それが求めるベクトル・ポテンシャルである.

(6.52)式は，たとえば x 成分について書くと，

$$\nabla^2 A_x(\boldsymbol{r}) = -\mu_0 i_x(\boldsymbol{r}) \tag{6.53}$$

となる．これは，静電ポテンシャル $\phi(\boldsymbol{r})$ に対するポアソンの方程式

$$\nabla^2\phi(\boldsymbol{r}) = -\frac{1}{\varepsilon_0}\rho(\boldsymbol{r})$$

((3.27)式)と全く同じ形をしている．無限遠で0になるという境界条件のもとで，その解がクーロンの法則から得られる

$$\phi(\boldsymbol{r}) = \frac{1}{4\pi\varepsilon_0}\int\frac{\rho(\boldsymbol{r}')}{|\boldsymbol{r}-\boldsymbol{r}'|}dV'$$

に一致することは，3-5節で述べたとおりである．したがって，これとの対応から，同じ境界条件のもとで(6.53)式の解が

$$A_x(\boldsymbol{r}) = \frac{\mu_0}{4\pi}\int\frac{i_x(\boldsymbol{r}')}{|\boldsymbol{r}-\boldsymbol{r}'|}dV' \tag{6.54}$$

となることは明らかだろう．y, z 成分についても同じようになるから，(6.52)式の解がベクトルとして

$$\boxed{\boldsymbol{A}(\boldsymbol{r}) = \frac{\mu_0}{4\pi}\int\frac{\boldsymbol{i}(\boldsymbol{r}')}{|\boldsymbol{r}-\boldsymbol{r}'|}dV'} \tag{6.55}$$

と得られる．

つぎに，(6.55)式が(6.51)の関係を満たすかどうかを確かめなければならない．(6.55)式の x 成分を x で微分すると，

$$\frac{\partial A_x(\boldsymbol{r})}{\partial x} = \frac{\mu_0}{4\pi}\int i_x(\boldsymbol{r}')\frac{\partial}{\partial x}\left(\frac{1}{|\boldsymbol{r}-\boldsymbol{r}'|}\right)dV'$$

となる．ここで，

$$\frac{\partial}{\partial x}\left(\frac{1}{|\boldsymbol{r}-\boldsymbol{r}'|}\right) = -\frac{\partial}{\partial x'}\left(\frac{1}{|\boldsymbol{r}-\boldsymbol{r}'|}\right)$$

$$\frac{\partial}{\partial x'}\left\{\frac{i_x(\boldsymbol{r}')}{|\boldsymbol{r}-\boldsymbol{r}'|}\right\} = \frac{\partial i_x(\boldsymbol{r}')}{\partial x'}\frac{1}{|\boldsymbol{r}-\boldsymbol{r}'|}+i_x(\boldsymbol{r}')\frac{\partial}{\partial x'}\left(\frac{1}{|\boldsymbol{r}-\boldsymbol{r}'|}\right)$$

という関係をつかうと，上式の被積分関数は

$$\begin{aligned} i_x(\boldsymbol{r}')\frac{\partial}{\partial x}\left(\frac{1}{|\boldsymbol{r}-\boldsymbol{r}'|}\right) &= -i_x(\boldsymbol{r}')\frac{\partial}{\partial x'}\left(\frac{1}{|\boldsymbol{r}-\boldsymbol{r}'|}\right) \\ &= \frac{\partial i_x(\boldsymbol{r}')}{\partial x'}\frac{1}{|\boldsymbol{r}-\boldsymbol{r}'|}-\frac{\partial}{\partial x'}\left\{\frac{i_x(\boldsymbol{r}')}{|\boldsymbol{r}-\boldsymbol{r}'|}\right\} \end{aligned}$$

と書き換えられる．y, z 成分の微分についても同じような書き換えを行なって，

$$\nabla\cdot\boldsymbol{A}(\boldsymbol{r}) = \frac{\mu_0}{4\pi}\int\frac{\nabla\cdot\boldsymbol{i}(\boldsymbol{r}')}{|\boldsymbol{r}-\boldsymbol{r}'|}dV' - \frac{\mu_0}{4\pi}\int\nabla\cdot\left\{\frac{\boldsymbol{i}(\boldsymbol{r}')}{|\boldsymbol{r}-\boldsymbol{r}'|}\right\}dV'$$

となる．第2項の発散の積分は，ガウスの定理(3.11)をつかうと積分領域の表面の積分になる．電流の分布が有限の領域に限られていれば，表面をその領域の外側にとることにより，この積分は消える．また，定常電流では電荷の保存則により，(5.4)式のように

$$\nabla\cdot\boldsymbol{i}(\boldsymbol{r}) = 0$$

となるから，第1項も0である．したがって，(6.55)式の$\boldsymbol{A}(\boldsymbol{r})$は(6.51)の条件を満たすことが証明された．

ベクトル・ポテンシャル(6.55)から(6.47)式により磁束密度を求めると，ビオ-サバールの法則が得られることも，証明できる(問題4)．(6.55)式は，ビオ-サバールの法則(6.17)よりも計算が容易な形をしている．したがって，電流分布が与えられたときに磁場を求めるには，まずベクトル・ポテンシャル(6.55)を求め，それから(6.47)式により磁束密度$\boldsymbol{B}(\boldsymbol{r})$を計算する方がよい．

電流が細い針金の上を流れている場合には，(6.55)の積分をまず針金の断面積について行なうと，

$$\int \frac{\boldsymbol{i}(\boldsymbol{r}')}{|\boldsymbol{r}-\boldsymbol{r}'|}dS' \cong \frac{I\boldsymbol{t}(\boldsymbol{r}')}{|\boldsymbol{r}-\boldsymbol{r}'|}$$

となる．ここで，針金が細いことから断面上での$\boldsymbol{r}'$の変化は無視した．Iは電流の強さ，$\boldsymbol{t}(\boldsymbol{r}')$は針金の上の位置$\boldsymbol{r}'$における電流の向きを表わす単位ベクトルである．したがって，この場合のベクトル・ポテンシャルは

$$\boxed{\boldsymbol{A}(\boldsymbol{r}) = \frac{\mu_0 I}{4\pi}\int_C \frac{\boldsymbol{t}(\boldsymbol{r}')}{|\boldsymbol{r}-\boldsymbol{r}'|}ds'} \qquad (6.56)$$

となる．積分は針金に沿う線積分である．

例題2 直線上を流れる強さIの定常電流のつくる磁場を求めよ．

[解] この例題の答は，6-4節でビオとサバールによる実験の結果として(6.11)式に示したものである．ここでは，逆に私たちの到達した静磁場の法則に基づいて，この結果を導く．電流の流れる直線をz軸にとると，(6.56)式において$\boldsymbol{t}(\boldsymbol{r}')$は$z$方向を向くから，ベクトル・ポテンシャルも$z$成分のみが残る．すなわち，$|\boldsymbol{r}-\boldsymbol{r}'|=\sqrt{x^2+y^2+(z-z')^2}$となるので，

$$A_z(\boldsymbol{r}) = \frac{\mu_0 I}{4\pi}\int\frac{dz'}{\sqrt{x^2+y^2+(z-z')^2}}$$

$$A_x(\boldsymbol{r}) = A_y(\boldsymbol{r}) = 0$$

となる．電流が無限に長ければ積分の区間は$(-\infty, \infty)$であるが，正直にこの積分を実行するとベクトル・ポテンシャルは無限大になる．そこで，区間をまず$(z-l, z+l)$とすれば，積分は積分変数を$z'-z=t$として

$$\begin{aligned}A_z(\boldsymbol{r}) &= \frac{\mu_0 I}{4\pi}\int_{-l}^{l}\frac{dt}{\sqrt{x^2+y^2+t^2}}\\ &= \frac{\mu_0 I}{4\pi}[\log(\sqrt{x^2+y^2+t^2}+t)]_{-l}^{l}\\ &= \frac{\mu_0 I}{4\pi}\log\left\{\frac{\sqrt{x^2+y^2+l^2}+l}{\sqrt{x^2+y^2+l^2}-l}\right\}\\ &= \frac{\mu_0 I}{2\pi}\log\left\{\frac{\sqrt{x^2+y^2+l^2}+l}{\sqrt{x^2+y^2}}\right\}\end{aligned}$$

最後に電流は十分に長く，$l \gg \sqrt{x^2+y^2}$であるとすれば，対数の分子のx^2+y^2は無視してよい．このようにして

$$A_z(\boldsymbol{r}) = \frac{\mu_0 I}{2\pi}\log\frac{2l}{r}, \qquad r = \sqrt{x^2+y^2}$$

が得られる．rは電流の流れている直線から点$\boldsymbol{r}$までの距離である．

磁場は，このベクトル・ポテンシャルを用いて(6.47)式により計算される．すなわち，

$$\begin{aligned}B_x(\boldsymbol{r}) &= \frac{\partial A_z(\boldsymbol{r})}{\partial y} = -\frac{\mu_0 I}{2\pi r}\frac{\partial r}{\partial y}\\ &= -\frac{\mu_0 I}{2\pi r}\frac{y}{r}\\ B_y(\boldsymbol{r}) &= -\frac{\partial A_z(\boldsymbol{r})}{\partial x} = \frac{\mu_0 I}{2\pi r}\frac{\partial r}{\partial x}\\ &= \frac{\mu_0 I}{2\pi r}\frac{x}{r}\\ B_z(\boldsymbol{r}) &= 0\end{aligned}$$

図6-20のように，xy面内で点$\mathrm{P}(x, y)$と原点(電流の位置)とを結ぶ線分がx

軸となす角をθとすれば，

$$\frac{x}{r} = \cos\theta, \qquad \frac{y}{r} = \sin\theta$$

となる．したがって

$$B_x(\boldsymbol{r}) = -\frac{\mu_0 I}{2\pi r}\sin\theta$$

$$B_y(\boldsymbol{r}) = \frac{\mu_0 I}{2\pi r}\cos\theta$$

磁束密度は，大きさが$\mu_0 I/2\pi r$，向きは電流のまわりを回転する向きになる．これは，6-4節で示した(6.11)式にほかならない．▌

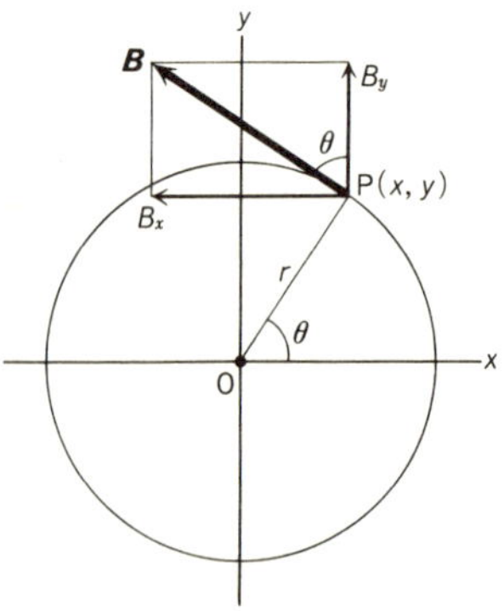

図 6-20 直線電流のつくる磁場．電流に垂直な面(xy面)内の振舞い．

私たちはこれまで，静止した電荷のつくる静電場と，定常電流によって生じる静磁場とについて，その基礎法則を学んできた．磁場のもとになる電流が電場のもとである電荷の流れであることから見て，電場と磁場が無関係な存在でないことは明らかであろう．しかし，これまでの段階では，両者の基礎方程式は独立であって，相互の関連はない．

II巻7章以下で，私たちは電場と磁場が時間的に変動する場合について学ぶことになる．変動する電磁場の基礎法則は，最終的にマクスウェルの方程式としてまとめられるが，その特徴は電場と磁場が相互に関連しあうところにある．マクスウェルの方程式によって電磁波の存在が予言され，それが実験的にも確認されて，古典物理学としての電磁気学が完成する．

問　　題

1. ベクトル・ポテンシャルの式(6.55)は，成分に分けて考えると，係数を別にして電流密度と同じ電荷分布がある場合の静電ポテンシャルの式(2.27)と同じ形をしている．このことを用い，無限に広い平らな導体板(厚さ d)の内部に一様な電流が流れている場合のベクトル・ポテンシャルを求め，磁場を計算せよ．なお，厚さ d の平らな板の内部に電荷が一様に分布している場合の電場は，3-2 節の問題 2 で求めた．

2. 問題 1 と同じ方法により，無限に長い円筒の表面を円筒の軸に平行に流れる一様な電流によって生じるベクトル・ポテンシャルと磁場を求めよ．円筒の表面に分布する電荷による静電場は，2-5 節の問題 2 で得た結果で $R_2 \to \infty$ とすれば得られる．

3. 磁束密度 $\boldsymbol{B}(\boldsymbol{r})$ とそれを表わすベクトル・ポテンシャル $\boldsymbol{A}(\boldsymbol{r})$ との関係(6.47)は，電流密度 $\boldsymbol{i}(\boldsymbol{r})$ とそれによって生じる磁束密度との関係を表わすアンペールの法則(6.38)と，係数を別にすれば同じ形をしている．このことを用い，円筒形のソレノイドに流れる電流によるベクトル・ポテンシャルを求めよ．なお，6-9 節の問題 2 の結果を参照せよ．

4. 電流密度 $\boldsymbol{i}(\boldsymbol{r})$ があるとき，それによって生じる磁場のベクトル・ポテンシャルは(6.55)式で与えられる．この表式を(6.47)式に代入し，ビオ-サバールの法則(6.17)を導け．

問題略解

1-3 節

1. 陽子・電子間の距離を R とすると，クーロン力は $F_C=e^2/(4\pi\varepsilon_0 R^2)$，万有引力は $F_G=GMm/R^2$．その比は $F_G/F_C=GMm/[e^2/(4\pi\varepsilon_0)]=4.5\times10^{-40}$．

2. 小球間の距離は $2l\sin(\theta/2)$．小球の電荷を q とすれば小球間にはたらくクーロン力の強さは $F=(q^2/4\pi\varepsilon_0)\times(2l\sin(\theta/2))^{-2}$．クーロン力 F，重力 mg (g：重力の加速度)，糸の張力 T のつりあいは図のようになる．$F/mg=\tan(\theta/2)$ より $q=4l\sqrt{\pi\varepsilon_0 mg\sin^3(\theta/2)/\cos(\theta/2)}$．

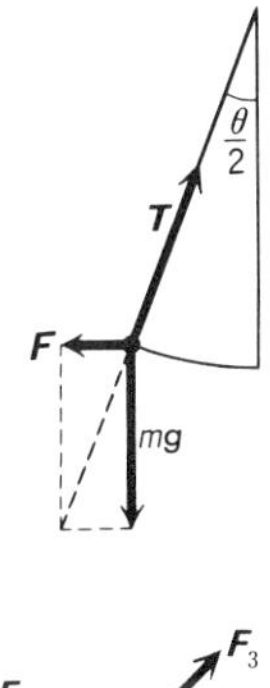

3. 図において，力 F_1, F_2 の大きさは $q^2/4\pi\varepsilon_0 a^2$，$F_3$ の大きさは $q^2/4\pi\varepsilon_0(\sqrt{2}a)^2$，合力 F の大きさは

$$\frac{q^2}{4\pi\varepsilon_0 a^2}\times\sqrt{2}-\frac{q^2}{4\pi\varepsilon_0(\sqrt{2}a)^2}=\frac{(2\sqrt{2}-1)q^2}{8\pi\varepsilon_0 a^2}$$

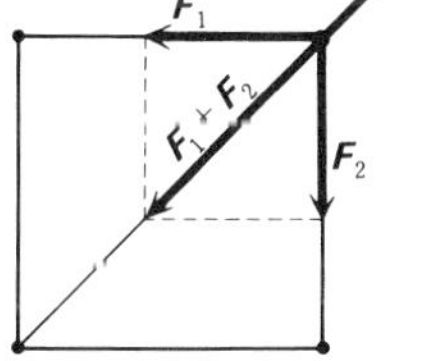

1-4 節

1. 立方体の中心に原点，3 辺に平行に x, y, z 軸をとる．頂点 $(a/2, a/2, a/2)$ にある電荷にはたらく力を求める．$x=-a/2$ の面内にある 4 個の電荷が力の x 成分に寄与する．(1.15)により

$$F_x=\frac{q^2}{4\pi\varepsilon_0 a^2}+\frac{q^2}{4\pi\varepsilon_0(\sqrt{2}a)^2}\frac{1}{\sqrt{2}}\times2+\frac{q^2}{4\pi\varepsilon_0(\sqrt{3}a)^2}\frac{1}{\sqrt{3}}$$

$$= \left(1+\frac{\sqrt{2}}{2}+\frac{\sqrt{3}}{9}\right)\frac{q^2}{4\pi\varepsilon_0 a^2}$$

y, z 成分も F_x に等しい.

1-5 節

1. 成分で表わすと $(\boldsymbol{A}\times\boldsymbol{B})\cdot\boldsymbol{C} = (A_yB_z - A_zB_y)C_x + (A_zB_x - A_xB_z)C_y + (A_xB_y - A_yB_x)C_z = (A_xB_yC_z + B_xC_yA_z + C_xA_yB_z) - (C_xB_yA_z + B_xA_yC_z + A_xC_yB_z)$. A, B, C を順次入れ換えても結果は変わらないから, 問題の式が成り立つ. 積はベクトル $\boldsymbol{A}, \boldsymbol{B}, \boldsymbol{C}$ を 3 辺とする平行 6 面体の体積を表わす.

2. P から棒の両端までの距離 R_1, R_2 は, それぞれ $R_1{}^2 = r^2 + (d/2)^2 - dr\cos\theta$, $R_2{}^2 = r^2 + (d/2)^2 + dr\cos\theta$. O を原点とし, 棒と P を含む面内に OP の向きに x 軸, それと垂直に y 軸をとる. 電荷にはたらく力を成分で表わすと,

$$F_{1x} = -\frac{qq_1[r-(d/2)\cos\theta]}{4\pi\varepsilon_0 R_1{}^3}, \qquad F_{1y} = \frac{qq_1(d/2)\sin\theta}{4\pi\varepsilon_0 R_1{}^3}$$

$$F_{2x} = -\frac{qq_1[r+(d/2)\cos\theta]}{4\pi\varepsilon_0 R_2{}^3}, \qquad F_{2y} = -\frac{qq_1(d/2)\sin\theta}{4\pi\varepsilon_0 R_2{}^3}$$

力のモーメントは z 成分のみが存在する. (1.29)により

$$N_z = \left[\frac{d}{2}\cos\theta\cdot F_{1y} - \frac{d}{2}\sin\theta\cdot F_{1x}\right] + \left[\left(-\frac{d}{2}\cos\theta\right)F_{2y} - \left(-\frac{d}{2}\sin\theta\right)F_{2x}\right]$$

$$= \frac{qq_1 dr\sin\theta}{8\pi\varepsilon_0}\left\{\left[r^2+\left(\frac{d}{2}\right)^2 - dr\cos\theta\right]^{-3/2} - \left[r^2+\left(\frac{d}{2}\right)^2 + dr\cos\theta\right]^{-3/2}\right\}$$

2-1 節

1. 棒を長さ Δs の微小部分に分割し, 各微小部分にはたらく力を求める. 棒全体にはたらく力は, それをすべての微小部分について加え合わせることにより得られる.

(a)図のように, 棒の中心から s の距離にある微小部分にはたらく力の棒に垂直な成分は,

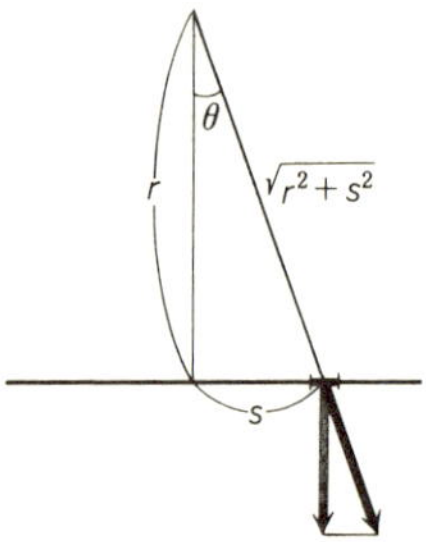

$$\frac{1}{4\pi\varepsilon_0}\frac{q\lambda\Delta s}{r^2+s^2}\frac{r}{\sqrt{r^2+s^2}}$$

棒に平行な成分は棒の左右で打ち消しあう. したがって, 力は棒に垂直にはたらき, その大きさは

$$F = \frac{q\lambda r}{4\pi\varepsilon_0}\int_{-l/2}^{l/2}\frac{ds}{(r^2+s^2)^{3/2}}$$

積分変数を s から $\theta(\tan\theta=s/r)$ に置き換えると，$r^2+s^2=r^2(1+\tan^2\theta)=r^2\sec^2\theta$，$ds/d\theta=r\sec^2\theta$ より，$\tan\theta_0=l/2r$ として

$$F=\frac{q\lambda r}{4\pi\varepsilon_0}\int_{-\theta_0}^{\theta_0}\frac{r\sec^2\theta}{r^3\sec^3\theta}d\theta=\frac{q\lambda}{4\pi\varepsilon_0 r}\int_{-\theta_0}^{\theta_0}\cos\theta d\theta=\frac{q\lambda}{2\pi\varepsilon_0 r}\sin\theta_0$$

(b) 棒の中心から s の距離にある微小部分にはたらく力は，棒に平行でその大きさは

$$\frac{1}{4\pi\varepsilon_0}\frac{q\lambda\Delta s}{(r-s)^2}$$

すべての微小部分について加え合わせると，

$$F=\frac{q\lambda}{4\pi\varepsilon_0}\int_{-l/2}^{l/2}\frac{ds}{(r-s)^2}=\frac{q\lambda}{4\pi\varepsilon_0}\left(\frac{1}{r-l/2}-\frac{1}{r+l/2}\right)$$

2-2 節

1. 2 個の点電荷を結ぶ直線上の 2 電荷の中心から r の距離にある点の電場は，直線に平行な方向を向き，その大きさは

$$E(r)=\frac{1}{4\pi\varepsilon_0}\left\{\frac{2q}{(r-d/2)^2}-\frac{q}{(r+d/2)^2}\right\}$$

各項を (2.10) 式により近似すると，$(r\pm d/2)^{-2}\cong r^{-2}(1\mp d/r)$ となるので，

$$E(r)\cong\frac{1}{4\pi\varepsilon_0}\left(\frac{q}{r^2}+\frac{3qd}{r^3}\right)$$

2. (a) 輪の中心からの距離が r の点における電場を求める．輪の上の電荷の線密度を λ とすれば，長さ Δs の微小部分に分布する電荷 $\lambda\Delta s$ がこの点につくる電場の直線に平行な成分は，図により

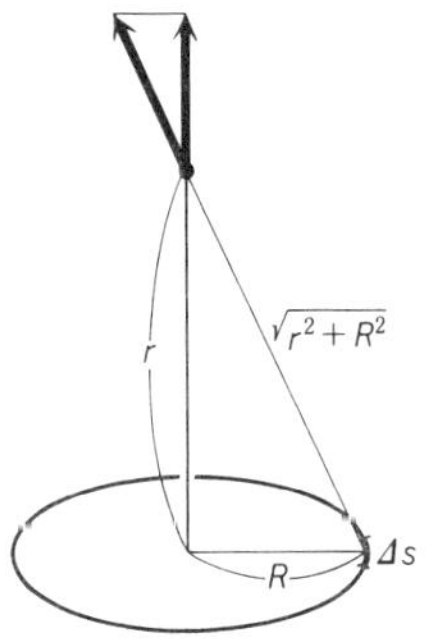

$$\frac{1}{4\pi\varepsilon_0}\frac{\lambda\Delta s}{r^2+R^2}\frac{r}{\sqrt{r^2+R^2}}$$

直線に垂直な成分は，輪の各部分からの寄与がちょうど打ち消しあう．したがって，電場は直線に平行に向き，その大きさは上の値を輪全体について加え合わせて，

$$E(r)=\frac{\lambda Rr}{2\varepsilon_0(r^2+R^2)^{3/2}} \qquad (1)$$

(b) 円板上の電荷の面密度を σ とする．円板を幅 $\Delta R'$ の細い円形の輪に分割し，おのおのの輪の上に分布する電荷による電場について上の結果を用いる．半径 R' の輪によ

る電場は，(1)式で $\lambda=\sigma\varDelta R'$ とおき $\sigma rR'\varDelta R'/2\varepsilon_0(r^2+R'^2)^{3/2}$．これをすべての輪について加え合わせると，

$$E(r)=\int_0^R\frac{\sigma rR'dR'}{2\varepsilon_0(r^2+R'^2)^{3/2}}=\frac{\sigma r}{2\varepsilon_0}\left[-(r^2+R'^2)^{-1/2}\right]_0^R$$

$$=\frac{\sigma r}{2\varepsilon_0}\left(\frac{1}{r}-\frac{1}{\sqrt{r^2+R^2}}\right) \qquad (2)$$

(c)(2)式で $R\to\infty$ とすればよい．$E(r)=\sigma/2\varepsilon_0$.

3. 棒の中心に原点，棒の方向に y 軸，棒と電場を求める点 P を含む平面内に y 軸に垂直に x 軸をとる(図)．棒上の電荷の線密度を λ とすれば，棒を長さ $\varDelta s$ の微小部分に分割したとき，原点からの距離が s の微小部分上の電荷 $\lambda\varDelta s$ が点 $\mathrm{P}(x,y)$ につくる電場は，

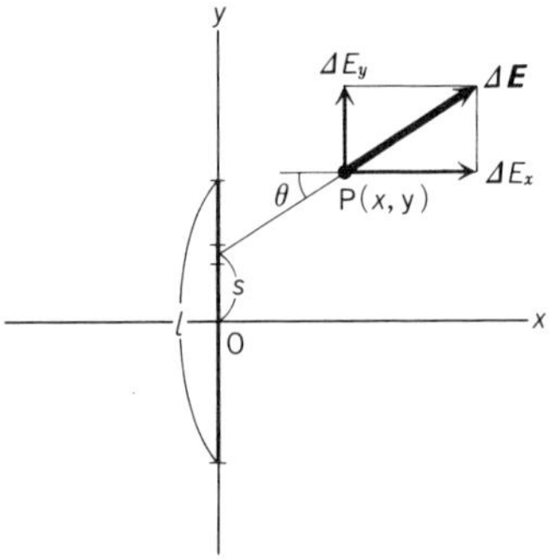

$$\varDelta E_x(x,y)=\frac{1}{4\pi\varepsilon_0}\frac{\lambda\varDelta s\cdot x}{[x^2+(y-s)^2]^{3/2}}$$

$$\varDelta E_y(x,y)=\frac{1}{4\pi\varepsilon_0}\frac{\lambda\varDelta s\cdot(y-s)}{[x^2+(y-s)^2]^{3/2}}$$

すべての微小部分からの寄与を加え合わせて，

$$E_x(x,y)=\frac{\lambda}{4\pi\varepsilon_0}\int_{-l/2}^{l/2}\frac{xds}{[x^2+(y-s)^2]^{3/2}}$$

$$E_y(x,y)=\frac{\lambda}{4\pi\varepsilon_0}\int_{-l/2}^{l/2}\frac{(y-s)ds}{[x^2+(y-s)^2]^{3/2}}$$

積分変数を s から $\theta\,(\tan\theta=(y-s)/x)$ に変える．このとき，$x^2+(y-s)^2=x^2(1+\tan^2\theta)=x^2\sec^2\theta$，$ds/d\theta=-x\sec^2\theta$ となる．$\tan\theta_1=(y+l/2)/x$，$\tan\theta_2=(y-l/2)/x$ とおいて，

$$E_x(x,y)=\frac{\lambda}{4\pi\varepsilon_0}\int_{\theta_1}^{\theta_2}\frac{-x^2\sec^2\theta d\theta}{x^3\sec^3\theta}=-\frac{\lambda}{4\pi\varepsilon_0 x}\int_{\theta_1}^{\theta_2}\cos\theta d\theta$$

$$=\frac{\lambda}{4\pi\varepsilon_0 x}(\sin\theta_1-\sin\theta_2)$$

$$E_y(x,y)=\frac{\lambda}{4\pi\varepsilon_0}\int_{\theta_1}^{\theta_2}\frac{-x^2\tan\theta\sec^2\theta d\theta}{x^3\sec^3\theta}=-\frac{\lambda}{4\pi\varepsilon_0 x}\int_{\theta_1}^{\theta_2}\sin\theta d\theta$$

$$=\frac{\lambda}{4\pi\varepsilon_0 x}(\cos\theta_2-\cos\theta_1)$$

l が x,y に比べて十分小さいときは，$\tan\theta_0=y/x$，$\theta_1\cong\theta_0+\varDelta\theta$，$\theta_2\cong\theta_0-\varDelta\theta$ とおき，$\varDelta\theta=lx/2(x^2+y^2)$ となる．$\sin\theta_1-\sin\theta_2\cong 2\varDelta\theta\cos\theta_0$，$\cos\theta_2-\cos\theta_1\cong 2\varDelta\theta\sin\theta_0$ の関係を

用い，

$$E_x(x,y) \cong \frac{\lambda}{4\pi\varepsilon_0 x}\cdot 2\Delta\theta\cos\theta_0 = \frac{\lambda l x}{4\pi\varepsilon_0(x^2+y^2)^{3/2}}$$

$$E_y(x,y) \cong \frac{\lambda}{4\pi\varepsilon_0 x}\cdot 2\Delta\theta\sin\theta_0 = \frac{\lambda l y}{4\pi\varepsilon_0(x^2+y^2)^{3/2}}$$

結果は，原点に点電荷 λl がある場合の電場と一致する．

2–3 節

1. (a)点電荷を含む面内で図 a のようになる．

(b)電荷が分布する平面に垂直な面内で図 b のようになる．

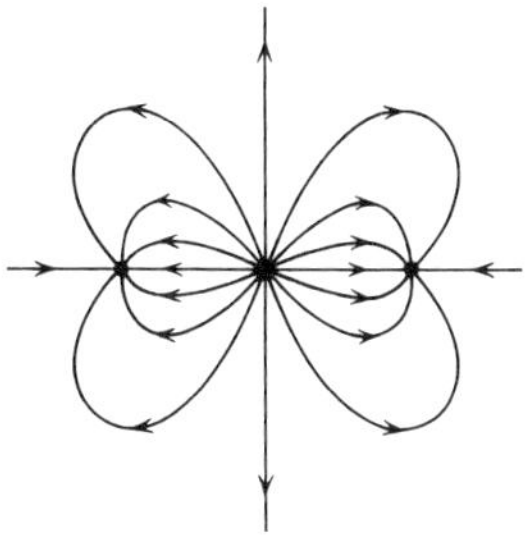

(a)

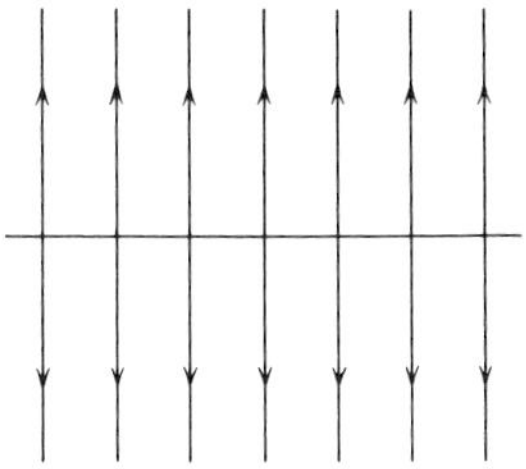

(b)

2. (1)図のようになる．

(2)点電荷 q' を少しでも対角線からずれた位置に動かすと，q' は電気力線に沿って遠くへ移動してしまう．中心は安定なつりあいの位置ではない．

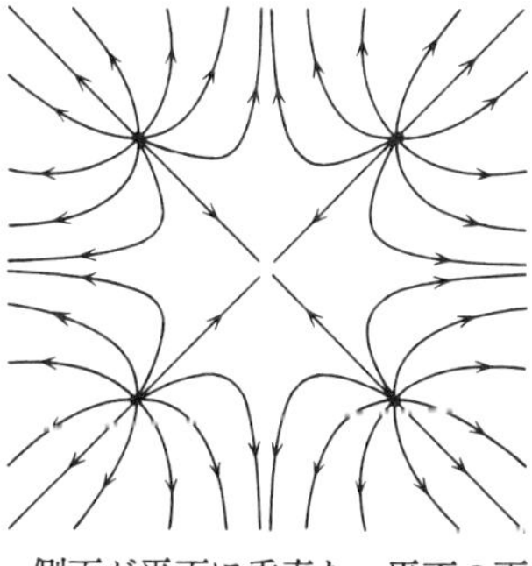

2–5 節

1. 対称性からわかるように，電場は電荷の分布する平面に垂直で，平面の両側で向きが逆，大きさは等しい．閉曲面として，両底面が平面に平行，側面が平面に垂直な，平面の両側にまたがる柱状の立体を選ぶ．電荷の面密度を σ とすれば，底面の面積を A として，ガウスの法則(2. 17)の右辺は $\sigma A/\varepsilon_0$．左辺の積分は，側面では電場が面に平行なので $\boldsymbol{E}\cdot\boldsymbol{n}=0$，両底面では面に垂直なので $\boldsymbol{E}\cdot\boldsymbol{n}=E$．したがって $2AE=\sigma A/\varepsilon_0$，$\therefore\ E=\sigma/2\varepsilon_0$．

2. 対称性から，電場は円筒の軸から放射状に生じ，その大きさは軸からの距離のみに依存することがわかる．閉曲面として，軸を電荷の分布する円筒の軸と一致させた，半径 r，高さ l の円筒を選ぶ．軸からの距離が r の点における電場の強さを $E(r)$ とすれば，ガウスの法則(2.17)の左辺は $2\pi rlE(r)$．右辺は $r<R_1$ のとき 0，$R_1<r<R_2$ のとき $2\pi R_1 l\sigma_1/\varepsilon_0$，$R_2<r$ のとき $(2\pi R_1 l\sigma_1+2\pi R_2 l\sigma_2)/\varepsilon_0$．したがって

$$E(r)=\begin{cases}0 & (r<R_1)\\ \sigma_1 R_1/\varepsilon_0 r & (R_1<r<R_2)\\ (\sigma_1 R_1+\sigma_2 R_2)/\varepsilon_0 r & (R_2<r)\end{cases}$$

3. 閉曲面は問題 2 と同様にとる．(2.17)の右辺は $r<R$ のとき $\pi r^2 l\rho/\varepsilon_0$，$R<r$ のとき $\pi R^2 l\rho/\varepsilon_0$．したがって $E(r)=\rho r/2\varepsilon_0\,(r<R)$，$\rho R^2/2\varepsilon_0 r\,(R<r)$．

2-6 節

1. (a)直線 OP_1 上の O から距離 s の点 $(a,0,s)$ における電場の OP_1 方向の成分は $(q/4\pi\varepsilon_0)\cdot s/(a^2+s^2)^{3/2}$．直線 P_1P 上の P_1 から距離 s の点 $(a-s,0,a)$ における電場の P_1P 方向の成分は $-(q/4\pi\varepsilon_0)\cdot(a-s)/[a^2+(a-s)^2]^{3/2}$．したがって，

$$\int_{C_1}\{\boldsymbol{E}(\boldsymbol{r})\cdot\boldsymbol{t}(\boldsymbol{r})\}ds=\int_0^a\frac{q}{4\pi\varepsilon_0}\frac{sds}{(a^2+s^2)^{3/2}}-\int_0^a\frac{q}{4\pi\varepsilon_0}\frac{(a-s)ds}{[a^2+(a-s)^2]^{3/2}}$$
$$=\frac{q}{4\pi\varepsilon_0}\left[-\frac{1}{(a^2+s^2)^{1/2}}\right]_0^a+\frac{q}{4\pi\varepsilon_0}\left[-\frac{1}{[a^2+(a-s)^2]^{1/2}}\right]_0^a=0$$

(b)直線 OP 上の中点 O′ から距離 s(P に向かって測る)の点 $(a/2-s/\sqrt{2},\,0,\,a/2+s/\sqrt{2})$ における電場の x,z 成分は

$$E_x=\frac{q}{4\pi\varepsilon_0}\frac{a/2-s/\sqrt{2}}{[(a/2-s/\sqrt{2})^2+(a/2+s/\sqrt{2})^2]^{3/2}}$$
$$E_z=\frac{q}{4\pi\varepsilon_0}\frac{a/2+s/\sqrt{2}}{[(a/2-s/\sqrt{2})^2+(a/2+s/\sqrt{2})^2]^{3/2}}$$

OP 方向の単位ベクトルは $\boldsymbol{t}=(-1/\sqrt{2},0,1/\sqrt{2})$．電場の OP 方向の成分は

$$\boldsymbol{E}\cdot\boldsymbol{t}=\frac{q}{4\pi\varepsilon_0}\frac{s}{[(a/2-s/\sqrt{2})^2+(a/2+s/\sqrt{2})^2]^{3/2}}$$

これは s の奇関数だから，

$$\int_{C_2}(\boldsymbol{E}\cdot\boldsymbol{t})ds=\int_{-a/\sqrt{2}}^{a/\sqrt{2}}(\boldsymbol{E}\cdot\boldsymbol{t})ds=0$$

C_1, C_2 のいずれの経路によっても積分は 0 になる．

2. 直線 OP_1 上の O から距離 s の点における電場の OP_1 方向(z 方向)の成分は，(2.

11)式で $x=a,\ y=0,\ z=s,\ r=\sqrt{a^2+s^2}$ とおいて

$$\frac{p}{4\pi\varepsilon_0}\frac{2s^2-a^2}{(a^2+s^2)^{5/2}}$$

直線 P_1P 上の P_1 から距離 s の点における電場の P_1P 方向($-x$ 方向)の成分は

$$-\frac{p}{4\pi\varepsilon_0}\frac{3a(a-s)}{[a^2+(a-s)^2]^{5/2}}$$

したがって,

$$\begin{aligned}\int_{C_1}(\boldsymbol{E}\cdot\boldsymbol{t})ds &= \int_0^a\frac{p}{4\pi\varepsilon_0}\frac{2s^2-a^2}{(a^2+s^2)^{5/2}}ds-\int_0^a\frac{p}{4\pi\varepsilon_0}\frac{3a(a-s)}{[a^2+(a-s)^2]^{5/2}}ds\\ &=\frac{p}{4\pi\varepsilon_0a^2}[\sin^3\theta-\sin\theta]_0^{\pi/4}-\frac{p}{4\pi\varepsilon_0}\left[\frac{a}{[a^2+(a-s)^2]^{3/2}}\right]_0^a\\ &=-\frac{p}{4\pi\varepsilon_0a^2}\end{aligned}$$

第1項の積分では, $s=a\tan\theta$ とおいて積分変数を s から θ に変えた.

直線 OP 上の中点 O′ から距離 s の点における電場の x, z 成分は,

$$E_x=\frac{p}{4\pi\varepsilon_0}\frac{3(a/2-s/\sqrt{2})(a/2+s/\sqrt{2})}{[(a/2-s/\sqrt{2})^2+(a/2+s/\sqrt{2})^2]^{5/2}}$$

$$E_z=\frac{p}{4\pi\varepsilon_0}\frac{2(a/2+s/\sqrt{2})^2-(a/2-s/\sqrt{2})^2}{[(a/2-s/\sqrt{2})^2+(a/2+s/\sqrt{2})^2]^{5/2}}$$

したがって, OP 上において電場の OP 方向の成分は

$$\boldsymbol{E}\cdot\boldsymbol{t}=\frac{p}{4\pi\varepsilon_0}\frac{2s^2-a^2/2+(3/\sqrt{2})as}{\sqrt{2}(a^2/2+s^2)^{5/2}}$$

$$\begin{aligned}\int_{C_2}(\boldsymbol{E}\cdot\boldsymbol{t})ds &= \frac{p}{4\pi\varepsilon_0}\int_{-a/\sqrt{2}}^{a/\sqrt{2}}\frac{2s^2-a^2/2+(3/\sqrt{2})as}{\sqrt{2}(a^2/2+s^2)^{5/2}}ds\\ &=\frac{p}{4\pi\varepsilon_0}\frac{\sqrt{2}}{a^2}[\sin^3\theta-\sin\theta]_{-\pi/4}^{\pi/4}=-\frac{p}{4\pi\varepsilon_0a^2}\end{aligned}$$

C_1 と C_2 の2つの経路で積分が一致する.

2-7 節

1. 球の中心を原点に選び, 静電ポテンシャルを求める点Pの方向に z 軸をとる. 球面上の点を図のように角 θ, φ で表わすと, 球面上の微小面積 ΔS は $\Delta S=R\Delta\theta\cdot R\sin\theta\Delta\varphi=R^2\sin\theta\Delta\theta\Delta\varphi$. 原点からの距離が r の z 軸上の点Pと球面上の点 (θ,φ) との距離は $\sqrt{R^2+r^2-2Rr\cos\theta}$. 電荷の面密度を σ として, 点Pにおけるポテンシャルは

$$\phi(r) = \frac{1}{4\pi\varepsilon_0}\int_0^{2\pi}\int_0^{\pi}\frac{\sigma R^2 \sin\theta d\theta d\varphi}{\sqrt{R^2+r^2-2Rr\cos\theta}}$$

$$= \frac{\sigma R^2}{2\varepsilon_0}\int_0^{\pi}\frac{\sin\theta d\theta}{\sqrt{R^2+r^2-2Rr\cos\theta}}$$

$$= \frac{\sigma R^2}{2\varepsilon_0}\frac{1}{Rr}[(R^2+r^2-2Rr\cos\theta)^{1/2}]_0^{\pi}$$

$$= \frac{\sigma R^2}{2\varepsilon_0}\frac{1}{Rr}\{(R+r)-|R-r|\}$$

$$= \begin{cases} \sigma R/\varepsilon_0 & (r<R) \\ \sigma R^2/\varepsilon_0 r & (r>R) \end{cases}$$

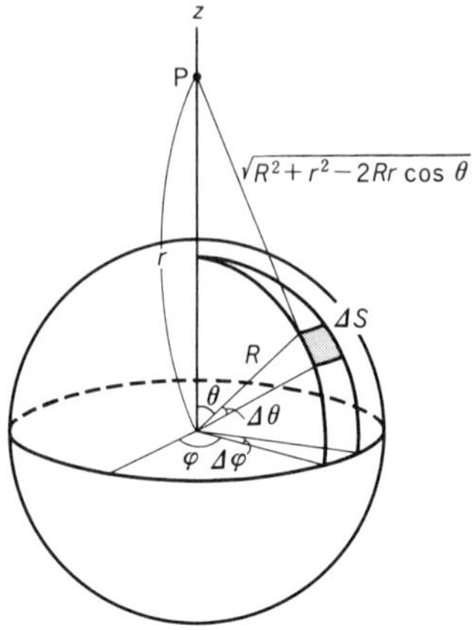

2-8 節

1. $1\,\mathrm{eV}=1.602\times10^{-19}\,\mathrm{C}\times1\,\mathrm{V}=1.602\times10^{-19}\,\mathrm{J}$.

$$\frac{(1.602\times10^{-19})^2}{4\times3.14\times8.854\times10^{-12}\times10^{-10}}\,\mathrm{J} = \frac{1.602\times10^{-19}}{4\times3.14\times8.854\times10^{-12}\times10^{-10}}\,\mathrm{eV} = 14.4\,\mathrm{eV}$$

2. 球面上に電荷 Q' が一様に分布しているときの球面上の静電ポテンシャルは，電荷が球の中心にあるときと等しく，$Q'/4\pi\varepsilon_0 R$. したがって，無限遠から微小な電荷 $\varDelta Q'$ を球面まで運んでくるために必要なエネルギーは $(Q'/4\pi\varepsilon_0 R)\varDelta Q'$ となる．球面上の電荷 Q を，無限遠から少しずつ運んできて分布させたものと見なせば，そのために必要なエネルギーは，

$$U = \int_0^Q \frac{Q'dQ'}{4\pi\varepsilon_0 R} = \frac{Q^2}{8\pi\varepsilon_0 R}$$

3. 1個の電荷を中心にして，それと他の電荷との静電エネルギーは

$$\frac{1}{4\pi\varepsilon_0}\left(-\frac{q^2}{a}\times2+\frac{q^2}{2a}\times2-\frac{q^2}{3a}\times2+\cdots\right)$$

各電荷について同じように考えると，電荷の各対について静電エネルギーを2回数えることになる．したがって，電荷1個当りの静電エネルギーはこの半分になり，

$$U = -\frac{q^2}{4\pi\varepsilon_0 a}\sum_{n=1}^{\infty}\frac{(-1)^{n+1}}{n}$$

なお，この和 $\sum(-1)^{n+1}/n$ は自然対数 log 2 になり，その値は 0.693….

4. 電気双極子を長さ d の棒の両端に $\pm q$ の電荷をつけたものと見なす．電場のポテンシャルを $\phi(\boldsymbol{r})$，棒の中心の位置ベクトルを $\boldsymbol{r}_0$，両端の位置ベクトルを $\boldsymbol{r}_0\pm\boldsymbol{d}/2$ とすれば，双極子の位置エネルギーは $U=q\phi(\boldsymbol{r}_0+\boldsymbol{d}/2)-q\phi(\boldsymbol{r}_0-\boldsymbol{d}/2)=q\{\nabla\phi(\boldsymbol{r})\}_0\cdot\boldsymbol{d}$. $\nabla\phi(\boldsymbol{r})=$

$-\boldsymbol{E}$, $q\boldsymbol{d}=\boldsymbol{p}$ だから $U=-\boldsymbol{p}\cdot\boldsymbol{E}$.

2-9 節

1. (a)直線上の，点電荷 $2q$ から r の距離の点におけるポテンシャルは

$$\phi(r)=\frac{1}{4\pi\varepsilon_0}\left(\frac{2q}{r}-\frac{q}{r-d}-\frac{q}{r+d}\right)$$

(　) 内の第 2，第 3 項に対して近似 $(r\pm d)^{-1}=r^{-1}(1\pm d/r)^{-1}\cong r^{-1}\{1\mp d/r+(d/r)^2\}$ を用い，$\phi(r)=-qd^2/2\pi\varepsilon_0 r^3$.

(b)正方形の中心に原点，2 辺に平行に x, y 軸をとる．平面上の点 (x, y) のポテンシャルは

$$\phi(x,y)=\frac{1}{4\pi\varepsilon_0}\left\{\frac{q}{\sqrt{(x-d/2)^2+(y-d/2)^2}}+\frac{q}{\sqrt{(x+d/2)^2+(y+d/2)^2}}\right.$$
$$\left.-\frac{q}{\sqrt{(x-d/2)^2+(y+d/2)^2}}-\frac{q}{\sqrt{(x+d/2)^2+(y-d/2)^2}}\right\}$$

{　} 内の第 1 項については，$r=\sqrt{x^2+y^2}$ として

$$\frac{1}{\sqrt{(x-d/2)^2+(y-d/2)^2}}=\frac{1}{r}\left\{1-\frac{(x+y)d}{r^2}+\frac{d^2}{2r^2}\right\}^{-1/2}$$
$$\cong\frac{1}{r}\left\{1+\frac{(x+y)d}{2r^2}-\frac{d^2}{4r^2}+\frac{3}{8}\frac{(x+y)^2d^2}{r^4}\right\}$$

と近似する．第 2～4 項についても同様に近似すると，d の 0 次および 1 次の項は消えて，

$$\phi(x,y)=\frac{qd^2}{4\pi\varepsilon_0}\frac{3}{8}\left\{2\cdot\frac{(x+y)^2}{r^5}-2\cdot\frac{(x-y)^2}{r^5}\right\}=\frac{3qd^2}{4\pi\varepsilon_0}\frac{xy}{r^5}$$

2. 電場の x 成分を計算すると，

$$E_x=-\frac{\partial\phi}{\partial x}=-\frac{1}{4\pi\varepsilon_0}\left\{\frac{\partial(\boldsymbol{p}\cdot\boldsymbol{r})}{\partial x}r^{-3}+(\boldsymbol{p}\cdot\boldsymbol{r})\frac{\partial(r^{-3})}{\partial x}\right\}$$
$$=-\frac{1}{4\pi\varepsilon_0}\left\{\frac{p_x}{r^3}-\frac{3(\boldsymbol{p}\cdot\boldsymbol{r})x}{r^5}\right\}$$

この式は，問題に与えられた式の x 成分と一致する．y, z 成分についても同様.

3-2 節

1. $\sqrt{x^2+y^2}\leqq R$ のとき，$\partial E_x(\boldsymbol{r})/\partial x=\rho/2\varepsilon_0$，$\partial E_y(\boldsymbol{r})/\partial y=\rho/2\varepsilon_0$，$\partial E_z(\boldsymbol{r})/\partial z=0$ となるので，$\nabla\cdot\boldsymbol{E}(\boldsymbol{r})=\rho/\varepsilon_0$. $\sqrt{x^2+y^2}>R$ のとき

$$\frac{\partial E_x(\boldsymbol{r})}{\partial x}=\frac{\rho R^2}{2\varepsilon_0}\frac{(x^2+y^2)-x\cdot 2x}{(x^2+y^2)^2}=\frac{\rho R^2}{2\varepsilon_0}\frac{-x^2+y^2}{(x^2+y^2)^2}$$

$$\frac{\partial E_y(\boldsymbol{r})}{\partial y}=\frac{\rho R^2}{2\varepsilon_0}\frac{(x^2+y^2)-y\cdot 2y}{(x^2+y^2)^2}=\frac{\rho R^2}{2\varepsilon_0}\frac{x^2-y^2}{(x^2+y^2)^2}$$

$$\frac{\partial E_z(\boldsymbol{r})}{\partial z}=0$$

となるので，$\nabla\cdot\boldsymbol{E}(\boldsymbol{r})=0$.

2. 板に垂直に z 軸，板の中心に原点をとる．対称性から，電場は z 方向を向き，その大きさは z のみに依存することがわかる．したがって，電場の大きさを $E(z)$ とすれば $\nabla\cdot\boldsymbol{E}=dE(z)/dz$. ガウスの法則(3.9)は

$$\frac{dE(z)}{dz}=\begin{cases}0 & (|z|>d/2)\\ \rho/\varepsilon_0 & (-d/2<z<d/2)\end{cases}$$

積分して，電場は $z<-d/2$, $z>d/2$ の領域でそれぞれ一定になる．対称性から，$z>d/2$ のとき $E(z)=E$ とすれば，$z<-d/2$ のとき $E(z)=-E$. $-d/2<z<d/2$ の領域では，$E(z)=(\rho/\varepsilon_0)z+C$. $z=\pm d/2$ における電場の連続性により

$$-\frac{\rho}{\varepsilon_0}\frac{d}{2}+C=-E,\qquad \frac{\rho}{\varepsilon_0}\frac{d}{2}+C=E$$

ゆえに，$C=0$, $E=\rho d/2\varepsilon_0$. 電場はつぎのように得られる．

$$E(z)=\begin{cases}-\rho d/2\varepsilon_0 & (z<-d/2)\\ \rho z/\varepsilon_0 & (-d/2<z<d/2)\\ \rho d/2\varepsilon_0 & (d/2<z)\end{cases}$$

3-3 節

1. 真空中の静電場と見なしうるには $\nabla\times\boldsymbol{F}=0$, $\nabla\cdot\boldsymbol{F}=0$. ポテンシャルは $\boldsymbol{F}=-\nabla\phi$.

(a) $(\nabla\times\boldsymbol{F})_x=\partial F_z/\partial y-\partial F_y/\partial z=2Ay-2Ay=0$, $(\nabla\times\boldsymbol{F})_y=\partial F_x/\partial z-\partial F_z/\partial x=2Ax-2Ax=0$, $(\nabla\times\boldsymbol{F})_z=\partial F_y/\partial x-\partial F_x/\partial y=0$. $\nabla\cdot\boldsymbol{F}=\partial F_x/\partial x+\partial F_y/\partial y+\partial F_z/\partial z=2Az+2\cdot Az-4Az=0$. したがって，真空中の静電場と見なしうる．ポテンシャルは，$\phi(x,y,z)=-A\{(x^2+y^2)z-(2/3)z^3\}$.

(b) $(\nabla\times\boldsymbol{F})_x=2Ay-2Az\neq 0$. 静電場と見なしえない．

(c) $(\nabla\times\boldsymbol{F})_x=0$, $(\nabla\times\boldsymbol{F})_y=0$, $(\nabla\times\boldsymbol{F})_z=2Ax-2Ax=0$. $\nabla\cdot\boldsymbol{F}=2Ay-2Ay=0$. 真空中の静電場と見なしうる．ポテンシャルは $\phi(x,y,z)=-A(x^2y-y^3/3)$.

3-4 節

1.

$$\frac{\partial\phi}{\partial x}=\frac{1}{4\pi\varepsilon_0}\left\{\frac{p_x}{r^3}-\frac{3(\boldsymbol{p}\cdot\boldsymbol{r})x}{r^5}\right\}$$

$$\frac{\partial^2\phi}{\partial x^2} = \frac{1}{4\pi\varepsilon_0}\left\{-3\frac{2p_x x+(\boldsymbol{p}\cdot\boldsymbol{r})}{r^5}+15\frac{(\boldsymbol{p}\cdot\boldsymbol{r})x^2}{r^7}\right\}$$

同様に

$$\frac{\partial^2\phi}{\partial y^2} = \frac{1}{4\pi\varepsilon_0}\left\{-3\frac{2p_y y+(\boldsymbol{p}\cdot\boldsymbol{r})}{r^5}+15\frac{(\boldsymbol{p}\cdot\boldsymbol{r})y^2}{r^7}\right\}$$

$$\frac{\partial^2\phi}{\partial z^2} = \frac{1}{4\pi\varepsilon_0}\left\{-3\frac{2p_z z+(\boldsymbol{p}\cdot\boldsymbol{r})}{r^5}+15\frac{(\boldsymbol{p}\cdot\boldsymbol{r})z^2}{r^7}\right\}$$

したがって，

$$\nabla^2\phi = \frac{1}{4\pi\varepsilon_0}\left\{-3\frac{2(\boldsymbol{p}\cdot\boldsymbol{r})+3(\boldsymbol{p}\cdot\boldsymbol{r})}{r^5}+15\frac{(\boldsymbol{p}\cdot\boldsymbol{r})r^2}{r^7}\right\} = 0$$

2. (1)$\partial(e^{-\kappa r})/\partial x=-\kappa e^{-\kappa r}(\partial r/\partial x)=-\kappa x e^{-\kappa r}/r$ を用いて微分の計算を行なう．

$$\frac{\partial\phi}{\partial x} = -\frac{A}{r^3}(1+\kappa r)xe^{-\kappa r}$$

$$\frac{\partial^2\phi}{\partial x^2} = -\frac{A}{r^3}\left\{\frac{\kappa x^2}{r}+(1+\kappa r)\left(1-\frac{3x^2}{r^2}-\frac{\kappa x^2}{r}\right)\right\}e^{-\kappa r}$$

同様に，

$$\frac{\partial^2\phi}{\partial y^2} = -\frac{A}{r^3}\left\{\frac{\kappa y^2}{r}+(1+\kappa r)\left(1-\frac{3y^2}{r^2}-\frac{\kappa y^2}{r}\right)\right\}e^{-\kappa r}$$

$$\frac{\partial^2\phi}{\partial z^2} = -\frac{A}{r^3}\left\{\frac{\kappa z^2}{r}+(1+\kappa r)\left(1-\frac{3z^2}{r^2}-\frac{\kappa z^2}{r}\right)\right\}e^{-\kappa r}$$

したがって

$$\rho(r) = -\varepsilon_0\nabla^2\phi = \frac{\varepsilon_0 A}{r^3}\left\{\frac{\kappa r^2}{r}+(1+\kappa r)\left(3-\frac{3r^2}{r^2}-\frac{\kappa r^2}{r}\right)\right\}e^{-\kappa r}$$

$$= -\varepsilon_0\kappa^2 A\frac{e^{-\kappa r}}{r} \qquad (1)$$

(2)電場は原点から放射状に生じている．その強さは

$$E(r) = -\frac{d\phi(r)}{dr} = A(1+\kappa r)\frac{e^{-\kappa r}}{r^2}$$

原点を中心とする半径 R の球面にガウスの法則(2.17)を適用する．球面上の積分は $4\pi R^2\cdot E(R)=4\pi A(1+\kappa R)e^{-\kappa R}$．$R\to 0$ として，原点にある点電荷 q は

$$q = 4\pi\varepsilon_0 A \qquad (2)$$

(3)原点以外に分布する電荷は，(1)式を積分して

$$\int_0^\infty \rho(r)\cdot 4\pi r^2 dr = -4\pi\varepsilon_0 A\kappa^2\int_0^\infty re^{-\kappa r}dr$$

$$= -4\pi\varepsilon_0 A\kappa^2\left\{\left[-\frac{1}{\kappa}re^{-\kappa r}\right]_0^\infty + \frac{1}{\kappa}\int_0^\infty e^{-\kappa r}dr\right\}$$

$$= -4\pi\varepsilon_0 A$$

(2)式と大きさが等しく，符号が逆になる．

4-2 節

1. (4.1)により，地球表面の電荷密度は $\sigma=\varepsilon_0 E=-8.85\times10^{-12}\times100\ \mathrm{C\cdot m^{-2}}=-8.85\times10^{-10}\ \mathrm{C\cdot m^{-2}}$．地球の半径を R とすれば，全電荷は $Q=4\pi R^2\sigma=-4\times3.14\times(6.4\times10^6)^2\times8.85\times10^{-10}=-4.6\times10^5\ \mathrm{C}$.

2. 点電荷 q_2 がないとき，q_2 の位置における電場の強さは $q_1/4\pi\varepsilon_0 r^2$．$q_2$ が存在すると，導体球上の電荷分布に影響し，それがまわりの電場も変える．しかし，その効果は r の大きい領域では無視できる．したがって q_2 にはたらく力は $q_1q_2/4\pi\varepsilon_0 r^2$．導体球殻の内部では電場が 0 だから，$q_1$ には力がはたらかない．q_2 にはたらく力の反作用の力は，同じ大きさで逆向きに導体球殻にはたらく．

3. (1)導体の表面に垂直に，導体の内部に向けて x 軸を選ぶ．導体の表面に原点をとると，電場は $x<0$ で $-E$，$x>d$ で 0．電荷の分布する $0<x<d$ の領域では $E(x)=(\rho/\varepsilon_0)x+C$．$x=0$ で電場が連続になることから，$E(0)=C=-E$．したがって，$E(x)=(\rho/\varepsilon_0)x-E\ (0<x<d)$．$E(d)=0$ より，$E=\rho d/\varepsilon_0=\sigma/\varepsilon_0$．$E(x)$ は導体の内向きが正．

(2)導体の外向きを正として，

$$f=-\int_0^d\left(\frac{\rho^2}{\varepsilon_0}x-\rho E\right)dx=-\left[\frac{\rho^2}{2\varepsilon_0}x^2-\rho Ex\right]_0^d=\frac{1}{2}E\sigma$$

4-4 節

1. 導体球の表面に電荷分布が生じなければ，球内には一様な電場がある．電荷分布は球内でこの電場をちょうど打ち消すように生じる．したがって，電荷分布による導体球内部の電場は，もとの電場と同じ大きさで逆向きの一様な電場になる．外部の電場は，球の中心においた電気双極子 p の電場になる(図)．

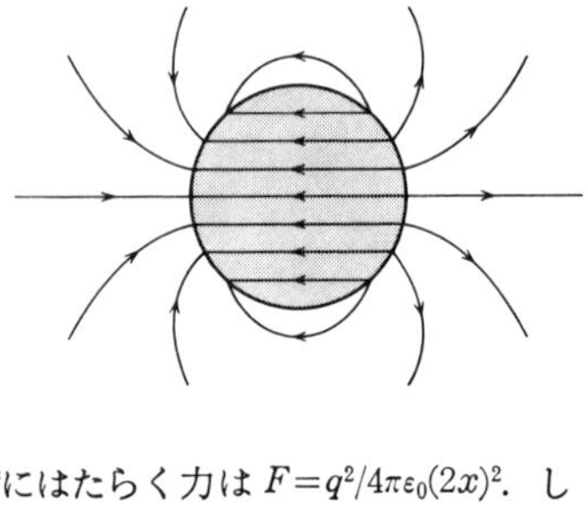

2. 導体の表面から x の距離にあるとき，点電荷にはたらく力は $F=q^2/4\pi\varepsilon_0(2x)^2$．し

たがって，距離 a の位置から無限遠まで動かすための仕事は

$$W = \int_a^\infty F dx = \frac{q^2}{16\pi\varepsilon_0}\int_a^\infty \frac{dx}{x^2} = \frac{q^2}{16\pi\varepsilon_0 a}$$

3. 直線上に分布する電荷は点電荷の列と見ることができる．各点電荷による電場は鏡像法によって求めることができるから，重ね合わせの原理により，直線上に分布する電荷による電場も，電荷とその鏡像(導体表面に対して対称の位置にある導体内部の直線上に分布する逆符号の電荷)による電場として表わされる．図のように，直線に垂直な平面内で見たとき，点Pにおける直線上の電荷およびその鏡像による電場は，(2.12)により $\lambda/2\pi\varepsilon_0\sqrt{a^2+x^2}$．したがって，図によりPにおける電場は

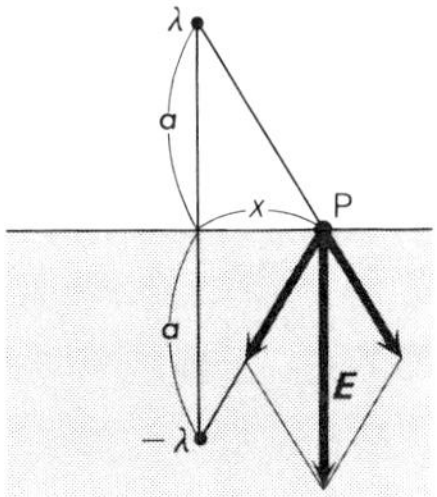

$$E = \frac{\lambda}{2\pi\varepsilon_0\sqrt{a^2+x^2}}\frac{2a}{\sqrt{a^2+x^2}} = \frac{\lambda a}{\pi\varepsilon_0(a^2+x^2)}$$

(4.1)により電荷密度は $\sigma=\varepsilon_0 E=\lambda a/\pi(a^2+x^2)$.

4-5 節

1. 導体球を十分離しておけば，導体球が相互に与える影響は無視してよい．(4.13)により，孤立した導体球の電気容量は $4\pi\varepsilon_0 R$ である．電荷 Q を与えたときの静電エネルギーは，(4.18)により $U=Q^2/8\pi\varepsilon_0 R$．2個の導体球をつなぐと，両者のポテンシャルは等しくなり，電荷は $Q/2$ ずつ配分される．したがって静電エネルギーは $U'=(Q/2)^2/8\pi\varepsilon_0 R\times 2=Q^2/16\pi\varepsilon_0 R$．$U'<U$．接続によって静電エネルギーは減少する．導体球をつないだ導線中を電荷が移動するとき，ジュール熱が発生し，それだけ電気的なエネルギーが失われる．

2. 導体球と導体球殻にそれぞれ電荷 q_1, q_2 を与えたとき，中心から距離 r の点における電場は $E(r)=q_1/4\pi\varepsilon_0 r^2\ (R_1<r<R_2)$，$(q_1+q_2)/4\pi\varepsilon_0 r^2\ (R_3<r)$．したがって，無限遠におけるポテンシャルを0としたとき，導体球および導体球殻のポテンシャル ϕ_1, ϕ_2 は

$$\phi_2 = \int_{R_3}^\infty \frac{q_1+q_2}{4\pi\varepsilon_0 r^2}dr = \frac{q_1+q_2}{4\pi\varepsilon_0 R_3}$$

$$\phi_1 = \phi_2 + \int_{R_1}^{R_2}\frac{q_1}{4\pi\varepsilon_0 r^2}dr = \frac{q_1+q_2}{4\pi\varepsilon_0 R_3}+\frac{q_1}{4\pi\varepsilon_0}\left(\frac{1}{R_1}-\frac{1}{R_2}\right)$$

q_1, q_2 について解くと，

$$q_1 = \frac{4\pi\varepsilon_0 R_1 R_2}{R_2 - R_1}(\phi_1 - \phi_2), \qquad q_2 = -\frac{4\pi\varepsilon_0 R_1 R_2}{R_2 - R_1}\phi_1 + 4\pi\varepsilon_0\left(R_3 + \frac{R_1 R_2}{R_2 - R_1}\right)\phi_2$$

したがって，電気容量係数は

$$C_{11} = \frac{4\pi\varepsilon_0 R_1 R_2}{R_2 - R_1}, \qquad C_{22} = 4\pi\varepsilon_0\left(R_3 + \frac{R_1 R_2}{R_2 - R_1}\right), \qquad C_{12} = C_{21} = -\frac{4\pi\varepsilon_0 R_1 R_2}{R_2 - R_1}$$

4-6 節

1. 前節の問題 2 で，$q_1 = -q_2 = q$，$\phi_1 - \phi_2 = \varDelta\phi$ とすれば $q = \dfrac{4\pi\varepsilon_0 R_1 R_2}{R_2 - R_1}\varDelta\phi$. したがって電気容量は

$$C = \frac{4\pi\varepsilon_0 R_1 R_2}{R_2 - R_1}$$

2. a と c はポテンシャルが等しいから，ab 間と cb 間とでは電位差が等しい．したがって，電場の強さを ab 間で E_1，cb 間で E_2 とすれば，$E_1 d_1 = E_2 d_2$. 導体板 b の上下の面における電荷密度をそれぞれ σ_1, σ_2 とすれば，$\sigma_1 = \varepsilon_0 E_1$，$\sigma_2 = \varepsilon_0 E_2$. したがって $\sigma_1/\sigma_2 = E_1/E_2 = d_2/d_1$. また b 上の全電荷は $\sigma_1 A + \sigma_2 A = Q$. したがって，

$$\sigma_1 = \frac{Q}{A}\frac{d_2}{d_1 + d_2}, \qquad \sigma_2 = \frac{Q}{A}\frac{d_1}{d_1 + d_2}$$

$$E_1 = \frac{Q}{\varepsilon_0 A}\frac{d_2}{d_1 + d_2}, \qquad E_2 = \frac{Q}{\varepsilon_0 A}\frac{d_1}{d_1 + d_2}$$

4-7 節

1. 4-6 節問題 1 で得た結果によれば，電気容量は $C = 4\pi\varepsilon_0 R_1 R_2/(R_2 - R_1)$ だから，電荷 q を与えたときのエネルギーは，(4.32)により $U = (R_2 - R_1)q^2/8\pi\varepsilon_0 R_1 R_2$. 導体球と導体球殻の間の空間($R_1 < r < R_2$)における電場は，4-5 節問題 2 で得たように $E(r) = q/4\pi\varepsilon_0 r^2$. したがって静電場のエネルギーは

$$U = \int_{R_1}^{R_2} \frac{1}{2}\varepsilon_0 E(r)^2 \cdot 4\pi r^2 dr = \frac{q^2}{8\pi\varepsilon_0}\int_{R_1}^{R_2}\frac{dr}{r^2} = \frac{q^2}{8\pi\varepsilon_0}\left(\frac{1}{R_1} - \frac{1}{R_2}\right)$$

両者は一致する．

2. 2 個の点電荷 $\pm q$ を $2a$ だけ離しておいたときの静電エネルギーは $-q^2/8\pi\varepsilon_0 a$ で，点電荷を導体面から無限遠まで引き離すときに必要なエネルギーはその半分である．点電荷を導体面の近くにおいたときに生じる電場は，導体の外では点電荷とその鏡像がつくる電場に等しいが，導体の内部では 0 である．したがって静電場のエネルギー密度も全空間の半分で 0 になり，静電場のエネルギーは 2 個の点電荷 $\pm q$ がある場合のちょう

ど半分になる．

3. (1)面積 A，間隔 d の平行板コンデンサーの容量は(4.31)により $C=\varepsilon_0 A/d$．したがって，電荷 Q を与えたときのエネルギーは，(4.32)により $U=dQ^2/2\varepsilon_0 A$．間隔を d から $d+\Delta d$ に変えたときのエネルギーの変化は

$$\Delta U=\frac{(d+\Delta d)Q^2}{2\varepsilon_0 A}-\frac{dQ^2}{2\varepsilon_0 A}=\frac{Q^2}{2\varepsilon_0 A}\Delta d$$

したがって，導体板の間にはたらく力は $F=Q^2/2\varepsilon_0 A$．

(2) $E=\sigma/\varepsilon_0$，$\sigma=Q/A$ だから $F=(1/2)E\sigma A=Q^2/2\varepsilon_0 A$．

5-2 節

1. 電子は，電場 $E=\Delta\phi/d$ により加速度 $\alpha=eE/m=e\Delta\phi/md$ (m は電子の質量)の等加速度運動を行なうから，陰極からの距離 x の点における速さ $v(x)$ は $v(x)=\sqrt{2\alpha x}=\sqrt{2e\Delta\phi x/md}$．その点における電子の電荷密度を $\rho(x)$ とすれば，電荷の保存則により電流密度 $i(x)=\rho(x)v(x)$ は x によらず一定となる．したがって

$$\rho(x)v(x)=-\frac{en}{A}\qquad \therefore\quad \rho(x)=-\frac{en}{A}\sqrt{\frac{md}{2e\Delta\phi x}}$$

5-3 節

1. 電流密度は $i=5\div[3.14\times(10^{-4})^2]=1.59\times10^8\ \mathrm{A\cdot m^{-2}}$．表 5-1 により，銅の電気伝導度は $\sigma=5.8\times10^7\ \Omega^{-1}\cdot\mathrm{m^{-1}}$．$E=i/\sigma=1.59\times10^8\div(5.8\times10^7)=2.74\ \mathrm{V\cdot m^{-1}}$．

2. 2 種の金属の電気伝導度を σ_1, σ_2，各金属内における電場を E_1, E_2 とすると，$i=\sigma_1 E_1=\sigma_2 E_2$．$\sigma_1\neq\sigma_2$ のとき，$E_1\neq E_2$．境界面で電場が不連続だから，境界面上に電荷が生じていなければならない．その面密度を σ とすれば，ガウスの法則により，

$$E_2-E_1=\frac{\sigma}{\varepsilon_0},\qquad \sigma=\varepsilon_0 i\left(\frac{1}{\sigma_2}-\frac{1}{\sigma_1}\right)$$

3. (1)長さ l が 2 倍，断面積 S が 1/2 になるので，抵抗率 ρ が変わらないとすれば，抵抗は 4 倍になる．実際には引き伸ばすと金属の性質が変わって，抵抗率も変化することが多い．

(2)針金を長さ Δl の微小部分に区分する．i 番目の微小部分の断面積を $A+\Delta A_i$ とすれば，その部分の抵抗は $\rho\Delta l/(A+\Delta A_i)$．針金全体の抵抗は $R=\rho\Delta l\sum_i \dfrac{1}{A+\Delta A_i}$．$(A+\Delta A_i)^{-1}=A^{-1}(1+\Delta A_i/A)^{-1}\cong A^{-1}[1-\Delta A_i/A+(\Delta A_i/A)^2]$ と近似し，$\sum_i \Delta A_i=0$ の関係

を用いると，

$$R=\rho\frac{l}{A}+\rho\frac{\varDelta l}{A^3}\sum_i(\varDelta A_i)^2=\rho\frac{l}{A}+\rho\frac{l}{A^3}\langle(\varDelta A)^2\rangle$$

ただし $\langle(\varDelta A)^2\rangle=\dfrac{\varDelta l}{l}\sum_i(\varDelta A_i)^2$．不均一さにより抵抗は増大する．

5-4 節

1. 等ポテンシャル線は図のようになる．金属箔の縁では，電流は縁に沿って流れるから，等ポテンシャル線は縁に垂直になる．

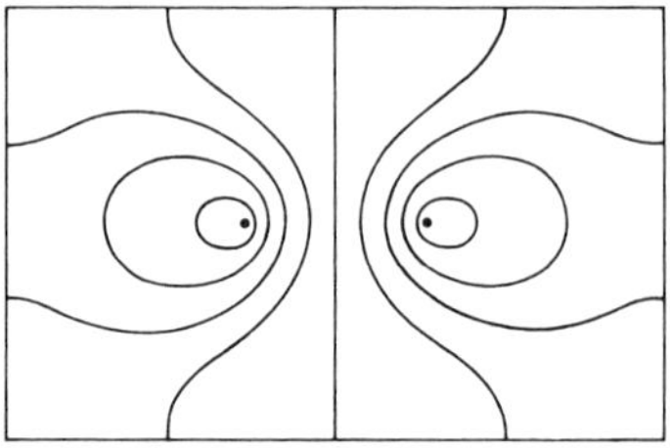

金属箔の上では，電場の向きもその空間変化も 2 次元的である．これは，3 次元空間における静電場の問題としては，電場が z 方向には一定で，向きは x-y 面内に限られた特別な場合に対応する．この場合は，平行に張った直線上に，大きさが等しく符号が逆の電荷が一様に分布している場合の静電場に相当する．

2. 真空中に十分離しておいた 2 個の導体球に $\pm q$ の電荷を与えたとき，各導体球のポテンシャルは $\pm q/4\pi\varepsilon_0 a$．したがって導体球間の電位差は $\varDelta\phi=q/2\pi\varepsilon_0 a$．この結果と電流の問題とは，$\varepsilon_0\to\sigma$，$q\to I$（導体球から流れ出す全電流）として対応する．したがって，$I=2\pi\sigma a\varDelta\phi$．

5-5 節

1. 銅 1 モルは 63.5 g だから，銅 1 m³ 中の原子数は，1 モル中の原子数 6.02×10^{23} を用い

$$6.02\times10^{23}\times\frac{8.93\times10^3}{63.5\times10^{-3}}=8.47\times10^{28}\quad(\mathrm{m^{-3}})$$

この数は 1 m³ 中の伝導電子数 n に等しい．$\sigma=ne^2\tau/m$ により

$$\tau=\frac{m\sigma}{ne^2}=\frac{9.1\times10^{-31}\times5.8\times10^7}{8.47\times10^{28}\times(1.6\times10^{-19})^2}=2.4\times10^{-14}\quad(\mathrm{s})$$

2. $i=-nev$ より

$$|v|=\frac{1.59\times10^8}{8.47\times10^{28}\times1.6\times10^{-19}}=1.17\times10^{-2}\quad(\mathrm{m\cdot s^{-1}})$$

6-2 節

1. 回路の下の1辺は磁場に垂直だから，その部分にはたらく力は単位長さ当り IB (I: 電流，B: 磁束密度). したがって，辺の長さを a とすれば，$F=IBa$. $B=0.02\div(0.8\times0.05)=0.5$ (T).

2. x-y 面内の点 $\boldsymbol{r}_0=(x_0, y_0)$ の近くで，磁場は近似的に

$$B_z(\boldsymbol{r}) = B_z(\boldsymbol{r}_0)+\left[\frac{\partial B_z}{\partial x}\right]_0(x-x_0)+\left[\frac{\partial B_z}{\partial y}\right]_0(y-y_0)$$

と表わされる. y 軸に平行な2辺 ($x=x_0\pm a/2$) の上で電流にはたらく力は x 方向を向き，その大きさは

$$\int_{y_0-a/2}^{y_0+a/2} I\left\{B_z(\boldsymbol{r}_0)+\left[\frac{\partial B_z}{\partial x}\right]_0\frac{a}{2}+\left[\frac{\partial B_z}{\partial y}\right]_0(y-y_0)\right\}dy \qquad \left(x=x_0+\frac{a}{2}\right)$$

$$-\int_{y_0-a/2}^{y_0+a/2} I\left\{B_z(\boldsymbol{r}_0)-\left[\frac{\partial B_z}{\partial x}\right]_0\frac{a}{2}+\left[\frac{\partial B_z}{\partial y}\right]_0(y-y_0)\right\}dy \qquad \left(x=x_0-\frac{a}{2}\right)$$

したがって，x 方向にはたらく力は

$$F_x = I\left[\frac{\partial B_z}{\partial x}\right]_0 a\int_{y_0-a/2}^{y_0+a/2}dy = Ia^2\left[\frac{\partial B_z}{\partial x}\right]_0$$

同様に，x 軸に平行な2辺 ($y=y_0\pm a/2$) の上では y 方向に力がはたらき，その強さは

$$F_y = Ia^2\left[\frac{\partial B_z}{\partial y}\right]_0$$

6-3 節

1. 例題1で得た $R=mv/qB$ の関係より，$m=9.1\times10^{-31}$ kg, $v=10^6$ m·s^{-1}, $q=e=1.6\times10^{-19}$ C, $R=10^{-10}$ m として，$B=5.7\times10^4$ T. これより強ければよい.

2. 電流 i に横向きに単位体積当り iB のローレンツの力がはたらく. 大きさ E の電場があるとき，単位体積中の電子にはたらく力は neE (n: 電子の数密度). したがって横向きにはたらく力のつりあいの条件は $iB=neE$ となる. 電場の向きは各自考えよ. 電流を運ぶものが正の電荷をもつ粒子のときには，電場の向きが逆になることに注意.

6-4 節

1. 円形の回路に流れる電流が軸上につくる磁場は(6.18)式で与えられる. $r=6.4\times10^6$ m, $a=3.4\times10^6$ m, $B=5\times10^{-5}$ T とおき，μ_0 には(6.22)の値を用いて

$$I = \frac{2}{\mu_0}\frac{(r^2+a^2)^{3/2}}{a^2}B = 2.6\times10^9 \quad \text{(A)}$$

2. 中央部の磁場には，左右のコイルから同じ大きさの寄与がある．両端では片側からの寄与しかないから，磁場はちょうど半分になる．

3. 図は電流に垂直な平面を示す．板の中心 O からの距離が r の点 P における磁場を求める．O から s の距離にある幅 Δs の部分に流れる電流 $I\Delta s/a$ が P につくる磁束密度 $\Delta\boldsymbol{B}$ の大きさは，(6.11)により $(\mu_0/2\pi)(I\Delta s/a)/\sqrt{r^2+s^2}$．その OP に垂直な成分は，$\Delta B\cdot\cos\theta=\Delta Br/\sqrt{r^2+s^2}$．すべての部分からの寄与を加え合わせると，OP に平行な成分は打ち消しあい，点 P の磁場は OP に垂直になる．磁束密度の大きさは，

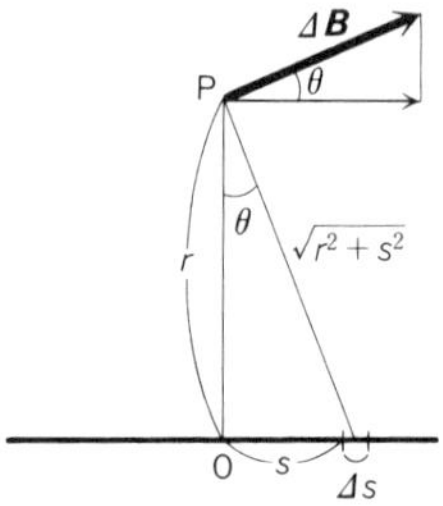

$$B(r)=\frac{\mu_0 Ir}{2\pi a}\int_{-a/2}^{a/2}\frac{ds}{r^2+s^2}$$

$s=r\tan\theta$ の積分変数の置き換えを行ない，$\tan\theta_0=a/2r$ として

$$B(r)=\frac{\mu_0 I}{2\pi a}\int_{-\theta_0}^{\theta_0}d\theta=\frac{\mu_0 I\theta_0}{\pi a}$$

6-6 節

1. (a) 1 V の電位差における 1 C (=1 A·s) の電荷の位置エネルギーが 1 J．V=(kg·m²·s⁻²)·(A·s)⁻¹=kg·m²·s⁻³·A⁻¹．

(b) V·m⁻¹=kg·m·s⁻³·A⁻¹．

(c) ガウスの法則により，電束密度の面積分が電荷．(A·s)·m⁻²=m⁻²·s·A．

(d) C·m=m·s·A．

(e) オームの法則により，V·A⁻¹=kg·m²·s⁻³·A⁻²．

(f) 電流と磁束密度の積が単位長さ当りの力．T=(N·m⁻¹)·A⁻¹=kg·s⁻²·A⁻¹．

(g) $H=B/\mu_0$．(N·m⁻¹·A⁻¹)÷(N·A⁻²)=m⁻¹·A．

6-7 節

1. (6.26)で $I=2.6\times10^9$ A，$S=\pi a^2$，$a=3.4\times10^6$ m とおき，$p_{\rm m}=1.2\times10^{17}$ Wb·m．

2. 電子の角速度を ω とすれば，遠心力とクーロン力とのつりあいの条件 $m\omega^2 a=e^2/4\pi\varepsilon_0 a^2$ から，$\omega=e/\sqrt{4\pi\varepsilon_0 ma^3}$．電子の運動による電流の強さは $I=e\omega/2\pi$．したがって磁気双極子モーメントは $p_{\rm m}=\mu_0 I\pi a^2=(\mu_0 e^2/2)\sqrt{a/4\pi\varepsilon_0 m}$．$a=0.5\times10^{-10}$ m とすれば，$p_{\rm m}=1.13\times10^{-29}$ Wb·m．μ_0 を除くと 9.0×10^{-24} J·T⁻¹ となる．この値は電子の磁気モーメント(表紙裏)に近い．

6-8 節

1. (6.18)式により

$$\int_{-\infty}^{\infty} B(r)dr = \frac{\mu_0 I a^2}{2}\int_{-\infty}^{\infty}\frac{dr}{(r^2+a^2)^{3/2}}$$

$r=a\tan\theta$ とおけば，$r^2+a^2=a^2\sec^2\theta$，$dr=a\sec^2\theta d\theta$.

$$\int_{-\infty}^{\infty} B(r)dr = \frac{\mu_0 I}{2}\int_{-\pi/2}^{\pi/2}\cos\theta d\theta = \frac{\mu_0 I}{2}[\sin\theta]_{-\pi/2}^{\pi/2} = \mu_0 I$$

2. 真空中の磁場であるためには，$\nabla\cdot\boldsymbol{B}=0$. 電流密度は $\boldsymbol{i}=\mu_0^{-1}\nabla\times\boldsymbol{B}$.

(a) $\nabla\cdot\boldsymbol{B} = -2Axy+2Axy = 0$. $i_x = i_y = 0$, $i_z = \mu_0^{-1}\{A(3x^2+y^2)+A(x^2+3y^2)\} = 4\mu_0^{-1}A(x^2+y^2)$.

(b) $\nabla\cdot\boldsymbol{B}=0$, $z<-d$, $z>d$ では $\boldsymbol{i}=0$. $-d<z<d$ では，$i_x=i_z=0$, $i_y=\mu_0^{-1}A/d$.

6-9 節

1. 円筒の軸に垂直な平面内の，軸を中心とする半径 r の円にアンペールの法則(6.37)を適用する．軸からの距離が r の点における磁束密度の大きさを $B(r)$ とすれば，左辺の積分は $2\pi rB(r)$. 右辺は $r<a$ のとき 0，$r>a$ のとき $\mu_0 I$ (I: 円筒に流れている全電流)．したがって，$B(r)=0\ (r<a)$，$\mu_0 I/2\pi r\ (r>a)$.

2. 問題 1 と同じ経路にアンペールの法則(6.37)を適用する．右辺は $r<a$ のとき $\mu_0 Ir^2/a^2$. $r>a$ のとき $\mu_0 I$. したがって $B(r)=\mu_0 Ir/2\pi a^2\ (r<a)$，$\mu_0 I/2\pi r\ (r>a)$.

6-10 節

1. 平らな板の内部に電荷が一様に分布しているときの電場は $E_z(z)=\rho d/2\varepsilon_0\ (z>d/2)$，$\rho z/\varepsilon_0\ (-d/2\leqq z\leqq d/2)$，$-\rho d/2\varepsilon_0\ (z<-d/2)$ であった．この電場を静電ポテンシャルで表わすと，板の中心のポテンシャルを 0 として，

$$\phi(z) = \begin{cases} -\dfrac{\rho dz}{2\varepsilon_0}+\dfrac{\rho d^2}{8\varepsilon_0} & (z>d/2) \\ -\dfrac{\rho z^2}{2\varepsilon_0} & (-d/2\leqq z\leqq d/2) \\ \dfrac{\rho dz}{2\varepsilon_0}+\dfrac{\rho d^2}{8\varepsilon_0} & (z<-d/2) \end{cases}$$

板の内部に y 方向に強さ i の電流が流れているとき，ベクトル・ポテンシャルは $\varepsilon_0\to\mu_0^{-1}$，$\rho\to i$ の置き換えにより，

$$A_y(z) = \begin{cases} -\mu_0 i d z/2 + \mu_0 i d^2/8 & (z > d/2) \\ -\mu_0 i z^2/2 & (-d/2 \leqq z \leqq d/2) \\ \mu_0 i d z/2 + \mu_0 i d^2/8 & (z < -d/2) \end{cases}$$

$$A_x(z) = A_z(z) = 0$$

したがって磁場は

$$B_x(z) = -\frac{\partial A_y(z)}{\partial z} = \begin{cases} \mu_0 i d/2 & (z > d/2) \\ \mu_0 i z & (-d/2 \leqq z \leqq d/2) \\ -\mu_0 i d/2 & (z < -d/2) \end{cases}$$

2. 半径 a の円筒の側面に密度 σ で一様に分布する電荷による電場は軸から放射状に生じ，軸からの距離が r の点における強さは $E(r)=0\ (r<a)$, $\sigma a/\varepsilon_0 r\ (r>a)$ となる．静電ポテンシャルで表わすと，

$$\phi(r) = \begin{cases} -\dfrac{\sigma a}{\varepsilon_0} \log a & (r<a) \\ -\dfrac{\sigma a}{\varepsilon_0} \log r & (r>a) \end{cases}$$

円筒の軸を z 軸にとれば，円筒に流れる全電流を I として，$\varepsilon_0 \to 1/\mu_0$, $\sigma \to I/2\pi a$ の置き換えによりベクトル・ポテンシャルは

$$A_z(r) = \begin{cases} -\dfrac{\mu_0 I}{2\pi} \log a & (r<a) \\ -\dfrac{\mu_0 I}{2\pi} \log r & (r>a) \end{cases}$$

磁場は，$r<a$ で 0，$r>a$ で

$$B_x(r) = \frac{\partial A_z(r)}{\partial y} = -\frac{\mu_0 I}{2\pi}\frac{y}{r^2}$$

$$B_y(r) = -\frac{\partial A_z(r)}{\partial x} = \frac{\mu_0 I}{2\pi}\frac{x}{r^2}$$

3. 巻き数 n のソレノイドに強さ I の電流が流れるとき，円筒の内部に軸に平行に一様な磁束密度 $\mu_0 n I$ が生じる((6.41)式)．円筒の内部に軸に平行に一様な電流が流れるときの磁場は，6-9 節問題 2 で得た．これと同じように，ソレノイドに流れる電流によるベクトル・ポテンシャルは，円筒のまわりを回転する向きに生じる．$\mu_0 \to 1$, $I/\pi a^2 \to \mu_0 n I$ の置き換えにより，その大きさは

$$A(r) = \begin{cases} \dfrac{\mu_0 n I}{2} r & (r<a) \\ \dfrac{\mu_0 n I a^2}{2r} & (r>a) \end{cases}$$

4. (6.55)を(6.47)に代入する．x 成分は

$$B_x(\boldsymbol{r}) = \frac{\mu_0}{4\pi}\left\{\frac{\partial}{\partial y}\int\frac{i_z(\boldsymbol{r}')}{|\boldsymbol{r}-\boldsymbol{r}'|}dV' - \frac{\partial}{\partial z}\int\frac{i_y(\boldsymbol{r}')}{|\boldsymbol{r}-\boldsymbol{r}'|}dV'\right\}$$

$$\begin{aligned}\frac{\partial}{\partial y}\frac{1}{|\boldsymbol{r}-\boldsymbol{r}'|} &= \frac{\partial}{\partial y}[(x-x')^2+(y-y')^2+(z-z')^2]^{-1/2}\\ &= -(y-y')[(x-x')^2+(y-y')^2+(z-z')^2]^{-3/2}\\ &= -\frac{y-y'}{|\boldsymbol{r}-\boldsymbol{r}'|^3}\end{aligned}$$

$$\frac{\partial}{\partial z}\frac{1}{|\boldsymbol{r}-\boldsymbol{r}'|} = -\frac{z-z'}{|\boldsymbol{r}-\boldsymbol{r}'|^3}$$

したがって

$$\begin{aligned}B_x(\boldsymbol{r}) &= \frac{\mu_0}{4\pi}\int\frac{i_y(\boldsymbol{r}')(z-z')-i_z(\boldsymbol{r}')(y-y')}{|\boldsymbol{r}-\boldsymbol{r}'|^3}dV'\\ &= \frac{\mu_0}{4\pi}\int\frac{\{\boldsymbol{i}(\boldsymbol{r}')\times(\boldsymbol{r}-\boldsymbol{r}')\}_x}{|\boldsymbol{r}-\boldsymbol{r}'|^3}dV'\end{aligned}$$

y, z 成分も同様．この結果は(6.17)に一致する．

索引

(立体の数字は3巻『電磁気学I』の，斜体の数字は4巻『電磁気学II』のページ数を示す)

ア　行

アインシュタイン A. Einstein　*335*
アンペア　9, 161
アンペール A. Ampère　145
アンペールの法則
　積分形の——　173
　微分形の——　174
　物質中の——　*307*
e. s. u.　161
位相　*243, 245*
インダクタンスの単位　*228*
インピーダンス　*245*
ウェーバー（単位）　166
渦なしの法則
　積分形の——　51
　微分形の——　88
永久磁石　*302*
永久電流　*301*
エックス線　*272, 273*
エーテル　*316*
MKSA 単位系　9, 160
エールステッド H. Oersted　145
遠隔作用　22
オーム（単位）　132
オームの法則　132, 133, 138

カ　行

外積　20
回転　88
回転電流　149
ガウスの定理　81
ガウスの法則
　積分形の——　43, 70
　微分形の——　80
　物質中の——　*287*
重ね合わせの原理　8, 107, *268*
可視光　*272*
加速器　152
荷電粒子　151
雷　137
ガンマ線　*272*
起電力　126
基本ベクトル　17
キャベンディシュ H. Cavendish　9
球面波　*273*
境界条件　95, 107
　静磁場の——　*309*

静電場の—— *292*
境界値問題 107
強磁性 *302*
鏡像法 112
共鳴 *247, 319, 323*
近接作用 23
金属電子論 139
空中電気 127
空洞放射 *270*
クォーク 5
屈折の法則 *325*
グラジエント 56
クーロン C. A. Coulomb 6
クーロン（単位） 9
クーロンの法則
磁荷の—— 144
電荷の—— 7, 14, 26
原子スペクトル *276*
光速 *269*
勾配 56
交流 *240*
固有振動数 *247, 317*
コンデンサー 118
——の静電エネルギー 120
——の電気容量 119
平行板—— 119

サ 行

磁荷 144, 165, 166, *311*
磁化 *300, 306*
紫外線 *272*
磁化電流 *302, 314*
磁化電流密度 *305*
磁化ベクトル *300, 314*
磁化率 *308*
磁気双極子 145, 149, 165
磁気双極子モーメント 166
磁気単極 *257*
磁区 *301*
自己インダクタンス *228*
自己誘導 *228*
自己誘導係数 *228*
CGS 静電単位系 161
磁石 144, *311*
磁性体 *300*
磁束 *217*
磁束密度 147, 160
磁場 145
磁場の強さ 160
物質中の—— *307*
ジュール J. P. Joule 140
ジュール熱 140, *263*
準定常電流 *227, 255*
常磁性 *300*
真電荷 *287*
振動電流 *240*
振幅 *243*
スカラー 12
スカラー積 16
ストークスの定理 89
スピン *299*
静磁場 145
——のエネルギー *239*
静磁場の基本法則
真空中の—— 174
物質中の—— *308*
静電エネルギー 61
静電場 27, 68
——のエネルギー 121
静電場の基本法則
真空中の—— 71
物質中の—— *289*
静電ポテンシャル 52
正の電気 3
赤外線 *272*
絶縁体 102, *280*
接触電位差 128
接線ベクトル 48

絶対屈折率　*324*
線積分　48
相互インダクタンス　*232*
相互誘導係数　*232*
相対屈折率　*325*
相対性の原理　*220, 335*
相反定理
　相互インダクタンスの——　*232, 236*
　電気容量の——　116
素粒子　3, 5
ソレノイド　159

タ　行

体積積分　30
ダイナモ理論　155
単位ベクトル　14
短波　*272*
地球磁場　148, 155
中性子　3
中短波　*272*
中波　*272*
超短波　*272*
超伝導　*301, 302*
長波　*272*
抵抗率　132
定常電流　128
テスラ　147
電位　52
電荷　3, 9
　——の保存則　4, 131, *251*
電荷密度　28
電気感受率　*287*
　振動電場による——　*319*
電気双極子　31
　——の振動　*275*
　——の電場　33, 68
　——のポテンシャル　57, 65
電気双極子モーメント　31, 66
電気素量　3
電気抵抗　132
電気伝導度　102, 133, 138
電気分解　128
電気容量　114
　コンデンサーの——　119
電気容量係数　116
電気力線　37
電子　3
電磁気の単位　160
電磁波　23, *254, 269*
　——の減衰　*330*
　——の放射　*274*
　導体中の——　*327*
　誘電体中の——　*323*
電磁場　23
　——のエネルギー　*262*
電子ボルト　65
電磁誘導　*216*
電磁誘導の法則
　積分形の——　*225*
　微分形の——　*227*
電束　70
電束密度　70, 159
　物質中の——　*287*
電池　126
点電荷　6, 64
伝導電子　102
電場　27, 59
電離層　*331*
電流　126, 161
電流素片　156
電流密度　130
透磁率　*308, 316*
導体　102, 104, 112, 121
等ポテンシャル面　53
ドルーデ P. Drude　139

ナ　行

内積　16

ハ 行

場 23, 28, 69
波数 *267*
発散 79
波動方程式 *266, 274, 323*
波面 *273*
反磁性 *300*
ビオ-サバールの法則 157
微分演算子 56, 92
比誘電率 *288*
ファラッド 114
ファラデー M. Faraday 23, *216, 219*
ファラデー (単位) 128
フォトン *270, 337*
複素平面 *245*
不導体 102
負の電気 3
プランク M. Planck *270*
——の仮説 *336*
——の定数 *270, 336*
フーリエ級数 *268*
プリーストリー J. Priestley 9, 46
分極 *281*
分極電荷 *286, 314*
——の密度 *286*
分極電流 *314*
分極ベクトル *285, 314*
分極率 *281*
振動電場による—— *318*
分散 *326*
平行板コンデンサー 119
平面波 *273*
ベクトル 12
ベクトル積 19
ベクトル場 69
ベクトル・ポテンシャル 180
ヘルツ H. R. Hertz *254*
変位電流 *254, 255, 316*
偏微分 55
偏微分方程式 95
ヘンリー (単位) *228*
ボーア N. Bohr *277*
ポアソンの方程式 92
ポインティング J. Poynting *262*
ポインティング・ベクトル *262*
法線ベクトル 40
ポテンシャル 47, 52, 161
ボルタ A. Volta 126
ボルツマンの定数 *270, 335*
ボルト 59

マ 行

マイクロ波 *272*
マイケルソン-モーレーの実験 *335*
マクスウェル J. C. Maxwell 2, 23, *334*
マクスウェル-アンペールの法則 *254*
マクスウェルの方程式 *334*
真空中の—— *257*
物質中の—— *315*
摩擦電気 2
面積分 41

ヤ 行

誘電体 *281*
誘電率 *316*
真空の—— 10
振動電場による—— *319*
誘電体の—— *288, 323*
陽子 3

ラ 行

ラプラシアン 92
ラプラスの方程式 92
レーザー *271*
ローレンツ H. A. Lorentz 139
——の力 150, *221*

長岡洋介

1933年盛岡市に生まれる．1956年東京大学理学部卒業．1961年同大学院博士課程修了．京都大学教授，名古屋大学教授，京都大学基礎物理学研究所長，関西大学教授をへて，京都大学名誉教授，名古屋大学名誉教授．理学博士．専攻は物性理論．

著書に『遍歴する電子』(産業図書)，『極低温の世界』(岩波書店)，『局在・量子ホール効果・密度波』(共著，岩波書店)，『統計力学』(岩波書店)など．

物理入門コース 新装版

電磁気学 I——電場と磁場

1982年11月12日 初版第1刷発行
2017年9月5日 初版第53刷発行
2017年12月5日 新装版第1刷発行
2019年8月6日 新装版第3刷発行

著 者 長岡洋介（ながおかようすけ）

発行者 岡本 厚

発行所 株式会社 岩波書店
〒101-8002 東京都千代田区一ツ橋2-5-5
電話案内 03-5210-4000
https://www.iwanami.co.jp/

印刷・理想社 表紙・半七印刷 製本・牧製本

ISBN 978-4-00-029863-6 Printed in Japan